普通高等教育"十一五"规划教材
普通高等院校数学精品教材

微积分辅导

（第二版）

华中科技大学高等数学课题组

华中科技大学出版社
中国·武汉

图书在版编目(CIP)数据

微积分辅导(第二版)/华中科技大学高等数学课题组　主编.—武汉:华中科技大学出版社,2009 年 9 月
ISBN 978-7-5609-3853-0

Ⅰ.微…　Ⅱ.华…　Ⅲ.微积分-高等学校-教学参考资料　Ⅳ.O172

中国版本图书馆 CIP 数据核字(2009)第 166574 号

微积分辅导(第二版)　　　　　华中科技大学高等数学课题组　主编

策划编辑:李　德
责任编辑:李　德　　　　　　　　　　　　　　　　　　　封面设计:潘　群
责任校对:朱　霞　　　　　　　　　　　　　　　　　　　责任监印:张正林

出版发行:华中科技大学出版社(中国·武汉)
　　　　武昌喻家山　　邮编:430074　　电话:(027) 81321915

录　　排:武汉众心图文激光照排中心
印　　刷:武汉鑫昶文化有限公司

开本:710mm×1000mm　1/16　　　印张:16.25　　　　　　字数:320 000
版次:2009 年 9 月第 2 版　　　　　印次:2016 年 7 月第 7 次印刷　　定价:24.80 元
ISBN 978-7-5609-3853-0/O · 398

内 容 提 要

本书是普通高等院校数学精品系列教材《微积分》(第二版,华中科技大学高等数学课题组编,华中科技大学出版社 2009 年 8 月出版)配套的教学辅导书.本书内容紧扣教学大纲要求,编排顺序与教材同步.内容包括函数、极限与连续、一元微积分、常微分方程、多元微积分、无穷级数、矢量代数与空间解析几何等.为了便于学生学习,每章分为主要公式和结论、解题指导、练习题、答案与提示四个部分,指出重要知识点,所选题型典型而全面,例题分析浅显易懂,解答多样,注重解题方法和技巧的运用,针对性强.本书可作为习题课教材及本、专科学生自学读本使用.

前　　言

微积分是高等工科院校的一门主要基础课程.对于刚刚迈进大学殿堂的莘莘学子来说,微积分课程的概念比较抽象、难以理解,运算方法比较复杂、不易掌握.突出的问题反映在"解题"这个环节上.为了帮助大学生学好微积分,解决学习中的问题,指导学习方法,循序渐进地掌握解题思维方式和技巧,提高学习效率,我们编写了这本辅导书.

针对学习过程中学生遇到的概念理解、计算技巧、论证思路、应用方式等疑难问题,本书进行了较为详尽的讨论、分析、举例和归纳,在解析疑难、掌握方法的基础上,用大量的例题为学生诠释概念、举证方法、演绎技巧,使学生更好地融会知识、理解概念、掌握解题方法,达到举一反三的效果.

作为普通高等院校数学精品系列教材《微积分》(第二版,华中科技大学高等数学课题组编,华中科技大学出版社 2009 年 8 月出版)配套的教学辅导教材,本书提供了更多的例题和习题,加大了信息量,扩大了知识面,尤其是知识要点归纳精炼、题型选择典型、例题分析和解答具有启发性和多样性,练习题的选择更有针对性.

本书将微积分课程内容分为十二章,每章分为四个部分.第一部分提炼出主要公式和结论,便于学生领悟和牢记.第二部分是解题指导,是本书的主要部分,我们由浅入深地编排了大量基本而典型的例题,解题分析详细易懂,解题过程细致规范,解题方法灵活多样,注重解题前的切题分析,阐明解题过程的来龙去脉,目的在于培养学生分析问题和解决问题的能力.第三部分与第四部分分别是练习题和答案与提示,这两部分学生应该作为必学内容,为了真正提高自己的解题能力,建议在独立解答练习题之后再看答案.

本书由华中科技大学高等数学教研室高等数学课程组编写,参加人员(以所编章节为序)有毕志伟、王汉蓉、魏宏、周军、李改杨、俞小清、何涛、罗德斌、熊新斌等.本书第一章至第六章由俞小清统稿,第七章至第十二章由熊新斌统稿.

编　　者

2009. 7. 11

目　　录

第一章 函 数

1.1 主要公式和结论

1.1.1 函数的概念

定义 设 x, y 是两个变量,其变化范围分别是非空的实数集合 D 与 Y,若有一个对应规则 f,使得对于每个 $x \in D$,都有唯一的 $y \in Y$ 与之对应,则称这个对应规则 f 为定义在 D 上的一个函数,记作 $y = f(x)$. 称 x 为自变量,y 为因变量,$f(x)$ 为函数 f 在 x 的值. 当 x 取 D 中所有数时,对应的函数值 $f(x)$ 构成的集合

$$W = \{f(x) \mid x \in D\}$$

称为函数 f 的值域,而称 D 为函数 f 的定义域.

注 1 函数的两个要素是定义域 D 及对应规则 f. 两个函数相等的充分必要条件是这两个要素完全相同,明确这两个要素是理解函数概念的关键.

注 2 对应规则 f 的表现形式. 图形,表格,语言,数学公式都可以用来表示函数. 在本课程中,主要是用读者在中学数学中已经熟悉的数学公式来表示对应规则 f.

注 3 函数值 $f(x)$ 的存在性与唯一性. 若 f 是 D 上的函数,则对于每个 $x \in D$,$f(x)$ 应当是能由 f 确定的唯一的一个实数;否则便不能称 f 为一个"有意义的"对应规则. 例如,"$f(x)$ 是方程 $x^2 + 1 = 0$ 的实根","$f(x)$ 是方程 $x^2 - 1 = 0$ 的实根"都不符合函数定义中对应规则的要求:前一个不保证 $f(x)$ 的存在性,后一个不保证 $f(x)$ 的唯一性.

注 4 定义域的确定. 在应用问题中出现的函数,往往由问题中变量 x 的实际意义来确定其定义域,而在其他问题中,则需要指明定义域. 当 f 是初等函数时,如果没有指明定义域,则默认以使得 $f(x)$ 有意义(符合初等函数及其运算要求)的 x 的集合为其定义域.

注 5 函数的记法. 依据定义,阐明一个函数应当包括两个要素:定义域 D 及对应规则 f,由于对应规则形式多样,故重点在 f 的表述上. 表示 f 的构造需要借助自变量与因变量,但与这些变量采用的字母无关,例如,当定义域 D 相同时,

$$y = f(x), x = f(y), u = f(v)$$

都表示同一个对应规则,从而是同一个函数.

注 6 计算函数值 $f(x)$. 对于 D 中的变量来说，f 是一个通用的规则：如果 $f(x) = x + \sin x$，则意味着 $f(1) = 1 + \sin 1$ 或者 $f(e^x) = e^x + \sin e^x$，$f(f(x)) = f(x) + \sin f(x)$.

1.1.2 函数的几何性质

1. 奇函数与偶函数

若曲线 $y = f(x)$ 关于原点对称，则称 f 为奇函数，其代数描写为 $f(-x) = -f(x)(x \in D)$；若曲线 $y = f(x)$ 关于 y 轴对称，则称 f 为偶函数，其代数描写为 $f(-x) = f(x)(x \in D)$.

2. 单调函数 如果曲线 $y = f(x)$ 沿 x 轴方向逐渐上升，则称 f 为单调增函数；若曲线 $y = f(x)$ 沿 x 轴方向逐渐下降，则称 f 为单调减函数.

3. 周期函数 若每间隔一段范围，曲线 $y = f(x)$ 的形状便重复出现，即 $f(x+T) = f(x)$，则称 f 为周期函数，其中，正数 T 称为周期.

4. 有界函数 若在定义区间 D 上，曲线 $y = f(x)$ 位于某两条水平直线 $y = A$ 及 $y = B$ 之间，则称 f 为 D 上的有界函数.

1.1.3 函数的复合

设 $y = f(x)$，且 $z = g(y)$，则只要函数 f 的值域与函数 g 的定义域的交集非空集，便可定义它们的有顺序的复合函数：$z = g(f(x))$.

1.1.4 初等函数与分段函数

1. 基本初等函数

幂函数，指数函数与对数函数，三角函数与反三角函数，将这些函数以及常数经过有限次四则运算及复合运算构成的用一个式子表示的函数叫**初等函数**.

2. 分段函数

分段函数是指在定义域的某一部分使用一个公式，而在定义域的另一部分使用另一个公式定义的函数.

1.2 解 题 指 导

例 1 求以下函数的定义域.

(1) $y = \sqrt{3 - x}$；

(2) $y = \dfrac{2x}{x^2 - 3x + 2}$；

(3) $y = \arcsin(2x + 1)$；

(4) $y = \ln(1 + 3x)$.

分析 此题要求根据数学公式的含义，求出使公式有意义的 x 的全体. 凡是遇到

偶次方根函数,如 $y = \sqrt{u}, \sqrt[4]{u}$ 等,应当要求 $u \geqslant 0$;遇到分式函数,如 $y = \dfrac{v}{u}$,则要求 $u \neq 0$;遇到反三角函数 $\arcsin u$ 或 $\arccos u$,则要求 $|u| \leqslant 1$;遇到对数函数 $y = \ln u$,则要求 $u > 0$ 等.

解　(1) 由 $3 - x \geqslant 0$ 得 $x \leqslant 3$;

(2) 由 $x^2 - 3x + 2 = (x-1)(x-2) \neq 0$ 得 $x \neq 1$ 且 $x \neq 2$;

(3) 由 $|2x+1| \leqslant 1$ 得 $-1 \leqslant 2x+1 \leqslant 1$,亦即 $-1 \leqslant x \leqslant 0$;

(4) 由 $1 + 3x > 0$ 得 $x > -\dfrac{1}{3}$.

例2　判定下列函数的奇偶性.

(1) $f(x) = x^4 + 1$;　　　　(2) $f(x) = x^3 - x$;

(3) $f(x) = x\cos x$;　　　　(4) $f(x) = e^x$.

分析　有两种方法判定函数的奇偶性.一是直接应用奇偶函数的定义判定,即当 $f(-x) = f(x)$ 时,f 为偶函数;当 $f(-x) = -f(x)$ 时,f 为奇函数.二是利用奇偶函数的运算性质判定,如两个偶函数之乘积、和、复合都是偶函数等.

解　(1) $f(-x) = (-x)^4 + 1 = x^4 + 1 = f(x)$,故 $f(x)$ 是偶函数.

(2) $f(-x) = (-x)^3 - (-x) = -x^3 + x = -(x^3 - x) = -f(x)$,故 $f(x)$ 是奇函数.

(3) $f(-x) = -x\cos(-x) = -x\cos x = -f(x)$,故 $f(x)$ 是奇函数.

(4) $f(-x) = e^{-x}$ 与 $\pm f(x) = \pm e^x$ 都不可能相同,故 $f(x)$ 是非奇非偶函数.

例3　设 $f(x)$ 在 $(-\infty, +\infty)$ 上有定义,证明 $F(x) = f(x) + f(-x)$ 是偶函数,$G(x) = f(x) - f(-x)$ 是奇函数.

分析　依据定义验证即可.

证　$F(-x) = f(-x) + f(x) = F(x), G(-x) = f(-x) - f(x) = -G(x)$,证之.

例4　求以下函数的反函数.

(1) $y = x^{-1}$ $(x \neq 0)$;　　　　(2) $y = e^x(|x| < +\infty)$;

(3) $y = \dfrac{x-1}{x+1}$ $(x \neq -1)$;　　(4) $y = \sin x$ $\left(|x| \leqslant \dfrac{\pi}{2}\right)$.

分析　通过初等变形让 x 与 y 的地位交换,便得到反函数 $x = \varphi(y)$ 的公式,并可以写成(函数与字母选用无关)$y = \varphi(x)$ 的形式.

解　(1) 由 $y = \dfrac{1}{x}$ 得 $x = \dfrac{1}{y}$,故反函数为 $x = \dfrac{1}{y}$,或记作 $y = \dfrac{1}{x}$.

(2) 由 $y = e^x$ 得 $x = \ln y$,故反函数为 $x = \ln y$,或记作 $y = \ln x$.

(3) 由 $y = \dfrac{x-1}{x+1}$ 得 $yx + y = x - 1$,即 $x = \dfrac{1+y}{1-y}$,故反函数为 $y = \dfrac{1+x}{1-x}(x \neq 1)$.

（4）由 $y = \sin x$ 得 $x = \arcsin y$，即 $y = \arcsin x(\mid x \mid \leqslant 1)$ 为所求反函数.

注 一般来说，在同一个直角坐标系中，函数 $y = f(x)$ 的曲线与其反函数 $x = \varphi(y)$ 的曲线重合，与调换字母的另一形式的反函数 $y = \varphi(x)$ 的曲线关于直线 $y = x$ 对称. 有趣的是，函数 $y = \dfrac{1}{x}$ 与其两种形式的反函数 $x = \dfrac{1}{y}$ 及 $y = \dfrac{1}{x}$ 的曲线都重合.

例 5 设 $f(x)$ 以 T 为周期，证明复合函数 $h(x) = f(x + a)$ 以 T 为周期，$g(x) = f(ax)$ $(a \neq 0)$ 以 $\dfrac{T}{a}$ 为周期.

分析 验证一个函数 $h(x)$ 是否以 T 为周期，只要看 $h(x + T) = h(x)$ 是否成立.

解 因为 $f(x)$ 以 T 为周期，故 $f(x + T) = f(x)$，于是
$$h(x + T) = f((x + T) + a) = f(x + a + T) = f(x + a) = h(x),$$
$$g\left(x + \frac{T}{a}\right) = f\left(a\left(x + \frac{T}{a}\right)\right) = f(ax + T) = f(ax) = g(x),$$
故所证结果成立.

例 6 设 $f(x) = e^{x^2}$，$f(\varphi(x)) = 1 - x$，且 $\varphi(x) \geqslant 0$，求 $\varphi(x)$ 及其定义域.

解 由于 $f(x) = e^{x^2}$，故 $f(\varphi(x)) = e^{\varphi^2(x)}$. 对比 $f(\varphi(x)) = 1 - x$，得
$$e^{\varphi^2(x)} = 1 - x \quad (x \leqslant 0),$$
其中，由 $\varphi^2(x) \geqslant 0$ 推出 $1 - x \geqslant 1$，故 $x \leqslant 0$. 于是
$$\varphi(x) = \sqrt{\ln(1 - x)}, \quad x \leqslant 0.$$

1.3 练 习 题

1. 求以下函数的定义域.

（1） $y = \sqrt{x - \sqrt{x}}$；

（2） $y = \dfrac{1}{\sqrt[3]{1 + \ln(x - 1)}}$.

2. 判定以下函数的奇偶性.

（1） $y = \ln(x + \sqrt{1 + x^2})$；

（2） $y = \dfrac{1 - e^{-x}}{1 + e^{-x}}$.

3. 求以下函数的反函数.

（1） $y = 1 - e^x$；

（2） $y = 1 + \cos x, 0 \leqslant x \leqslant \pi$.

4. 设函数 $f(x) = x e^{\sin x} \tan x$，则 $f(x)$ 是其定义区间上的（ ）.

A. 偶函数

B. 无界函数

C. 周期函数

D. 单调函数

5. 函数 $y = \lg(x - 1)$ 在区间（ ）内有界.

A. $(1, +\infty)$

B. $(2, +\infty)$

C. $(1, 2)$

D. $(2, 3)$

6. 下列函数中不是奇函数的是( ).

A. $y = -x|x|$ B. $y = \sin(|x|+x)$

C. $y = e^x - e^{-x}$ D. $y = x^3$

7. 若 $f\left(\dfrac{1}{x+1}\right) = \dfrac{1+x}{2+x}$,求 $f(x)$.

8. 若 $f(x) = \dfrac{1}{1+x}$,求 $f(f(x))$.

9. 判定以下各对函数是否相等?

(1) $f(x) = \sqrt{x^2}, g(x) = x$;

(2) $f(x) = 3\ln x, g(x) = \ln x^3$;

(3) $f(x) = \tan x, g(x) = \dfrac{1}{\cot x}$.

10. 若 $f(x) = \dfrac{1}{x}, f(x) + f(y) = f(z)$,求 z.

1.4 答案与提示

1. (1) 由 $\begin{cases} x \geqslant 0, \\ x - \sqrt{x} \geqslant 0, \end{cases}$ 得 $\begin{cases} x \geqslant 0, \\ x^2 \geqslant x, \end{cases}$ 或 $\begin{cases} x \geqslant 0, \\ x(x-1) \geqslant 0, \end{cases}$ 从而定义域为 $x \geqslant 1$.

(2) 由 $\begin{cases} x - 1 > 0, \\ 1 + \ln(x-1) \neq 0, \end{cases}$ 得 $\begin{cases} x - 1 > 0, \\ x - 1 \neq e^{-1}, \end{cases}$ 或 $\begin{cases} x > 1, \\ x \neq 1 + e^{-1}, \end{cases}$ 从而定义域为 $(1, 1+e^{-1})$ 及 $(1+e^{-1}, +\infty)$.

2. (1) $\begin{aligned}[t] y(-x) &= \ln(-x + \sqrt{1+x^2}) \\ &= \ln \frac{(x+\sqrt{1+x^2})(-x+\sqrt{1+x^2})}{x+\sqrt{1+x^2}} \\ &= \ln \frac{1}{x+\sqrt{1+x^2}} = -\ln(x+\sqrt{1+x^2}) \\ &= -y(x), \end{aligned}$

故 $y(x)$ 为奇函数.

(2) $y(-x) = \dfrac{1-e^x}{1+e^x} = \dfrac{e^x(e^{-x}-1)}{e^x(e^{-x}+1)} = \dfrac{e^{-x}-1}{e^{-x}+1} = -y(x)$,故 $y(x)$ 为奇函数.

3. (1) $y = 1 - e^x, 1 - y = e^x, x = \ln(1-y)$,故 $y = \ln(1-x) (x < 1)$ 是所求的反函数.

(2) 函数 $y = 1 + \cos x$ 在 $[0, \pi]$ 上严格单调减,值域为 $W = [0, 2]$,故存在 W 上的反函数 $x = \arccos(y-1)$ $(0 \leqslant y \leqslant 2)$,即 $y = \arccos(x-1)$ $(0 \leqslant x \leqslant 2)$.

4. B. 因为当 $x \to \dfrac{\pi}{2}^{+}$ 时，$\tan x \to -\infty$，而 $x\mathrm{e}^{\sin x} \to \dfrac{\pi}{2} \cdot \mathrm{e}$，故 $f(x) \to -\infty$.

5. D. 此函数在 $(1, +\infty)$ 上单调增加，故在 $(2,3)$ 上有 $y(2) < y(x) < y(3)$，即 $0 = \lg(2-1) < \lg(x-1) < \lg(3-1) = \lg 2$.

6. B.

7. 方法 1 记 $t = \dfrac{1}{x+1}$ 得 $x = \dfrac{1}{t} - 1$，于是

$$f(t) = f\left(\frac{1}{x+1}\right) = \frac{1 + \dfrac{1}{t} - 1}{2 + \dfrac{1}{t} - 1} = \frac{\dfrac{1}{t}}{1 + \dfrac{1}{t}} = \frac{1}{1+t}.$$

方法 2 因为 $f\left(\dfrac{1}{x+1}\right) = \dfrac{1}{\dfrac{1}{1+x}+1}$，故以 x 代 $\dfrac{1}{1+x}$ 得

$$f(x) = \frac{1}{x+1}.$$

8. 因为 $f(x) = \dfrac{1}{1+x}$，以 $f(x)$ 代 x 得

$$f(f(x)) = \frac{1}{1+f(x)} = \frac{1}{1 + \dfrac{1}{1+x}} = \frac{1+x}{2+x}.$$

9. (1) 不相同. 因为两个函数的对应规则不同：例如 $f(-2) = 2$，而 $g(-2) = -2$.

(2) 相同. 因为两个函数的定义域都是 $x > 0$，并且对应规则也一样：$\ln x^3 = 3\ln x$.

(3) 不一样. $\tan x$ 的定义域要求是 $\cos x \neq 0$，而 $\dfrac{1}{\cot x} = \dfrac{\cos x}{\sin x}$ 的定义域要求是 $\sin x \neq 0$，两个定义域不相同.

10. 由条件知，$\dfrac{1}{x} + \dfrac{1}{y} = \dfrac{1}{z}$，于是可解出 $z = \dfrac{xy}{x+y}$.

第二章 极限与连续

2.1 主要公式和结论

2.1.1 数列极限的四则运算法则

若 $\lim x_n = a, \lim y_n = b,$ 则

(1) $\lim(x_n \pm y_n) = \lim x_n \pm \lim y_n = a \pm b.$

(2) $\lim(x_n \cdot y_n) = \lim x_n \cdot \lim y_n = a \cdot b.$

(3) $\lim(x_n/y_n) = \lim x_n/\lim y_n = a/b \ (b \neq 0).$

2.1.2 数列极限存在性准则

数列可以分为两大类:收敛数列和发散数列.只有收敛数列才有极限,判定数列收敛的方法如下.

1. 单调有界准则

单调增加有上界或单调减少有下界的数列必定是收敛数列.

2. 夹挤准则

若 $a_n \leqslant x_n \leqslant b_n (n = 1, 2, \cdots),$ 且 $\lim a_n = \lim b_n = c,$ 则 x_n 是收敛数列,其极限亦是 $c.$

2.1.3 函数极限的运算法则(仅以 $x \to a$ 来叙述)

若 $\lim\limits_{x \to a} f(x) = A, \lim\limits_{x \to a} g(x) = B,$ 则有与数列极限情形相似的结果:

(1) $\lim\limits_{x \to a}(f(x) \pm g(x)) = \lim\limits_{x \to a} f(x) \pm \lim\limits_{x \to a} g(x) = A \pm B;$

(2) $\lim\limits_{x \to a}(f(x) \cdot g(x)) = \lim\limits_{x \to a} f(x) \cdot \lim\limits_{x \to a} g(x) = A \cdot B;$

(3) $\lim\limits_{x \to a} f(x)/g(x) = \lim\limits_{x \to a} f(x)/\lim\limits_{x \to a} g(x) = A/B \ (B \neq 0).$

2.1.4 函数极限的夹挤准则

若 $a(x) \leqslant f(x) \leqslant b(x) \quad (x \in (a - \delta, a + \delta), x \neq a),$ 且 $x \to a$ 时,$a(x), b(x)$ 均收敛于 $A,$ 则有 $\lim\limits_{x \to a} f(x) = A.$

2.1.5 无穷小量的比较

如果变量以 0 为极限,则称其为无穷小量.

设 $\alpha(x),\beta(x)$ 是同一极限过程中的两个无穷小量,

(1) 若 $\lim \dfrac{\alpha(x)}{\beta(x)} = 1$,则称 $\alpha(x)$ 与 $\beta(x)$ 是等价的无穷小量,记作 $\alpha(x) \sim \beta(x)$;

(2) 若 $\lim \dfrac{\alpha(x)}{\beta(x)} = A \neq 0$,则称 $\alpha(x)$ 与 $\beta(x)$ 是同阶的无穷小量,记作 $\alpha(x) = o(\beta(x))$;

(3) 若 $\lim \dfrac{\alpha(x)}{\beta(x)} = 0$,则称 $\alpha(x)$ 是较 $\beta(x)$ 高阶的无穷小量,记作 $\alpha(x) = o(\beta(x))$.

由定义知道,等价是同阶的特殊情况;$\alpha = o(\beta)$ 意味着 α 会较 β 更快地趋于 0.

并非任意两个无穷小量都可以比较快慢. 例如 $\alpha = x\sin\dfrac{1}{x}, \beta = x(x \to 0)$ 因为 $\lim \dfrac{\alpha(x)}{\beta(x)}$ 不存在.

2.1.6 常用的无穷小量等价关系

若在某一极限过程中,$\alpha(x) \to 0$,则有以下公式:

$$\sin\alpha \sim \alpha, 1 - \cos\alpha \sim \frac{1}{2}\alpha^2, \ln(1+\alpha) \sim \alpha, e^\alpha - 1 \sim \alpha;$$

$$a^\alpha - 1 \sim (\ln a)\alpha, (1+\alpha)^r - 1 \sim r\alpha, \tan\alpha \sim \alpha, \arcsin\alpha \sim \alpha.$$

2.1.7 等价替换与四则运算

设在同一极限过程中,$\alpha(x) \sim u(x), \beta(x) \sim v(x)$,则有以下等价代换运算法则.

1. 和取大原则

若 $\alpha(x) = o(\beta(x))$,则 $\alpha(x) + \beta(x) \sim \beta(x)$.

2. 因式替换原则

$$\alpha(x)\beta(x) \sim u(x)v(x), \frac{\alpha(x)}{\beta(x)} \sim \frac{u(x)}{v(x)}.$$

3. 非零因式替换原则

若 $\gamma(x) \to A \neq 0$,则 $\gamma(x)\alpha(x) \sim A\alpha(x), \dfrac{\alpha(x)}{\gamma(x)} \sim \dfrac{\alpha(x)}{A}$.

2.1.8 连续与间断

1. 在一点连续 设函数 $f(x)$ 在点 x_0 的某个邻域有定义. 若 $\lim\limits_{x \to x_0} f(x) = f(x_0)$,则称 $f(x)$ 在点 x_0 连续. 点 x_0 称为函数 $f(x)$ 的连续点.

2. 在一点左(右)连续 设函数 $f(x)$ 在点 x_0 的某个左(右)邻域有定义,若 $\lim\limits_{x \to x_0^-} f(x) = f(x_0)(\lim\limits_{x \to x_0^+} f(x) = f(x_0))$,则称 $f(x)$ 在点 x_0 左(右)连续.

3. 在开区间连续　函数 $f(x)$ 在开区间内的每个点都连续.

4. 在闭区间连续　函数 $f(x)$ 在开区间内的每个点都连续,且在左端点右连续,右端点左连续.

5. 间断点　函数 $f(x)$ 不连续的点称为间断点.

6. 第一类间断点　设 x_0 是 $f(x)$ 定义区间的内点,若 $f(x_0^+)$ 与 $f(x_0^-)$ 都存在,则当 $f(x_0^+) \neq f(x_0^-)$ 时,称点 x_0 为**跳跃间断点**;而当 $f(x_0^+) = f(x_0^-)$,但是不与 $f(x_0)$ 相等或 $f(x)$ 在点 x_0 无定义时,称点 x_0 为**可去间断点**. 可去间断点与跳跃间断点统称为第一类间断点. 当 x_0 是 $f(x)$ 的定义区间的左端点时,若 $f(x_0^+)$ 存在,则称 x_0 为 $f(x)$ 的可去间断点. 类似地理解为 x_0 右端点时.

7. 第二类间断点　若 $f(x_0^+)$ 与 $f(x_0^-)$ 有一个不存在(指极限为无穷大或无限振荡),则称点 x_0 为函数 $f(x)$ 的第二类间断点.

2.2　解题指导

2.2.1　数列极限的计算

例 1　计算下列数列极限.

(1) $l = \lim\limits_{n \to \infty}(\sqrt{n+1} - \sqrt{n})$;

(2) $l = \lim\limits_{n \to \infty} \dfrac{n + (-1)^n}{n+1}$;

(3) $l = \lim\limits_{n \to \infty} \dfrac{1 + 2 + \cdots + n}{n^2}$;

(4) $l = \lim\limits_{n \to \infty} \dfrac{n}{\sqrt{n^2 + n} + \sqrt{n^2 - n}}$.

分析　利用等式变形的方法将数列通项进行化简,然后计算化简后的数列的极限,常见的变形方法有因式分解,根式有理化等.

解　(1) $l = \lim\limits_{n \to \infty} \dfrac{(\sqrt{n+1} - \sqrt{n})(\sqrt{n+1} + \sqrt{n})}{\sqrt{n+1} + \sqrt{n}} = \lim\limits_{n \to \infty} \dfrac{1}{\sqrt{n+1} + \sqrt{n}} = 0$;

(2) $l = \lim\limits_{n \to \infty}\left(1 + \dfrac{-1 + (-1)^n}{n+1}\right) = 1 + \lim\limits_{n \to \infty} \dfrac{(-1)^n - 1}{n+1} = 1$;

(3) $l = \lim\limits_{n \to \infty} \dfrac{\dfrac{n(n+1)}{2}}{n^2} = \dfrac{1}{2} \lim\limits_{n \to \infty} \dfrac{n(n+1)}{n^2} = \dfrac{1}{2} \lim\limits_{n \to \infty} \dfrac{n+1}{n} = \dfrac{1}{2}$;

(4) $l = \lim\limits_{n \to \infty} \dfrac{n}{n\left(\sqrt{1 + \dfrac{1}{n}} + \sqrt{1 - \dfrac{1}{n}}\right)} = \lim\limits_{n \to \infty} \dfrac{1}{\sqrt{1 + \dfrac{1}{n}} + \sqrt{1 - \dfrac{1}{n}}} = \dfrac{1}{2}$.

例2 计算以下数列极限.

(1) $l = \lim\limits_{n\to\infty}\left(\dfrac{n}{n^2+1} + \dfrac{n}{n^2+2} + \cdots + \dfrac{n}{n^2+n}\right)$;

(2) $l = \lim\limits_{n\to\infty}\dfrac{\sin n}{n}$;

(3) $l = \lim\limits_{n\to\infty}\sqrt[n]{a^n+b^n},\, b>a>0$.

分析 当等式化简不易奏效时,可考虑不等式化简.依据夹挤准则,若 $a_n \leqslant x_n \leqslant b_n$,并且 $\lim a_n = \lim b_n = a$,则必有 $\lim x_n = a$.

解 (1) 记 $x_n = \dfrac{n}{n^2+1} + \dfrac{n}{n^2+2} + \cdots + \dfrac{n}{n^2+n}$,若将分母统一变小至 n^2+1 或统一放大至 n^2+n,则有

$$\frac{n}{n^2+n}\cdot n \leqslant x_n \leqslant \frac{n}{n^2+1}\cdot n.$$

由于 $n\to\infty$ 时,$\dfrac{n^2}{n^2+n} = \dfrac{1}{1+\dfrac{1}{n}}$ 及 $\dfrac{n^2}{n^2+1} = \dfrac{1}{1+\dfrac{1}{n^2}}$ 都趋于 1,故有 $x_n \to 1$,即 $l = 1$.

(2) 因为 $-1 \leqslant \sin n \leqslant 1$,故 $-\dfrac{1}{n} \leqslant \dfrac{\sin n}{n} \leqslant \dfrac{1}{n}$. 由于 $n\to\infty$ 时,$\dfrac{1}{n}$ 与 $-\dfrac{1}{n}$ 都趋于 0,故有 $\lim\limits_{n\to\infty}\dfrac{\sin n}{n} = 0$.

(3) 因为 $b = \sqrt[n]{b^n} \leqslant \sqrt[n]{a^n+b^n} \leqslant \sqrt[n]{b^n+b^n} = b\sqrt[n]{2}$,$\sqrt[n]{2}\to 1$,故由夹挤原理,$l = b$.

例3 计算以下数列极限.

(1) $l = \lim\limits_{n\to\infty}\left(1+\dfrac{1}{3n}\right)^n$;

(2) $l = \lim\limits_{n\to\infty}\left(\dfrac{n+2}{n+1}\right)^{n+2}$.

分析 将所给极限与已知的重要极限 $\lim\limits_{n\to\infty}\left(1+\dfrac{1}{n}\right)^n = \mathrm{e}$ 进行对比,便可求得极限值. 在套用重要极限时,n 可以换作 $n+1, 2n, n^2$ 等趋于无穷大的自然数变量.

解 (1) 对比重要极限变形,将多余的量放到重要极限中 n 的位置上,然后用变元替换来化简

$$l = \lim\limits_{n\to\infty}\left(1+\frac{1}{3n}\right)^{3n\cdot\frac{1}{3}} = \left[\lim\limits_{m\to\infty}\left(1+\frac{1}{m}\right)^m\right]^{\frac{1}{3}} = \mathrm{e}^{\frac{1}{3}},\text{其中},m = 3n.$$

(2) $l = \lim\limits_{n\to\infty}\left(1+\dfrac{1}{n+1}\right)^{n+1+1} = \lim\limits_{m\to\infty}\left(1+\dfrac{1}{m}\right)^m \cdot \lim\limits_{n\to\infty}\left(1+\dfrac{1}{n+1}\right) = \mathrm{e}$,

其中,$m = n+1$.

2.2.2　函数极限的计算

例 4　求以下函数极限.

(1) $l = \lim\limits_{x \to 1}(x^2 - 2x)$；

(2) $l = \lim\limits_{x \to \pi/2} \dfrac{\sin x}{x}$；

(3) $l = \lim\limits_{x \to 0}\ln(1 + e^x)$；

(4) $l = \lim\limits_{x \to 0} \dfrac{x}{x^2 - x}$.

分析　如果 $f(x)$ 是初等函数,并且 x_0 在 $f(x)$ 的定义区间中,则 $\lim\limits_{x \to x_0} f(x) = f(x_0)$. 许多复杂的函数极限在化简之后便可归结到用这一法则(代入法)去计算.

解　(1) 直接将 $x = 1$ 代入到所给函数式中: $l = 1 - 2 = -1$；

(2) 同上法, $l = \dfrac{\sin \dfrac{\pi}{2}}{\dfrac{\pi}{2}} = \dfrac{2}{\pi}$；

(3) 同上法, $l = \ln(1 + e^0) = \ln 2$；

(4) 不可以代入 $x = 0$, 因为函数在此点没有定义. 为此先作因式分解使函数化简后再看能否代入 $x = 0$：

$$l = \lim\limits_{x \to 0} \frac{x}{x(x-1)} = \lim\limits_{x \to 0} \frac{1}{x-1} = -1.$$

例 5　求以下函数极限.

(1) $l = \lim\limits_{x \to \infty} \dfrac{x+2}{x+1}$；

(2) $l = \lim\limits_{x \to 0} x \sin \dfrac{1}{x}$；

(3) $l = \lim\limits_{x \to \infty} \arctan x$；

(4) $l = \lim\limits_{x \to -1^+} \ln(1 + x)$.

分析　虽然 $f(x)$ 是初等函数,但变量 x 所趋近的数 x_0 或无穷大 ∞ 并不在 $f(x)$ 的定义区间中,故不能使用例 4 的代入法,而只能依据函数的图形和构造来分析其极限.

解　(1) $l = \lim\limits_{x \to \infty}\left(1 + \dfrac{1}{x+1}\right) = 1 + \lim\limits_{x \to \infty} \dfrac{1}{x+1} = 1$；

(2) 因为 $\left| x \sin \dfrac{1}{x} \right| \leqslant |x|$, 而 $x \to 0$ 时, $|x| \to 0$, 故依夹挤准则便有 $\left| x \sin \dfrac{1}{x} \right| \to 0$, 从而 $l = 0$；

(3) 直接由 $y = \arctan x$ 的曲线形态推知, $l = \dfrac{\pi}{2}$；

(4) 直接由 $y = \ln(1 + x)$ 的曲线形态推知, $l = -\infty$.

例 6　设 $x \to 0$, 利用等价代换法则求出以下无穷小量的主部(即将其化简为基本无穷小量 ax^k).

(1) $3x + \sin^2 x$；

(2) $1 - \cos 2x$；

(3) $\sqrt[3]{1+2x}-1$; (4) $\ln(1+\sin^2 x)$;

(5) $\dfrac{3+x}{\cos x}\tan x$; (6) $(e^{3x}-1)\sin 3x$.

分析　借助几个常用的基本无穷小量等价公式和几个等价替换法则,便可以较快地找到给定的无穷小量的主部.

解　(1) 因为相加的两个量都是无穷小量,$3x$ 是一阶无穷小量,$\sin^2 x$ 是二阶无穷小量,于是由和取大原则,$3x+\sin^2 x \sim 3x$;

(2) 套用公式 $1-\cos u \sim \dfrac{1}{2}u^2$,得 $1-\cos 2x \sim \dfrac{1}{2}(2x)^2 = 2x^2$;

(3) 套用公式 $(1+u)^\alpha-1 \sim \alpha u$,得 $\sqrt[3]{1+2x}-1 \sim \dfrac{2}{3}x$;

(4) 套用公式 $\ln(1+u) \sim u$,得 $\ln(1+\sin^2 x) \sim \sin^2 x \sim x^2$;

(5) 因为因子 $\dfrac{3+x}{\cos x}$ 趋于非零常数 3,故依据非零因子替换原则,有 $\dfrac{3+x}{\cos x}\tan x \sim 3\tan x \sim 3x$;

(6) 因为 $e^{3x}-1 \sim 3x$,而 $\sin 3x \sim 3x$,故由因子替换原则,其积的主部为 $9x^2$.

例 7　采用等价替换法则计算以下函数极限.

(1) $l = \lim\limits_{x\to 0} \dfrac{3x+\sin^2 x}{2x}$;

(2) $l = \lim\limits_{x\to 0} \dfrac{1-\cos 2x}{x^2}$;

(3) $l = \lim\limits_{x\to 0} \dfrac{\sqrt[3]{1+2x}-1}{x}$;

(4) $l = \lim\limits_{x\to 0} \dfrac{(e^{3x}-1)\sin 3x}{x^2}$.

分析　如果 $x\to 0$ 时,$a(x) \sim ax^k$,则

$$\lim_{x\to 0}\frac{a(x)}{b(x)} = \lim_{x\to 0}\frac{ax^k}{b(x)} \quad \text{或} \quad \lim_{x\to 0}\frac{b(x)}{a(x)} = \lim_{x\to 0}\frac{b(x)}{ax^k}.$$

结合例 6 的结果及上述等价替换法则,便可将所给极限化简,然后求出极限值来.

解　(1) 因为 $3x+\sin^2 x \sim 3x$,故 $l = \lim\limits_{x\to 0} \dfrac{3x}{2x} = \dfrac{3}{2}$;

(2) 因为 $1-\cos 2x \sim 2x^2$,故 $l = \lim\limits_{x\to 0} \dfrac{2x^2}{x^2} = 2$;

(3) 因为 $\sqrt[3]{1+2x}-1 \sim \dfrac{2}{3}x$,故 $l = \lim\limits_{x\to 0} \dfrac{\dfrac{2}{3}x}{x} = \dfrac{2}{3}$;

(4) 因为 $\sin 3x \sim 3x$,$e^{3x}-1 \sim 3x$,故 $l = \lim\limits_{x\to 0} \dfrac{9x^2}{x^2} = 9$.

2.2.3　函数的连续性考察

例 8　考察以下分段函数在分段点的连续性.

(1) $f(x) = \begin{cases} 3x, & x > 1, \\ 2, & x = 1, \\ 2x, & x < 1; \end{cases}$

(2) $f(x) = \begin{cases} \dfrac{1}{x}, & x < 0, \\ 1, & x \geqslant 0; \end{cases}$

(3) $f(x) = \begin{cases} \dfrac{x}{x^2 + x}, & x \neq 0, \\ 1, & x = 0; \end{cases}$

(4) $f(x) = \begin{cases} \dfrac{1 + e^{\frac{1}{x}}}{1 - e^{\frac{1}{x}}}, & x \neq 0, \\ 1, & x = 0. \end{cases}$

分析　通过比较函数在分段点的单侧极限来判定连续性.

解　(1) $f(1^+) = \lim\limits_{x \to 1^+} 3x = 3, f(1^-) = \lim\limits_{x \to 1^-} 2x = 2$,于是从 $f(1^+) \neq f(1^-)$ 知,分段点 $x = 1$ 属于跳跃间断点.

(2) $f(0^+) = \lim\limits_{x \to 0^+} 1 = 1, f(0^-) = \lim\limits_{x \to 0^-} \dfrac{1}{x} = -\infty$,因此函数在分段点 $x = 1$ 属于第二类间断点.

(3) $f(0^+) = f(0^-) = \lim\limits_{x \to 0} \dfrac{x}{x^2 + x} = \lim\limits_{x \to 0} \dfrac{1}{x + 1} = 1 = f(0)$. 因此,函数在点 $x = 0$ 连续.

(4) $f(0^+) = \lim\limits_{x \to 0^+} \dfrac{1 + e^{\frac{1}{x}}}{1 - e^{\frac{1}{x}}} = \lim\limits_{y \to \infty} \dfrac{1 + e^y}{1 - e^y} \quad \left(y = \dfrac{1}{x} \right)$

$\qquad = \lim\limits_{y \to \infty} \dfrac{e^y(1 + e^{-y})}{e^y(-1 + e^{-y})} = \lim\limits_{y \to \infty} \dfrac{1 + e^{-y}}{-1 + e^{-y}}$

$\qquad = -1 \quad (e^{-y} \to 0).$

$f(0^-) = \lim\limits_{x \to 0^-} \dfrac{1 + e^{\frac{1}{x}}}{1 - e^{\frac{1}{x}}} = \lim\limits_{y \to -\infty} \dfrac{1 + e^y}{1 - e^y} \quad \left(y = \dfrac{1}{x} \right)$

$\qquad = 1 \quad (因 y \to -\infty 时, e^y \to 0).$

因此,$f(x)$ 在点 $x = 0$ 左、右极限都存在但不相等,属于跳跃间断. 本题中,虽然在分段点 $x = 0$ 两侧,$f(x)$ 的形式完全一样,但是两侧的极限却不相同.

例 9　研究以下函数的连续性.

(1) $f(x) = \lim\limits_{n \to \infty} \dfrac{x + x^2 e^{nx}}{1 + e^{nx}}$;　　　　　(2) $f(x) = \lim\limits_{n \to \infty} \dfrac{1 - x^n}{1 + x^n}$.

分析 必须先求出数列极限(与 x 取值相关),然后依定义检验连续性.

解 (1) 当 $x>0$ 时 $\mathrm{e}^{nx}\to\infty$,故分子、分母都除以 e^{nx} 后再求极限:

$$f(x)=\lim_{n\to\infty}\frac{x/\mathrm{e}^{nx}+x^2}{1/\mathrm{e}^{nx}+1}=x^2.$$

又当 $x<0$ 时 $\mathrm{e}^{nx}\to 0$,故 $f(x)=\lim\limits_{n\to\infty}\dfrac{x+0}{1}=x$. 最后 $x=0$ 时直接由通项恒为 0 知 $f(0)=0$,即

$$f(x)=\begin{cases}x^2, & x>0,\\ x, & x\leqslant 0.\end{cases}$$

易知 $f(0^+)=f(0^-)=0=f(0)$,故 $f(x)$ 在 $x=0$ 连续. 而每个非零点 x,它都落在某个初等函数定义区间中,故为连续点,即 $f(x)$ 在 $(-\infty,+\infty)$ 内处处连续.

(2) 当 $|x|<1$ 时 $x^n\to 0(n\to\infty)$,故 $f(x)=1$;当 $|x|>1$ 时 $x^n\to\infty(n\to\infty)$,故 $f(x)=-1$;而 $x=1$ 时 $f(1)=0$;$x=-1$ 时极限 $\lim\limits_{n\to\infty}\dfrac{1-(-1)^n}{1+(-1)^n}$ 不存在,即 $f(x)$ 在 $x=-1$ 无定义,故

$$f(x)=\begin{cases}-1, & x>1,\\ 0, & x=1,\\ 1, & -1<x<1,\\ -1, & x<-1.\end{cases}$$

直接看出 $x=-1,1$ 均是 $f(x)$ 的跳跃间断点.

例 10 求下列函数的间断点并判断其类型.

(1) $f(x)=\dfrac{x^2-1}{x^2-3x+2}$;   (2) $f(x)=\dfrac{x}{\sin x}$;

(3) $f(x)=\begin{cases}(1+x)^{\frac{1}{x}}, & x\neq 0,\\ \mathrm{e}, & x=0;\end{cases}$ (4) $f(x)=(1-\mathrm{e}^{\frac{x}{1-x}})^{-1}$.

分析 先找出使 $f(x)$ 无定义的点 x 及分段点,然后求这些点的极限或单侧极限,再对照间断点定义进行判别.

解 (1) 由 $x^2-3x+2=(x-1)(x-2)=0$ 知,函数在 $x=1,2$ 处无定义. 因为 $f(x)$ 是初等函数,在其定义区间 $(-\infty,1),(1,2),(2,+\infty)$ 的点都连续(通常可以不讨论这些点). 以下求函数在 $x=1,2$ 的极限:

$$\lim_{x\to 1}f(x)=\lim_{x\to 1}\frac{(x-1)(x+1)}{(x-1)(x-2)}=-2,$$

$$\lim_{x\to 2}f(x)=\lim_{x\to 2}\frac{(x-1)(x+1)}{(x-1)(x-2)}=\infty,$$

故 $x=1$ 是可去间断点,$x=2$ 是无穷间断点.

(2) 由 $\sin x=0$ 知在 $x=k\pi\ (k=0,\pm 1,\pm 2,\cdots)\ f(x)$ 没有定义,当 $x\to 0$ 时,由于 $\dfrac{\sin x}{x}\to 1$,故 $x=0$ 为可去间断点,其他无定义点则是无穷间断点.

（3）直接看出，$f(x)$ 处处有定义，分段点是 $x = 0$. 因

$$\lim_{x \to 0} f(x) = \lim_{x \to 0} (1+x)^{\frac{1}{x}} = e = f(0),$$

故 $f(x)$ 于 $x = 0$ 连续，即 $f(x)$ 处处连续，无间断点.

（4）考虑分母为零，得无定义点 $x = 1$ 及 $x = 0$. 又

$$\lim_{x \to 0} f(x) = 1/\lim_{x \to 0} (1 - e^{\frac{x}{1-x}}) = \infty,$$

故 $x = 0$ 是 $f(x)$ 的无穷间断点.

$$f(1^-) = 1/\lim_{x \to 1^-} (1 - e^{\frac{x}{1-x}}) = 0 \quad \left(\frac{x}{1-x} \to +\infty \right),$$

$$f(1^+) = 1/\lim_{x \to 1^+} (1 - e^{\frac{x}{1-x}}) = 1 \quad \left(\frac{x}{1-x} \to -\infty \right),$$

故 $x = 1$ 是 $f(x)$ 的跳跃间断点.

例 11　求解下列各题.

（1）设 $f(x) = \begin{cases} 2e^x, & x \leqslant 0, \\ 3x + a, & x > 0 \end{cases}$　在 $x = 0$ 连续，求 a.

（2）设 $b = \lim\limits_{x \to -1} \dfrac{ax^2 - x - 3}{x + 1}$，求常数 a, b 之值.

分析　此类题属于连续判断的逆推形式，比较常见.

解　（1）在 $x = 0$ 处连续，意指 $\lim\limits_{x \to 0} f(x) = f(0)$，由于 $x = 0$ 是分段点，极限 $\lim\limits_{x \to 0} f(x) = f(0)$ 亦即 $f(0^-) = f(0^+) = f(0)$，于是从

$$f(0^-) = \lim_{x \to 0^-} 2e^x = 2,$$

$$f(0^+) = \lim_{x \to 0^+} (3x + a) = a,$$

得 $a = 2$.

（2）当 $x \to -1$ 时，分母 $x + 1 \to 0$，分子 $ax^2 - x - 3 \to a - 2$. 若 $a \neq 2$，则分式的极限是 ∞，这与题意 b 是常数不符，故 $a = 2$. 当 $a = 2$ 时，有

$$b = \lim_{x \to -1} \frac{2x^2 - x - 3}{x + 1} = \lim_{x \to -1} \frac{(x+1)(2x-3)}{x+1}$$

$$= \lim_{x \to -1} (2x - 3) = -5,$$

故常数 $a = 2, b = -5$.

2.2.4　根问题研究

例 12　讨论以下"根问题".

（1）证明三次方程 $x^3 + px^2 + qx + r = 0$ 有实根；

（2）证明方程 $x = 2\sin x + 3$ 在 $(0, 5]$ 中至少有一根；

（3）设 $f(x)$ 于 $[0,1]$ 连续，$f(0) < 0, f(1) > 1$，证明在 $(0,1)$ 中有一数 ξ 使 $f(\xi) = \xi$.

(4) 设 $f(x)$ 于 $[a,b]$ 连续，$x_1,x_2 \in [a,b]$，证明：存在 $\xi \in [a,b]$ 使 $f(\xi) = \frac{1}{2}(f(x_1) + f(x_2))$.

分析 解此类题的依据是连续函数的介值定理或零点存在定理. 引用零点存在定理的思考方式为，先把问题归结为连续函数 $g(x)$ 的根问题：存在 $\xi \in [a,b]$ 使 $g(\xi) = 0$，再计算 $g(a)$ 与 $g(b)$ 并验明 $g(a)$、$g(b)$ 异号，然后引用零点存在定理即可.

证 (1) 记 $g(x) = x^3 + px^2 + qx + r$，易知 $g(+\infty) = +\infty$，从而由极限定义知，存在 $b > 0$ 使 $g(b) > 0$. 类似地由 $g(-\infty) = -\infty$ 知存在 $a < 0$ 使 $g(a) < 0$. 因为 $g(x)$ 在 $[a,b]$ 上连续，而 $g(a)$ 与 $g(b)$ 异号，故存在 $\xi \in (a,b)$ 使 $g(\xi) = 0$，即三次方程必有实根.

(2) 记 $g(x) = x - 2\sin x - 3$，可看出 $g(0) = -3$，$g(5) = 2(1 - \sin x) \geqslant 0$. 若 $g(5) = 0$，则 $x = 5$ 是一个根；若 $g(5) > 0$，则 $g(0)$ 与 $g(5)$ 异号，从而在 $(0,5]$ 内至少有一个根.

(3) 目标式 $f(\xi) = \xi$ 可以写作 $f(\xi) - \xi = 0$，记 $g(x) = f(x) - x$，则 $g(0) = f(0) - 0 < 0$，$g(1) = f(1) - 1 > 0$. 由于 $f(x)$ 于 $[0,1]$ 连续，故 $g(x)$ 也于 $[0,1]$ 连续，从而存在 $\xi \in (0,1)$ 使 $g(\xi) = 0$，即 $f(\xi) = \xi$.

(4) 目标式 $f(\xi) = \frac{1}{2}(f(x_1) + f(x_2))$ 可以写作 $f(\xi) - \frac{1}{2}(f(x_1) + f(x_2)) = 0$，记 $g(x) = f(x) - \frac{1}{2}(f(x_1) + f(x_2))$，则转而寻找 $\xi \in [a,b]$，使 $g(\xi) = 0$. 由于 $g(x_1) = \frac{1}{2}(f(x_1) - f(x_2))$，$g(x_2) = \frac{1}{2}(f(x_2) - f(x_1))$，若 $f(x_1) = f(x_2)$，则取 $\xi = x_1$ 结论成立；若 $f(x_1) \neq f(x_2)$，则 $g(x_1)$ 与 $g(x_2)$ 异号，从而于 x_1,x_2 之间存在 ξ 使 $g(\xi) = 0$，即存在 $\xi \in [a,b]$ 使结论成立.

此题亦可引用介值定理证明：由于 $f(x)$ 于 $[x_1,x_2]$(不妨设 $x_1 < x_2$) 连续，而 $\frac{1}{2}(f(x_1) + f(x_2))$ 是 $f(x_1)$ 与 $f(x_2)$ 的平均值，它应当介于 $f(x_1)$ 与 $f(x_2)$ 之间(可能相等)，由介值定理，$f(x_1)$ 与 $f(x_2)$ 之间的任何实数均能被 f 取到，即存在 $\xi \in [x_1,x_2]$ 使 $f(\xi) = \frac{1}{2}(f(x_1) + f(x_2))$.

2.3 练 习 题

1. 选择题.

(1) $f(x)$ 在点 $x = a$ 处有定义，它是 $\lim\limits_{x \to a} f(x)$ 存在的(　　　).

A. 必要条件　　　　　　　　B. 无关条件

C. 充分条件　　　　　　　　　　　D. 充要条件

(2) $\lim\limits_{x\to\infty}x\sin\dfrac{1}{x}$（　　）.

A. 等于 0　　　　　　　　　　　　B. 为 ∞

C. 不存在但不是 ∞　　　　　　D. 等于 1

(3) 极限 $\lim\limits_{x\to1}5^{\frac{1}{x-1}}$（　　）.

A. 等于 0　　　　　　　　　　　　B. 为 ∞

C. 等于 5　　　　　　　　　　　　D. 不存在且不是 ∞

(4) 已知 $\lim\limits_{x\to0}\dfrac{x}{f(3x)}=2$，则 $\lim\limits_{x\to0}\dfrac{f(2x)}{x}=$（　　）.

A. 1/6　　　　B. 1/3　　　　C. 1/2　　　　D. 4/3

(5) 若 $\lim\limits_{x\to-1}\dfrac{ax^2-x-3}{x+1}=b$，则常数 a,b 的值为（　　）.

A. $a=0,b=-1$　　　　　　　　　B. $a=1,b=-3$

C. $a=2,b=-5$　　　　　　　　　D. $a=1,b=3$

2. 计算以下数列极限.

(1) $\lim\limits_{n\to\infty}(\sqrt{n^2+n}-n)$；

(2) $\lim\limits_{n\to\infty}\sqrt{n}(\sqrt{n+1}-\sqrt{n})$；

(3) $\lim\limits_{n\to\infty}\left(\dfrac{1}{n^2}+\dfrac{2}{n^2}+\cdots+\dfrac{n}{n^2}\right)$；

(4) $\lim\limits_{n\to\infty}\dfrac{n^2+n}{2n^2-n}$；

(5) $\lim\limits_{n\to\infty}\left(1+\dfrac{2}{n}\right)^{3n}$；

(6) $\lim\limits_{n\to\infty}\left(\dfrac{n-1}{n+1}\right)^{n+1}$.

3. 计算以下函数极限.

(1) $\lim\limits_{x\to-2}\dfrac{x^2-4}{x+2}$；

(2) $\lim\limits_{x\to-2}(3x^2-5x)$；

(3) $\lim\limits_{x\to\infty}\dfrac{3x-2}{5x-1}$；

(4) $\lim\limits_{x\to0}\dfrac{x^2}{1-\sqrt{1+x^2}}$；

(5) $\lim\limits_{h\to0}\dfrac{\sqrt{x+h}-\sqrt{x}}{h}(x>0)$；

(6) $\lim\limits_{x\to1}\left(\dfrac{1}{1-x}-\dfrac{2}{1-x^2}\right)$.

4. 计算以下函数极限.

(1) $\lim\limits_{x\to0}\dfrac{\sin3x}{\sin5x}$；

(2) $\lim\limits_{x\to0}\dfrac{1-\cos3x}{1-\cos5x}$；

(3) $\lim\limits_{x\to0}\dfrac{\ln\cos3x}{\ln\cos5x}$；

(4) $\lim\limits_{x\to\infty}x\sin\dfrac{1}{x}$.

5. 确定参数 a 的值,使以下分段函数在分段点连续.

(1) $f(x)=\begin{cases}4\mathrm{e}^x, & x\geqslant0,\\ a+x, & x<0;\end{cases}$

(2) $f(x)=\begin{cases}a, & x\geqslant1,\\ 2-x, & x<1.\end{cases}$

6. 确定以下函数的间断点及其类型.

(1) $f(x) = \dfrac{\mid x \mid}{x}$;

(2) $f(x) = \dfrac{\sin x}{x}$;

(3) $f(x) = x\sin\dfrac{1}{x}$;

(4) $f(x) = \mathrm{e}^{\frac{1}{x}}$.

7. 求以下无穷小量($x \to 0$) 的主部及阶数.

(1) $\tan x - \sin x$;

(2) $\sqrt[3]{x} + x^3$;

(3) $(\sin 3x)\ln(1 - 2x)$;

(4) $\mathrm{e}^{2x} - \mathrm{e}^{-3x}$.

8. 证明方程 $x + 2 - \mathrm{e}^x = 0$ 在 $(0,2)$ 内有解.

2.4　答案与提示

1. (1) B.　　(2) D.　　(3) D.　　(4) B.　　(5) C.

2. (1) 原式 $= \lim\limits_{n\to\infty} \dfrac{(\sqrt{n^2 + n} - n)(\sqrt{n^2 + n} + n)}{\sqrt{n^2 + n} + n} = \lim\limits_{n\to\infty} \dfrac{n^2 + n - n^2}{\sqrt{n^2 + n} + n}$

$= \lim\limits_{n\to\infty} \dfrac{n}{n\left(\sqrt{1 + \dfrac{1}{n}} + 1\right)} = \lim\limits_{n\to\infty} \dfrac{1}{\sqrt{1 + \dfrac{1}{n}} + 1} = \dfrac{1}{2}$.

(2) 原式 $= \lim\limits_{n\to\infty} \sqrt{n}\, \dfrac{(\sqrt{n+1} - \sqrt{n})(\sqrt{n+1} + \sqrt{n})}{\sqrt{n+1} + \sqrt{n}}$

$= \lim\limits_{n\to\infty} \dfrac{\sqrt{n}(n + 1 - n)}{\sqrt{n}\left(\sqrt{1 + \dfrac{1}{n}} + 1\right)} = \lim\limits_{n\to\infty} \dfrac{1}{\sqrt{1 + \dfrac{1}{n}} + 1} = \dfrac{1}{2}$.

(3) 原式 $= \lim\limits_{n\to\infty} \dfrac{1}{n^2}(1 + 2 + \cdots + n) = \lim\limits_{n\to\infty} \dfrac{1}{n^2} \cdot \dfrac{n(n+1)}{2}$

$= \lim\limits_{n\to\infty} \dfrac{1}{2}\left(1 + \dfrac{1}{n}\right) = \dfrac{1}{2}$.

(4) 原式 $= \lim\limits_{n\to\infty} \dfrac{n^2\left(1 + \dfrac{1}{n}\right)}{n^2\left(2 - \dfrac{1}{n}\right)} = \lim\limits_{n\to\infty} \dfrac{1 + \dfrac{1}{n}}{2 - \dfrac{1}{n}} = \dfrac{1}{2}$.

(5) 原式 $= \lim\limits_{n\to\infty}\left[\left(1 + \dfrac{1}{n/2}\right)^{\frac{n}{2}}\right]^6 = \left[\lim\limits_{n\to\infty}\left(1 + \dfrac{1}{n/2}\right)^{\frac{n}{2}}\right]^6 = \mathrm{e}^6$.

(6) 原式 $= \lim\limits_{n\to\infty}\left(1 + \dfrac{-2}{n+1}\right)^{n+1} = \lim\limits_{n\to\infty}\left[\left(1 + \dfrac{1}{-(n+1)/2}\right)^{-\frac{n+1}{2}}\right]^{-2}$

$= \left[\lim\limits_{n\to\infty}\left(1 + \dfrac{1}{-(n+1)/2}\right)^{-\frac{n+1}{2}}\right]^{-2} = \mathrm{e}^{-2}$.

3. (1) 作因式分解,化简所求极限后再用代入法求解.

原式 $= \lim\limits_{x \to -2} \dfrac{(x+2)(x-2)}{x+2} = \lim\limits_{x \to -2}(x-2) = -4.$

(2) 直接代入,原式 $= 3(-2)^2 - 5(-2) = 3 \times 4 + 5 \times 2 = 22.$

(3) 原式 $= \lim\limits_{x \to \infty} \dfrac{x\left(3 - \dfrac{2}{x}\right)}{x\left(5 - \dfrac{1}{x}\right)} = \lim\limits_{x \to \infty} \dfrac{3 - \dfrac{2}{x}}{5 - \dfrac{1}{x}} = \dfrac{3}{5}.$

(4) 原式 $= \lim\limits_{x \to 0} \dfrac{x^2(1 + \sqrt{1+x^2})}{(1 - \sqrt{1+x^2})(1 + \sqrt{1+x^2})} = \lim\limits_{x \to 0}(1 + \sqrt{1+x^2}) = 2.$

(5) 原式 $= \lim\limits_{h \to 0} \dfrac{(\sqrt{x+h} - \sqrt{x})(\sqrt{x+h} + \sqrt{x})}{h(\sqrt{x+h} + \sqrt{x})} = \lim\limits_{h \to 0} \dfrac{x+h-x}{h(\sqrt{x+h} + \sqrt{x})}$

$= \lim\limits_{h \to 0} \dfrac{1}{\sqrt{x+h} + \sqrt{x}} = \dfrac{1}{2\sqrt{x}}$ （代入 $h = 0$）.

(6) 原式 $= \lim\limits_{x \to 1} \dfrac{1}{1-x}\left(1 - \dfrac{2}{1+x}\right) = \lim\limits_{x \to 1} \dfrac{x-1}{(1-x)(1+x)}$

$= \lim\limits_{x \to 1} \dfrac{-1}{1+x} = -\dfrac{1}{2}.$

4. 先利用等价代换对分子或分母化简,然后求极限.

(1) 原式 $= \lim\limits_{x \to 0} \dfrac{3x}{5x} = \dfrac{3}{5}.$

(2) 原式 $= \lim\limits_{x \to 0} \dfrac{\dfrac{1}{2}(3x)^2}{\dfrac{1}{2}(5x)^2} = \dfrac{9}{25}.$

(3) 由于 $\ln\cos ax = \ln(1 + \cos ax - 1) \sim \cos ax - 1$,故

$$原式 = \lim\limits_{x \to 0} \dfrac{\cos 3x - 1}{\cos 5x - 1} = \dfrac{9}{25}. \quad （同题(2)）.$$

(4) 令 $t = \dfrac{1}{x}$,则 $x \to \infty$ 时 $t \to 0$,于是

$$原式 = \lim\limits_{t \to 0} \dfrac{\sin x}{t} = 1.$$

5. 函数在点 x_0 连续的充要条件是左、右极限相同并等于该点函数值.

(1) 在分段点 $x = 0$ 处,$f(0^+) = \lim\limits_{x \to 0^+} 4e^x = 4$,而 $f(0^-) = \lim\limits_{x \to 0^-}(a+x) = a$,故从 $f(0^+) = f(0^-)$ 得 $a = 4.$

(2) 在分段点 $x = 1$ 处,$f(1^+) = \lim\limits_{x \to 1^+} a = a$,$f(1^-) = \lim\limits_{x \to 1^-}(2-x) = 1$,故在 $a = 1$ 时,函数在 $x = 1$ 连续.

6. 没有定义的点可作为间断点分析.

(1) 在 $x=0$ 无定义,且 $f(0^+)=\lim\limits_{x\to 0}\dfrac{x}{x}=1$,$f(0^-)=\lim\limits_{x\to 0^-}\dfrac{-x}{x}=-1$,故点 $x=0$ 是函数的跳跃间断点.

(2) 由于 $x\to 0$ 时 $\sin x\sim x$,故 $\lim\limits_{x\to 0}f(x)=\lim\limits_{x\to 0}\dfrac{x}{x}=1$,但 $f(0)$ 无定义,故 $x=0$ 是可去间断点.

(3) 由于 $\sin\dfrac{1}{x}$ 是有界量,x 是无穷小量 $(x\to 0)$,故 $\lim\limits_{x\to 0}f(x)=0$,但 $f(0)$ 无定义,故 $x=0$ 是可去间断点.

(4) $f(0^+)=\lim\limits_{x\to 0^+}e^{\frac{1}{x}}=\infty$,故 $x=0$ 是第二类间断点.

7. (1) 由于因子 $\cos x\to 1$,$\sin x\sim x$,$1-\cos x\sim\dfrac{1}{2}x^2$,故

$$原式=\frac{1-\cos x}{\cos x}\sin x\sim\frac{\dfrac{1}{2}x^2}{1}x=\frac{1}{2}x^3.$$

(2) 由于 $\sqrt[3]{x}$ 是较 x^3 低阶的无穷小,依据和取大原则,$\sqrt[3]{x}+x^3\sim\sqrt[3]{x}$(相当于忽略了高阶的无穷小量).

(3) 由于 $\sin 3x\sim 3x$,$\ln(1-2x)\sim-2x$,故依因式替换原则,
原式 $\sim 3x(-2x)=-6x^2$.

(4) 由于 $e^{2x}\to 1$,$e^{-5x}-1\sim-5x$,故有 $e^{2x}-e^{-3x}=e^{2x}(1-e^{-5x})\sim 1-e^{-5x}\sim 5x$.

8. 记 $f(x)=x+2-e^x$,则有 $f(0)=1$,$f(2)=4-e^2<0$,故从介值定理知,存在 $x_0\in(0,2)$ 使 $f(x_0)=0$,即方程 $x+2-e^x=0$ 在 $(0,2)$ 内有实根.

第三章　导数与微分

3.1　主要公式和结论

3.1.1　常用结论

1. 导数概念

若函数 $y = f(x)$ 在点 x_0 的某个邻域内有定义,且 $\lim\limits_{\Delta x \to 0} \dfrac{\Delta y}{\Delta x} = \lim\limits_{\Delta x \to 0} \dfrac{f(x_0 + \Delta x) - f(x_0)}{\Delta x}$

存在,则称 $f(x)$ 在点 x_0 处可导,且称此极限值为 $f(x)$ 在点 x_0 处的导数,记为 $f'(x_0)$.

导数又分为右、左导数概念:

右导数　　　　　　　$f'_+(x_0) = \lim\limits_{x \to x_0^+} \dfrac{f(x) - f(x_0)}{x - x_0}$;

左导数　　　　　　　$f'_-(x_0) = \lim\limits_{x \to x_0^-} \dfrac{f(x) - f(x_0)}{x - x_0}$,

并且有 $f'(x_0)$ 存在 $\Leftrightarrow f'_+(x_0) = f'_-(x_0)$ 及可导 $\Rightarrow$ 连续,不连续 $\Rightarrow$ 不可导;反之不一定成立.

2. 微分概念

若函数 $y = f(x)$ 在点 x 处的增量
$$\Delta y = f(x + \Delta x) - f(x) = A\Delta x + o(\Delta x),$$
其中,A 与 Δx 无关,则称 $f(x)$ 在点 x 处可微,且称 $A\Delta x = f'(x)\Delta x$ 为函数 y 在点 x 处的微分,记为 $\mathrm{d}y = f'(x)\Delta x = f'(x)\mathrm{d}x$.

由上可知,导数 $f'(x) = \dfrac{\mathrm{d}y}{\mathrm{d}x}$ 可表为函数的微分与自变量微分之商,可导 $\Leftrightarrow$ 可微.

3. 复合函数的导数与微分

设 $u = \varphi(x)$ 在点 x 处可导,$y = f(u)$ 在点 x 处所对应的点 u 处可导,则复合函数 $y = f[\varphi(x)]$ 在点 x 处可导,且

$$\frac{\mathrm{d}y}{\mathrm{d}x} = \frac{\mathrm{d}y}{\mathrm{d}u} \cdot \frac{\mathrm{d}u}{\mathrm{d}x} = f'[\varphi(x)]\varphi'(x).$$

对于 $y = f(u)$,不论变量 u 是中间变量还是自变量,都有 $\mathrm{d}y = f'(u)\mathrm{d}u$,这一性质称为一阶微分形式不变性.

3.1.2 常用基本求导公式

$(C)' = 0$（C 为常数）；

$(x^n)' = nx^{n-1}$；

$(\sin x)' = \cos x$；

$(\cos x)' = -\sin x$；

$(\tan x)' = \sec^2 x$；

$(\cot x)' = -\csc^2 x$；

$(\arcsin x)' = \dfrac{1}{\sqrt{1-x^2}}$；

$(\arccos x)' = -\dfrac{1}{\sqrt{1-x^2}}$；

$(\arctan x)' = \dfrac{1}{1+x^2}$；

$(\text{arccot} x)' = -\dfrac{1}{1+x^2}$；

$(e^x)' = e^x$；

$(a^x)' = a^x \ln a$；

$(\ln|x|)' = \dfrac{1}{x}$；

$(\log_a |x|)' = \dfrac{1}{x \ln a}$ $(a > 0)$.

3.1.3 几个基本初等函数的 n 阶求导公式

$(\sin x)^{(n)} = \sin\left(x + \dfrac{n\pi}{2}\right)$；

$(a^x)^{(n)} = a^x \ln^n a (a > 0)$，特别 $(e^x)^{(n)} = e^x$；

$(\cos x)^{(n)} = \cos\left(x + \dfrac{n\pi}{2}\right)$；

$(\ln x)^{(n)} = \dfrac{(-1)^{n-1}(n-1)!}{x^n}$；

$\left(\dfrac{1}{ax+b}\right)^{(n)} = \dfrac{(-1)^n n! a^n}{(ax+b)^{n+1}}$ $(a \neq 0)$；

$[\ln(1+x)]^{(n)} = \dfrac{(-1)^{n-1}(n-1)!}{(1+x)^n}$.

3.1.4 求函数导数时应注意的事项

（1）熟记基本初等函数求导公式与导数的四则运算法则.

（2）利用链式规则求复合函数的导数时不要遗漏复合函数的复合步骤，尤其是在对参变量函数、反函数求二阶导数时要特别注意.

（3）对于幂指函数和连乘函数可采用对数微分法公式：$y' = y(\ln y)'$.

（4）分段函数在分段表达式交界点处的导数一般要用导数定义求.

（5）求某些函数的 n 阶导数时，可先将函数 $f(x)$ 变形为有现成的 n 阶导数公式的函数形式，以使计算简单些.

3.2　解题指导

3.2.1　依导数定义求函数导数

例1　设 $f(x) = \begin{cases} \dfrac{\sin^2 x}{x}, & x \neq 0 \\ 0, & x = 0, \end{cases}$ 求 $f'(x)$.

解　当 $x \neq 0$ 时,用求导公式得

$$f'(x) = \frac{2x\sin x\cos x - \sin^2 x}{x^2}.$$

由于 $x = 0$ 是分段点,应当依定义求该点导数

$$f'(0) = \lim_{x \to 0} \frac{f(x) - f(0)}{x} = \lim_{x \to 0} \frac{\sin^2 x/x - 0}{x}$$

$$= \lim_{x \to 0} \left(\frac{\sin x}{x}\right)^2 = 1,$$

故
$$f'(x) = \begin{cases} \dfrac{\sin x(2x\cos x - \sin x)}{x^2}, & x \neq 0, \\ 1, & x = 0. \end{cases}$$

例2　设 $f(x) = \lim\limits_{t \to +\infty} \dfrac{x}{2 + x^2 - e^{tx}}$,讨论 $f(x)$ 的可导性,并在可导点处求 $f'(x)$.

分析　因为 $t \to +\infty$ 时,极限值与 x 的符号有关,故先依 $x \geqslant 0$ 与 $x < 0$ 求出 $f(x)$ 的表示式.

当 $x \geqslant 0$ 时,$\lim\limits_{t \to +\infty} \dfrac{x}{2 + x^2 - e^{tx}} = 0$;

当 $x < 0$ 时,因 $e^{tx} \to 0 (t \to +\infty)$,故 $\lim\limits_{t \to +\infty} \dfrac{x}{2 + x^2 - e^{tx}} = \dfrac{x}{2 + x^2}$,从而

$$f(x) = \begin{cases} 0, & x \geqslant 0, \\ \dfrac{x}{2 + x^2}, & x < 0. \end{cases}$$

解　因 $f'_+(0) = 0, f'_-(0) = \lim\limits_{x \to 0^-} \dfrac{\frac{x}{2+x^2} - 0}{x} = \dfrac{1}{2}$, 可见 $f'_+(0) \neq f'_-(0)$,故 $f(x)$ 在 $x = 0$ 处不可导.而当 $x \neq 0$ 时,依公式求导得

$$f'(x) = \begin{cases} 0, & x > 0, \\ \dfrac{2 - x^2}{(2 + x^2)^2}, & x < 0. \end{cases}$$

例3 设 $f(x) = \begin{cases} x^2 \sin \dfrac{1}{x}, & x \neq 0, \\ a, & x = 0, \end{cases}$ 求 $f'(x)$.

解 $x \neq 0$ 时, $f'(x) = 2x\sin \dfrac{1}{x} - \cos \dfrac{1}{x}$.

$a \neq 0, x = 0$ 时,因为 $\lim\limits_{x \to 0} f(x) = \lim\limits_{x \to 0} x^2 \sin \dfrac{1}{x} = 0 \neq f(0)$,所以 f 在 $x = 0$ 处不连续,故 $f(x)$ 在 $x = 0$ 处不可导.

$a = 0$ 时, $f(0) = 0$,

$$f'(0) = \lim_{x \to 0} \frac{f(x) - f(0)}{x - 0} = \lim_{x \to 0} \frac{x^2 \sin \dfrac{1}{x} - 0}{x} = 0.$$

综上所述: $a \neq 0$ 时, $f'(x) = 2x\sin \dfrac{1}{x} - \cos \dfrac{1}{x}$;

$$a = 0 \text{ 时}, f'(x) = \begin{cases} 2x\sin \dfrac{1}{x} - \cos \dfrac{1}{x}, & x \neq 0, \\ 0, & x = 0. \end{cases}$$

例4 设 $f(x) = \begin{cases} \varphi(x)\cos \dfrac{1}{x}, & x \neq 0, \\ 0, & x = 0, \end{cases}$ 且 $\varphi(0) = \varphi'(0) = 0$,求 $f'(0)$.

解 $f'(0) = \lim\limits_{x \to 0} \dfrac{f(x) - f(0)}{x} = \lim\limits_{x \to 0} \dfrac{\varphi(x)\cos \dfrac{1}{x} - 0}{x}$

$\qquad = \lim\limits_{x \to 0} \dfrac{\varphi(x) - \varphi(0)}{x} \cdot \cos \dfrac{1}{x}$,

因 $\varphi'(0) = \lim\limits_{x \to 0} \dfrac{\varphi(x) - \varphi(0)}{x} = 0$, $\left| \cos \dfrac{1}{x} \right| \leqslant 1$,又无穷小与有界函数的乘积仍为无穷小,所以 $f'(0) = 0$.

3.2.2 复合函数求导

例5 若 $g(x) = \begin{cases} x^2 \cos \dfrac{1}{x}, & x = 0, \\ 0, & x = 0, \end{cases}$ 又 $f(x)$ 在 $x = 0$ 处可导,求 $\dfrac{\mathrm{d}}{\mathrm{d}x} f[g(x)] \big|_{x=0}$.

解 记 $u = g(x)$,则

$$\frac{\mathrm{d}}{\mathrm{d}x} f[g(x)] = f'[g(x)]g'(x) = f'(u)g'(x).$$

又 $\qquad g'(0) = \lim\limits_{x \to 0} \dfrac{g(x) - g(0)}{x} = \lim\limits_{x \to 0} \dfrac{x^2 \cos \dfrac{1}{x} - 0}{x} = 0,$

$$f'(u)\mid_{x=0} = f'(0),$$

故
$$\frac{\mathrm{d}}{\mathrm{d}x}f[g(x)]\mid_{x=0} = f'(u)g'(x)\mid_{x=0} = f'(0)\cdot 0 = 0.$$

例 6 设 $f(x) = \begin{cases} x\arctan\dfrac{1}{x^2}, & x \neq 0, \\ 0, & x = 0, \end{cases}$ 试讨论 $f'(x)$ 在 $x = 0$ 处的连续性.

分析 此题应分两步:(1) 求出 $f'(x)$ 与 $f'(0)$;(2) 考虑 $\lim\limits_{x\to 0}f'(x)$ 是否等于 $f'(0)$.

解 因为
$$f'(0) = \lim_{x\to 0}\frac{x\arctan\dfrac{1}{x^2} - 0}{x} = \frac{\pi}{2},$$

$$f'(x) = \arctan\frac{1}{x^2} + x\cdot\frac{-\dfrac{2}{x^3}}{1 + \dfrac{1}{x^4}} = \arctan\frac{1}{x^2} - \frac{2x^2}{1 + x^4},$$

又
$$\lim_{x\to 0}f'(x) = \lim_{x\to 0}\left(\arctan\frac{1}{x^2} - \frac{2x^2}{1 + x^4}\right) = \frac{\pi}{2} = f'(0),$$

所以 $f'(x)$ 在 $x = 0$ 处连续.

例 7 设 $y = \ln\sqrt{\dfrac{1-x}{1+x^2}}$,求 $y''\mid_{x=0}$.

分析 此题不要先急于用复合函数求导法则求导,而应先利用对数运算将已知函数表示为 $y = \dfrac{1}{2}[\ln(1-x) - \ln(1+x^2)]$ 后再求导.

解 因 $y = \dfrac{1}{2}[\ln(1-x) - \ln(1+x^2)]$,故

$$y' = \frac{-1}{2(1-x)} - \frac{x}{1+x^2},$$

$$y'' = \frac{-1}{2(1-x)^2} - \frac{1}{1+x^2} + x\cdot\frac{2x}{(1+x^2)^2},$$

$$y''\mid_{x=0} = -\frac{1}{2} - 1 = -\frac{3}{2}.$$

例 8 求函数 $y = \sqrt[3]{\dfrac{(x-2)^2}{(1-2x)(1+x)}}$ 的导数.

解 此题若直接用复合函数求导法则,则计算繁琐,应先取对数再求导.

$$\ln|y| = \ln\sqrt[3]{\frac{(x-2)^2}{(1-2x)(1+x)}}$$

$$= \frac{1}{3}[2\ln|x-2| - \ln|1+x| - \ln|1-2x|].$$

将上式两边对 x 求导(注意其中 y 是 x 的函数)得

$$\frac{1}{y}y' = \frac{1}{3}\left[\frac{2}{x-2} - \frac{1}{1+x} + \frac{2}{1-2x}\right],$$

所以　　　　$y' = \frac{1}{3}\left[\frac{(x-2)^2}{(1-2x)(1+x)}\right]^{\frac{1}{3}}\left[\frac{2}{x-2} - \frac{1}{1+x} + \frac{2}{1-2x}\right].$

注　一般说来,对幂指函数 $[f(x)^{\varphi(x)}]$ 或由许多"因子"的积、商或根式组成的函数求导时常采用"对数求导法".

例9　设 $y = x^{\sin x}$,求 $\frac{dy}{dx}$.

解一　先取对数得 $\ln y = \sin x \ln x$,再求导得

$$\frac{1}{y}y' = \cos x \ln x + \frac{\sin x}{x},$$

故　　　　$y' = x^{\sin x}\left(\cos x \ln x + \frac{\sin x}{x}\right).$

解二　将函数 $y = x^{\sin x}$ 表达为 $y = e^{\sin x \ln x}$,再由复合函数求导法得

$$\frac{dy}{dx} = e^{\sin x \ln x}(\sin x \ln x)' = x^{\sin x}\left(\cos x \ln x + \frac{\sin x}{x}\right).$$

例10　求由函数 $y = \sin^2 x, x = \ln(3t+1)$ 复合而成的函数的微分.

解　利用复合函数微分公式得

$$dy = d(\sin^2 x) = 2\sin x \cos x\, dx = \sin 2x\, d[\ln(3t+1)]$$

$$= \sin 2x \cdot \frac{1}{3t+1}d(3t+1) = \sin 2x \cdot \frac{3}{3t+1}dt$$

$$= \frac{3\sin[2\ln(3t+1)]}{3t+1}dt.$$

例11　$y = \ln\left[e^x\left(\frac{x-2}{x+2}\right)^{\frac{3}{2}}\right]$,求 $\frac{dy}{dx}$.

解　若直接按复合函数求导法则求导,则计算量较大,此题比较简单的方法是先表函数 $y = x + \frac{3}{2}\ln(x-2) - \frac{3}{2}\ln(x+2)$.

再求导得　　$\frac{dy}{dx} = 1 + \frac{3}{2(x-2)} - \frac{3}{2(x+2)} = 1 + \frac{6}{x^2-4}.$

3.2.3　参数方程求导

对于由参数方程 $\begin{cases} x = x(t), \\ y = y(t) \end{cases}$ 确定的函数 $y = y(x)$,则其一阶导数为

$$\frac{dy}{dx} = \frac{y'(t)}{x'(t)} \xlongequal{\text{记}} F(t),$$

二阶导数为
$$\frac{\mathrm{d}^2 y}{\mathrm{d}x^2} = \frac{\mathrm{d}}{\mathrm{d}t} F(t) \cdot \frac{\mathrm{d}t}{\mathrm{d}x} = \frac{\mathrm{d}F}{\mathrm{d}t} \cdot \frac{1}{\dfrac{\mathrm{d}x}{\mathrm{d}t}}.$$

例 12　设 $\begin{cases} x = f'(t), \\ y = tf'(t) - f(t), \end{cases}$ 其中，f 二阶可导，且 $f''(t) \neq 0$，求 $\dfrac{\mathrm{d}y}{\mathrm{d}x}, \dfrac{\mathrm{d}^2 y}{\mathrm{d}x^2}$.

解
$$\frac{\mathrm{d}y}{\mathrm{d}x} = \frac{\dfrac{\mathrm{d}y}{\mathrm{d}t}}{\dfrac{\mathrm{d}x}{\mathrm{d}t}} = \frac{\left[tf'(t) - f(t)\right]'}{\left[f'(t)\right]'} = \frac{tf''(t)}{f''(t)} = t,$$

$$\frac{\mathrm{d}^2 y}{\mathrm{d}x^2} = \frac{\dfrac{\mathrm{d}}{\mathrm{d}t}(t)}{\dfrac{\mathrm{d}x}{\mathrm{d}t}} = \frac{1}{f''(t)}.$$

例 13　求由参数方程 $\begin{cases} x = \cos^2 t, \\ y = \sin^2 t, \end{cases}$ 确定的函数的导数 $\dfrac{\mathrm{d}y}{\mathrm{d}x}, \dfrac{\mathrm{d}^2 y}{\mathrm{d}x^2}$.

解
$$\frac{\mathrm{d}x}{\mathrm{d}t} = 2\cos t(-\sin t) = -\sin 2t,$$

$$\frac{\mathrm{d}y}{\mathrm{d}t} = 2\sin t \cos t = \sin 2t,$$

则
$$\frac{\mathrm{d}y}{\mathrm{d}x} = \frac{\dfrac{\mathrm{d}y}{\mathrm{d}t}}{\dfrac{\mathrm{d}x}{\mathrm{d}t}} = \frac{\sin 2t}{-\sin 2t} = -1, \frac{\mathrm{d}^2 y}{\mathrm{d}x^2} = \frac{\mathrm{d}}{\mathrm{d}t}(-1) \cdot \frac{\mathrm{d}t}{\mathrm{d}x} = 0.$$

3.2.4　隐函数求导

例 14　已知方程 $xy^2 + y^2 \ln x - 4 = 0$，确定函数 $y = y(x)$，求 $\dfrac{\mathrm{d}y}{\mathrm{d}x}$.

解　方程两边对 x 求导，得
$$y^2 + 2xy \frac{\mathrm{d}y}{\mathrm{d}x} + \frac{y^2}{x} + 2y\ln x \frac{\mathrm{d}y}{\mathrm{d}x} = 0,$$

解出
$$\frac{\mathrm{d}y}{\mathrm{d}x} = \frac{-y^2 - y^2/x}{2xy + 2y\ln x} = \frac{-(x+1)}{8x} y^3.$$

例 15　设函数 $y = y(x)$ 由方程 $\mathrm{e}^{x+y} + \cos xy = 0$ 所确定，求 $\dfrac{\mathrm{d}y}{\mathrm{d}x}$.

解　将方程两边对 x 求导，得
$$\mathrm{e}^{x+y}\left(1 + \frac{\mathrm{d}y}{\mathrm{d}x}\right) - \sin xy\left(y + x\frac{\mathrm{d}y}{\mathrm{d}x}\right) = 0,$$

解出
$$\frac{\mathrm{d}y}{\mathrm{d}x} = \frac{y\sin xy - \mathrm{e}^{x+y}}{\mathrm{e}^{x+y} - x\sin xy}.$$

例 16 求由椭圆方程 $\dfrac{x^2}{a^2} + \dfrac{y^2}{b^2} = 1$ 所确定的函数 $y(x)$ 的二阶导数 $\dfrac{\mathrm{d}^2 y}{\mathrm{d}x^2}$.

解一 由隐函数求导法,在方程 $\dfrac{x^2}{a^2} + \dfrac{y^2}{b^2} = 1$ 两边同时对 x 求导得

$$\frac{2x}{a^2} + \frac{2yy'}{b^2} = 0 \Rightarrow y' = -\frac{b^2 x}{a^2 y},$$

再对 $\dfrac{x}{a^2} + \dfrac{yy'}{b^2} = 0$ 两边求导,得

$$\frac{1}{a^2} + \frac{y}{b^2} y'' + \frac{(y')^2}{b^2} = \frac{1}{a^2} + \frac{y}{b^2} y'' + \frac{1}{b^2}\left(-\frac{b^2 x}{a^2 y}\right)^2 = 0,$$

$$y'' = -\frac{b^2}{y} \cdot \frac{a^2 y^2 + b^2 x^2}{a^4 y^2} = -\frac{b^4}{a^2 y^3}.$$

解二 把 $\dfrac{x^2}{a^2} + \dfrac{y^2}{b^2} = 1$ 化成参数方程,可令 $\begin{cases} x = a\cos t, \\ y = b\sin t, \end{cases}$

则
$$\frac{\mathrm{d}x}{\mathrm{d}t} = -a\sin t, \qquad \frac{\mathrm{d}y}{\mathrm{d}t} = b\cos t.$$

因此
$$\frac{\mathrm{d}y}{\mathrm{d}x} = \frac{\dfrac{\mathrm{d}y}{\mathrm{d}t}}{\dfrac{\mathrm{d}x}{\mathrm{d}t}} = \frac{-b\cos t}{a\sin t} = -\frac{b}{a}\cot t,$$

$$\frac{\mathrm{d}^2 y}{\mathrm{d}x^2} = \frac{\mathrm{d}}{\mathrm{d}t}\left(-\frac{b}{a}\cot t\right) \cdot \frac{\mathrm{d}t}{\mathrm{d}x} = \frac{b}{a} \cdot \frac{1}{\sin^2 t} \cdot \frac{1}{-a\sin t}$$

$$= -\frac{b}{a^2 \sin^3 t} = -\frac{b^4}{a^2 y^3}.$$

例 17 求由方程 $\arctan \dfrac{y}{x} = \ln\sqrt{x^2 + y^2}$ 所确定的函数 y 的一阶导数.

解 由原方程两边同时对 x 求导,得

$$\frac{1}{1 + \left(\dfrac{y}{x}\right)^2} \cdot \left(\frac{y}{x}\right)' = \frac{1}{\sqrt{x^2 + y^2}}(\sqrt{x^2 + y^2})',$$

解得
$$\frac{x^2}{x^2 + y^2} \cdot \frac{y'x - y}{x^2} = \frac{1}{\sqrt{x^2 + y^2}} \cdot \frac{2x + 2yy'}{2\sqrt{x^2 + y^2}},$$

整理后得
$$y'(x - y) = x + y,$$

故
$$y' = \frac{x + y}{x - y}.$$

3.2.5　求高阶导数

如果所求导数的阶数较低,则常用直接逐次求导方法求出各阶导数.

如果所求导数的阶数较高,例如求 $y^{(9)}$,则应先求出 $y^{(n)}$ 后再令 $n = 9$. 在求 $y^{(n)}$ 时,可直接利用求导法则,或设法将函数变形为 n 阶导数公式已知的初等函数的形式

后,再进行计算.

例 18　$y = \mathrm{e}^x \sin x$,求 $y^{(n)}$.

分析　先按乘积求导法则求出 $y', y'', \cdots$,再总结规律求 $y^{(n)}$.

解
$$y' = \mathrm{e}^x(\sin x + \cos x) = \sqrt{2}\,\mathrm{e}^x \sin\left(x + \frac{\pi}{4}\right),$$

$$y'' = \sqrt{2}\,\mathrm{e}^x\left[\sin\left(x + \frac{\pi}{4}\right) + \cos\left(x + \frac{\pi}{4}\right)\right]$$

$$= (\sqrt{2})^2\,\mathrm{e}^x \sin\left(x + 2 \times \frac{\pi}{4}\right),$$

$$\cdots$$

易用数学归纳法得出
$$y^{(n)} = (\sqrt{2})^n\,\mathrm{e}^x \sin\left(x + n \times \frac{\pi}{4}\right).$$

例 19　设 $y = \dfrac{1}{x^2 + 5x + 6}$,求 $y^{(n)}$.

分析　对于有理函数,一般应先分解为简单分式后再进行求导计算.

解　由于
$$y = \frac{1}{(x+2)(x+3)} = \frac{1}{x+2} - \frac{1}{x+3},$$

利用
$$\left(\frac{1}{ax+b}\right)^{(n)} = \frac{(-1)^n n!\, a^n}{(ax+b)^{n+1}} \quad (a \neq 0),$$

得
$$y^{(n)} = \frac{(-1)^n n!}{(x+2)^{n+1}} - \frac{(-1)^n n!}{(x+3)^{n+1}}.$$

例 20　设 $f(x) = \ln(3 + 7x - 6x^2)$,求 $f^{(n)}(1)$.

解
$$f(x) = \ln(3 + 7x - 6x^2) = \ln[(1 + 3x)(3 - 2x)]$$

$$= \ln(1 + 3x) + \ln(3 - 2x),$$

所以
$$f'(x) = \frac{3}{1 + 3x} - \frac{2}{3 - 2x};$$

$$f^{(n)}(x) = \left(\frac{3}{1 + 3x} - \frac{2}{3 - 2x}\right)^{(n-1)}$$

$$= \frac{3(-1)^{n-1} 3^{n-1} (n-1)!}{(1 + 3x)^n} + \frac{(-2)(-1)^{n-1}(-2)^{n-1}(n-1)!}{(3 - 2x)^{n-1}};$$

$$f^{(n)}(1) = (-1)^{n-1}\left(\frac{3}{4}\right)^n (n-1)! + (-2)^n \cdot (-1)^n (n-1)!$$

$$= \left[(-1)^{n-1}\left(\frac{3}{4}\right)^n - 2^n\right](n-1)!.$$

例 21　设 $y = \sin^4 x + \cos^4 x$,求 $y^{(n)}$.

解
$$y = (\sin^2 x + \cos^2 x)^2 - 2\sin^2 x \cos^2 x = 1 - \frac{1}{2}\sin^2 2x$$

$$= 1 - \frac{1}{4}(1 - \cos 4x) = \frac{3}{4} + \frac{1}{4}\cos 4x,$$

故
$$y^{(n)} = \frac{1}{4}(\cos 4x)^{(n)} = \frac{1}{4} \cdot 4^n \cos\left(4x + n \cdot \frac{\pi}{2}\right)$$
$$= 4^{n-1} \cos\left(4x + n \cdot \frac{\pi}{2}\right).$$

例 22 求函数 $f(x) = x^2 \ln(1+x)$ 在点 $x = 0$ 处的 n 阶导数 $f^{(n)}(0)(n \geqslant 3)$.

解 由 $(uv)^{(n)} = u^{(n)}v^{(0)} + nu^{(n-1)}v' + \frac{n(n-1)}{2}u^{(n-2)}v'' + \cdots + u^{(0)}v^{(n)}$,

且令 $v = x^2, u = \ln(1+x)$, 则 $v' = 2x, v'' = 2, v''' = 0, v^{(n)} = 0(n \geqslant 3)$.

$$u^{(n)} = [\ln(1+x)]^{(n)} = \frac{(-1)^{n-1}(n-1)!}{(1+x)^n} \quad (n \text{ 为正整数}),$$

得
$$f^{(n)}(x) = (uv)^{(n)} = x^2 \cdot \frac{(-1)^{n-1}(n-1)!}{(1+x)^n} + 2nx \cdot \frac{(-1)^{n-2}(n-2)!}{(1+x)^{n-1}}$$
$$+ n(n-1) \frac{(-1)^{n-3}(n-3)!}{(1+x)^{n-2}},$$

所以
$$f^{(n)}(0) = n(n-1)(-1)^{n-3}(n-3)! = \frac{(-1)^{n-1}n!}{n-2}.$$

3.3 练 习 题

1. 单项选择题.

(1) 设 $f(x)$ 在点 $x = a$ 处可导, 则 $\lim\limits_{x \to 0} \dfrac{f(a+x) - f(a-x)}{x} = ($).

A. $f'(a)$ B. $2f'(a)$ C. 0 D. $f'(2a)$

(2) 设 $f(x) = \begin{cases} \dfrac{|x^2-1|}{x-1}, & x \neq 1, \\ 2, & x = 1, \end{cases}$ 则在 $x = 1$ 处函数 $f(x)$ ( ).

A. 不连续   B. 连续但不可导

C. 可导且导数不连续   D. 可导且导数连续

(3) 设 $f(x) = \begin{cases} \dfrac{2}{3}x^3, & x \leqslant 1, \\ x^2, & x > 1, \end{cases}$ 则 $f(x)$ 在 $x = 1$ 处的( ).

A. 左、右导数都存在

B. 左导数存在, 但右导数不存在

C. 左导数不存在, 但右导数存在

D. 左、右导数都不存在

(4) 设 $f(x) = \sin x$, 则 $(f(f(x)))' = ($).

A. $\cos(\sin x)\cos x$ B. $\sin(\sin x)\cos x$

C. $\cos(\cos x)\sin x$　　　　　　　　D. $\sin(\cos x)\sin x$

(5) 设 $f(x)$ 可微,则 $\mathrm{d}f(\mathrm{e}^x)=$(　　).

A. $f'(x)\mathrm{e}^x\mathrm{d}x$　　　　　　　　B. $f'(\mathrm{e}^x)\mathrm{d}x$

C. $f'(\mathrm{e}^x)\mathrm{e}^x\mathrm{d}x$　　　　　　　　D. $f'(\mathrm{e}^x)\mathrm{e}^x$

(6) 设 $f(x)=\begin{cases}\dfrac{1-\cos x}{\sqrt{x}}, & x>0,\\ x^2g(x), & x\leqslant 0,\end{cases}$ 其中,$g(x)$ 是有界函数,则 $f(x)$ 在点 $x=0$ 处(　　).

A. 极限不存在　　　　　　　　B. 极限存在,但不连续

C. 连续但不可导　　　　　　　　D. 可导

(7) 设 $f(x)=3x^3+x^2\mid x\mid$,则使 $f^{(n)}(0)$ 存在的最高阶数 n 等于(　　).

A. 0　　　　　B. 1　　　　　C. 2　　　　　D. 3

(8) 设 $f(x)$ 可导,$F(x)=f(x)(1+\mid\sin x\mid)$,则 $f(0)=0$ 是 $F(x)$ 在 $x=0$ 处可导的(　　).

A. 充分必要条件　　　　　　　　B. 充分条件但非必要条件

C. 必要条件但非充分条件　　　　　　　　D. 既非充分也非必要条件

(9) 函数 $f(x)=\begin{cases}\dfrac{\mid x^2-1\mid}{x-1}, & x\neq 1;\\ 2, & x=1,\end{cases}$ 在点 $x=1$ 处(　　).

A. 不连续　　　　　　　　B. 连续但不可导

C. 可导但导数不连续　　　　　　　　D. 可导且导数连续

(10) 设 $f(x)$ 可导,且满足条件 $\lim\limits_{x\to 0}\dfrac{f(1)-f(1-x)}{2x}=-1$,则曲线 $y=f(x)$ 在 $(1,f(1))$ 处的切线斜率为(　　).

A. 2　　　　　B. -2　　　　　C. $\dfrac{1}{2}$　　　　　D. -1

2. 填空题.

(1) 已知 $f'(3)=2$,则 $\lim\limits_{h\to 0}\dfrac{f(3-h)-f(3)}{2h}=$ _____.

(2) 设 $y=\ln(1+3^{-x})$,则 $\mathrm{d}y=$ _____.

(3) 设 $\tan y=x+y$,则 $\mathrm{d}y=$ _____.

(4) 设 $y=\ln(1+ax)$,其中 a 为非零常数,则 $y'=$ _____,$y''=$ _____.

(5) 曲线 $\begin{cases}x=\cos^3 t,\\ y=\sin^3 t\end{cases}$ 上对应于点 $t=\dfrac{\pi}{6}$ 处的法线方程为 _____.

(6) 曲线 $\begin{cases} x = 1 + t^2 \\ y = t^3 \end{cases}$ 在 $t = 2$ 处的切线方程为_____.

(7) 函数 $y = y(x)$ 由方程 $\sin(x^2 + y^2) + \mathrm{e}^x - xy^2 = 0$ 所确定,则 $\dfrac{\mathrm{d}y}{\mathrm{d}x} =$

_____.

(8) 设 $\begin{cases} x = f(t) - \pi, \\ y = f(\mathrm{e}^{3t} - 1), \end{cases}$ 其中,f 可导,且 $f'(0) \neq 0$,则 $\dfrac{\mathrm{d}y}{\mathrm{d}x}\Big|_{t=0} =$ _____.

(9) 设函数 $y = y(x)$ 由参数方程 $\begin{cases} x = t - \ln(1+t), \\ y = t^3 + t^2 \end{cases}$ 所确定,则 $\dfrac{\mathrm{d}^2 y}{\mathrm{d}x^2} =$

_____.

(10) 设 $f(x) = x(x+1)(x+2)\cdots(x+n)$,则 $f'(0) =$ _____.

(11) 设 $f(x)$ 是偶函数,$f'(0)$ 存在,则 $f'(0) =$ _____.

(12) 已知 $f'(x_0) = -1$,则 $\lim\limits_{x \to 0} \dfrac{x}{f(x_0 - 2x) - f(x_0 - x)} =$ _____.

(13) 设 $f(x) = \dfrac{1-x}{1+x}$,则 $f^{(n)}(x) =$ _____.

(14) 已知 $y = \ln(1 - 2x)$,则 $y^{(10)} =$ _____.

3. 求下列函数的导数或微分.

(1) $y = x^2(2 + \sqrt{x})$;

(2) $y = \dfrac{x+1}{\sqrt{x}}$;

(3) $y = \ln(\ln^2(\ln^3 x))$;

(4) $y = \sqrt{x^2 - a^2} - \arccos\dfrac{a}{x}$;

(5) $y = f(\mathrm{e}^x)\mathrm{e}^{f(x)}$;

(6) $y = x^{\tan x}$,求 $\mathrm{d}y$;

(7) $y = \arctan \mathrm{e}^x - \ln\sqrt{\dfrac{\mathrm{e}^{2x}}{\mathrm{e}^{2x} - 1}}$;

(8) $y = \arcsin \mathrm{e}^{-\sqrt{x}}$,求 $\mathrm{d}y$.

4. 已知 $f(x) = \begin{cases} x, & x < 0, \\ \ln(1+x), & x \geqslant 0, \end{cases}$ 求 $f'(0)$.

5. 设 $f(x) = \begin{cases} x^2 \cos\dfrac{1}{x}, & 0 < x < 2, \\ x, & x \leqslant 0, \end{cases}$ 讨论 $f(x)$ 在 $x = 0$ 及 $x = 1$ 处的连续性

与可导性.

6. 设 $\begin{cases} x = 5(t - \sin t), \\ y = 5(1 - \cos t), \end{cases}$ 求 $\dfrac{\mathrm{d}y}{\mathrm{d}x}, \dfrac{\mathrm{d}^2 y}{\mathrm{d}x^2}$.

7. $\begin{cases} x = t\cos t, \\ y = t\sin t, \end{cases}$ 求 $\dfrac{\mathrm{d}^2 y}{\mathrm{d}x^2}$.

8. 设函数 $y = y(x)$ 由方程 $y - xe^y = 1$ 所确定,求 $\dfrac{\mathrm{d}^2 y}{\mathrm{d}x^2}\Big|_{x=0}$ 的值.

9. 设 $y = f(x + y)$,其中 f 具有二阶导数,且其一阶导数不等于 1,求 $\dfrac{\mathrm{d}^2 y}{\mathrm{d}x^2}$.

10. 设 $y = y(x)$ 由 $\begin{cases} x = \arctan t, \\ 2y - ty^2 + e^t = 5 \end{cases}$ 所确定,求 $\dfrac{\mathrm{d}y}{\mathrm{d}x}$.

11. $y = \sin x^2$,求 $\dfrac{\mathrm{d}y}{\mathrm{d}x}, \dfrac{\mathrm{d}y}{\mathrm{d}(x^2)}, \dfrac{\mathrm{d}y}{\mathrm{d}(x^3)}$.

12. 设 $f(x)$ 是可导函数,且 $f'(x) = \sin^2[\sin(x+1)]$,$f(0) = 4$,求 $f(x)$ 的反函数 $x = \varphi(y)$ 在点 $y = 4$ 处的导数值.

13. 设方程 $x^2 - xy + y^2 = 6$ 定义 y 为 x 的隐函数,求 $\dfrac{\mathrm{d}y}{\mathrm{d}x}, \dfrac{\mathrm{d}^2 y}{\mathrm{d}x^2}$.

14. 设函数 $f(x)$ 在点 $x = 0$ 处连续,且 $\lim\limits_{x\to 0}\dfrac{f(x)}{x} = A$($A$ 为有限常数),证明 $f(x)$ 在 $x = 0$ 可导.

15. 若 $f(t) = \lim\limits_{x\to +\infty} t\left(1 + \dfrac{1}{x}\right)^{2tx}$,求 $f'(t)$.

16. 若 $f(1) = 1$,$xf'(x) + 2f(x) = 0$,求 $f(2)$.

17. 已知 $f'(x) = ke^x$ ($k \neq 0$,常数),求 $y = f(x)$ 的反函数的二阶导数 $\dfrac{\mathrm{d}^2 x}{\mathrm{d}y^2}$.

18. 假定 $f(x) = \begin{cases} e^x, & x < 0, \\ ax^2 + bx + c, & x \geqslant 0, \end{cases}$ 且 $f''(0)$ 存在,试确定常数 a, b 和 c 的值.

19. 设 $f(x)$ 在点 $x = 1$ 处有连续的一阶导数,且 $f'(1) = 2$,求
$$\lim_{x\to 1^+} \frac{\mathrm{d}}{\mathrm{d}x} f(\cos\sqrt{x-1}).$$

20. 设 $y = (1 + \sin x)^x$,求 $\mathrm{d}y|_{x=\pi}$.

21. 设函数 $f(x) = a_1\sin x + a_2\sin 2x + \cdots + a_n\sin nx$,其中,$a_1, a_2, \cdots, a_n$ 都是实数,n 为正整数.已知对于一切实数 x,有 $|f(x)| \leqslant |\sin x|$,证明:$|a_1 + 2a_2 + \cdots + na_n| \leqslant 1$.

3.4 答案与提示

1. (1) B.   (2) A.   (3) B.   (4) A.   (5) C.
     (6) D.   (7) C.   (8) A.   (9) A.   (10) B.

2. (1) -1.　　　　　　(2) $-\dfrac{3^{-x}\ln3}{1+3^{-x}}\mathrm{d}x$.

(3) $\dfrac{1}{(x+y)^2}\mathrm{d}x$.　　(4) $y'=\dfrac{a}{1+ax},y''=\dfrac{-a^2}{(1+ax)^2}$.

(5) $y=\sqrt{3}x-1$.　　(6) $3x-y-7=0$.

(7) $\dfrac{y^2-\mathrm{e}^x-2x\cos(x^2+y^2)}{2y\cos(x^2+y^2)-2xy}$.

(8) 3.　　　　　　　(9) $\dfrac{(6t+5)(t+1)}{t}$.

(10) $n!$.　　　　　　(11) 0.

(12) 1.　　　　　　 (13) $\dfrac{2(-1)^n n!}{(1+x)^{n+1}}$.

(14) $\dfrac{-9!\,2^{10}}{(1-2x)^{10}}$.

3. (1) $y'=4x+\dfrac{5}{2}x^{\frac{3}{2}}$.　(2) $y'=\dfrac{1}{2\sqrt{x}}-\dfrac{1}{2}x^{-\frac{3}{2}}$.

(3) $y'=\dfrac{6}{x\ln x\ln(\ln^3 x)}$.　(4) $y'=\dfrac{x^2-a}{x\sqrt{x^2-a^2}}$.

(5) $y'=\mathrm{e}^{f(x)}\big[f'(\mathrm{e}^x)\mathrm{e}^x+f'(x)f(\mathrm{e}^x)\big]$.

(6) $\mathrm{d}y=x^{\tan x}\Big[\sec^2 x\ln x+\dfrac{\tan x}{x}\Big]\mathrm{d}x$.

(7) $y'=\dfrac{\mathrm{e}^x}{1+\mathrm{e}^{2x}}-1+\dfrac{\mathrm{e}^{2x}}{\mathrm{e}^{2x}-1}$.

(8) $\mathrm{d}y=\dfrac{-\mathrm{e}^{\sqrt{x}}}{2\sqrt{x(1-\mathrm{e}^{-2\sqrt{x}})}}\mathrm{d}x$.

4. $f'(0)=1$.

5. f 在点 $x=0$ 处连续但不可导，f 在点 $x=1$ 处连续可导.

6. $\dfrac{\mathrm{d}y}{\mathrm{d}x}=\dfrac{\sin t}{1-\cos t},\dfrac{\mathrm{d}^2 y}{\mathrm{d}x^2}=\dfrac{-1}{5(1-\cos t)^2}$.

7. $\dfrac{\mathrm{d}^2 y}{\mathrm{d}x^2}=\dfrac{2+t^2}{(\cos t-t\sin t)^3}$.

8. $y''\big|_{x=0}=2\mathrm{e}^2$.

9. $y''=f''(x+y)\big/[1-f'(x+y)]^3$.

10. $\dfrac{\mathrm{d}y}{\mathrm{d}x}=\dfrac{(y^2-\mathrm{e}^t)(1+t^2)}{2(1-ty)}$.

11. $2x\cos x^2,\cos x^2,\dfrac{2\cos x^2}{3x}$.

12. $\dfrac{1}{\sin^2 \sin 1}$.

13. $y' = \dfrac{2x-y}{x-2y}, y'' = \left(\dfrac{2x-y}{x-2y}\right)'$ 且利用 y' 与 $xy - y^2 - x^2 = 6$，可求出 $y'' = \dfrac{36}{(x-2y)^3}$.

14. 因 f 在点 $x = 0$ 处连续，且 $\lim\limits_{x\to 0} \dfrac{f(x)}{x} = A$，所以有 $\lim\limits_{x\to 0} f(x) = f(0) = 0$. 从而

$$f'(0) = \lim\limits_{x\to 0} \frac{f(x) - f(0)}{x} = \lim\limits_{x\to 0} \frac{f(x)}{x} = A \text{ 存在}.$$

15. 因 $f(t) = \lim\limits_{x\to+\infty} t\left(1 + \dfrac{1}{x}\right)^{2tx} = \lim\limits_{x\to+\infty} t\left[\left(1 + \dfrac{1}{x}\right)^{x}\right]^{2t} = te^{2t}$，所以 $f'(t) = (te^{2t})'$
$= (1 + 2t)e^{2t}$.

16. 因 $xf'(x) + 2f(x) = 0$，故 $x^2 f'(x) + 2xf(x) = 0 \Rightarrow [x^2 f(x)]' = 0$. $x^2 f(x) = c$，又由 $f(1) = 1$ 定出 $c = 1$，故有

$$x^2 f(x) = 1, \quad f(x) = \frac{1}{x^2}, \quad f(2) = \frac{1}{4}.$$

17. 由 $f'(x) = ke^x (k \neq 0$ 常数)，得

$$\frac{\mathrm{d}x}{\mathrm{d}y} = \frac{1}{f'(x)} = \frac{1}{ke^x}, \quad \frac{\mathrm{d}^2 x}{\mathrm{d}y^2} = \frac{\mathrm{d}}{\mathrm{d}x}\left(\frac{1}{ke^x}\right) \cdot \frac{\mathrm{d}x}{\mathrm{d}y} = -\frac{1}{k^2 e^{2x}}.$$

18. (1) 因 $f'(0)$ 存在，故 (1) f 在点 $x = 0$ 连续，即 $f(0^+) = f(0^-)$. 由 $\lim\limits_{x\to 0^+}(ax^2 + bx + c) = \lim\limits_{x\to c} e^x$，得 $c = 1$.

(2) 因 $f'(0)$ 存在，故 $f'_+(0) = f'_-(0)$. 而

$$f'_-(0) = \lim\limits_{x\to 0^-} \frac{e^x - c}{x} = \lim\limits_{x\to 0^-} \frac{e^x - 1}{x} = 1,$$

$$f'_+(0) = \lim\limits_{x\to 0^+} \frac{ax^2 + bx + c - c}{x} = b,$$

得 $b = 1$，故

$$f'(x) = \begin{cases} e^x, & x < 0, \\ 2ax + b, & x \geqslant 0. \end{cases}$$

(3) 因 $f''_-(0) = \lim\limits_{x\to 0^-} \dfrac{f'(x) - f'(0)}{x} = \lim\limits_{x\to 0^-} \dfrac{e^x - 1}{x} = 1$.

$$f''_+(0) = \lim\limits_{x\to 0^+} \frac{f'(x) - f'(0)}{x} = \lim\limits_{x\to 0^+} \frac{2ax + b - 1}{x} = 2a,$$

由 $f''_-(0) = f''_+(0)$，得 $2a = 1$，所以 $a = \dfrac{1}{2}$，故

$$a = \frac{1}{2}, \quad b = 1, \quad c = 1.$$

19. $\lim\limits_{x\to 1^+} \dfrac{\mathrm{d}}{\mathrm{d}x} f(\cos\sqrt{x-1}) = \lim\limits_{x\to 1^+} f'(\cos\sqrt{x-1}) \cdot \dfrac{-\sin\sqrt{x-1}}{2\sqrt{x-1}}$

$$= -\frac{1}{2} f'(1) = -\frac{1}{2} \cdot 2 = -1.$$

20. 因 $y' = y(\ln y)' = (1+\sin x)^x [x\ln(1+\sin x)]'$

$$= (1+\sin x)^x \left[\ln(1+\sin x) + \frac{x\cos x}{1+\sin x} \right],$$

$$y'\,|_{x=\pi} = -\pi,$$

所以

$$\mathrm{d}y\,|_{x=\pi} = \pi\mathrm{d}x.$$

21. 从原题可以观察到 $f'(0) = a_1 + 2a_2 + \cdots + na_n$，即问题转为证明 $|f'(0)| \leqslant 1$.

因 $\qquad\qquad f(x) = a_1\sin x + a_2\sin 2x + \cdots + a_n\sin nx,$

所以 $\qquad f'(x) = a_1\cos x + 2a_2\cos 2x + \cdots + na_n\cos nx,$

$$f'(0) = a_1 + 2a_2 + \cdots + na_n.$$

因为 $\qquad\qquad |f'(0)| = \left| \lim\limits_{x\to 0} \dfrac{f(x) - f(0)}{x} \right|$

$$= \lim\limits_{x\to 0} \left| \frac{f(x)}{x} \right| \leqslant \lim\limits_{x\to 0} \left| \frac{\sin x}{x} \right| = 1,$$

所以有 $|a_1 + 2a_2 + \cdots + na_n| \leqslant 1.$

第四章 微分中值定理与导数的应用

4.1 主要公式和结论

4.1.1 曲率公式

设曲线 $y = f(x)$ 在点 $P(x, y)$ 处的曲率为 K,曲率半径为 R,则

$$K = \frac{|y''|}{(1 + y'^2)^{3/2}},$$

$$R = \frac{1}{K} = \frac{(1 + y'^2)^{3/2}}{|y''|}.$$

4.1.2 微分中值定理

1. 罗尔(Rolle) 定理

设函数 $f(x)$ 在 $[a, b]$ 上连续,在 (a, b) 内可导,$f(a) = f(b)$,则至少存在 $\xi \in (a, b)$,使 $f'(\xi) = 0$.

2. 拉格朗日(Lagrange) 中值定理

设函数 $f(x)$ 在 $[a, b]$ 上连续,在 (a, b) 内可导,则至少有一点 $\xi \in (a, b)$,使得 $f(b) - f(a) = f'(\xi)(b - a)$.

特别,在 $[x, x + \triangle x] \subset [a, b]$ 上,拉格朗日中值定理具有如下形式:

$$f(x + \triangle x) - f(x) = f'(x + \theta \triangle x) \triangle x, \quad 0 < \theta < 1.$$

3. 柯西(Cauchy) 中值定理

设函数 $f(x), F(x)$ 在 $[a, b]$ 上连续,(a, b) 内可导,$F'(x) \neq 0$,则至少存在一点 $\xi \in (a, b)$,使得

$$\frac{f(b) - f(a)}{F(b) - F(a)} = \frac{f'(\xi)}{F'(\xi)}.$$

4.1.3 泰勒(Taylor) 定理

设函数 $f(x)$ 在含 x_0 的某开区间 (a, b) 内有直到 $n + 1$ 阶导数,则有

$$f(x) = f(x_0) + f'(x_0)(x - x_0) + \frac{f''(x_0)}{2!}(x - x_0)^2 + \cdots$$

$$+ \frac{f^{(n)}(x_0)}{n!}(x - x_0)^n + R_n(x),$$

其中,$R_n(x) = \dfrac{f^{(n+1)}(\xi)}{(n+1)!}(x-x_0)^{n+1}$;$\xi$在$x_0$与$x$之间取值.

特别,当$x_0 = 0$时,有

$$f(x) = f(0) + f'(0)x + \frac{f''(0)}{2!}x^2 + \cdots + \frac{f^{(n)}(0)}{n!}x^n$$
$$+ \frac{f^{(n+1)}(\xi)}{(n+1)!}x^{n+1}, \quad 其中 \xi = \theta x, 0 < \theta < 1.$$

4.1.4 中值定理及泰勒定理

罗尔定理 $\underset{特殊情况}{\overset{推广}{\rightleftarrows}}$ 拉格朗日定理 $\underset{特殊情况}{\overset{推广}{\rightleftarrows}}$ 柯西定理.

$\qquad\quad f(a) = f(b) \qquad\qquad\quad F(x) = x$

$n = 0$时泰勒定理即为拉格朗日中值定理.

4.1.5 洛必达(L'Hospital) 法则

类型:$\dfrac{0}{0}$ 或 $\dfrac{\infty}{\infty}$ 型.

条件:(1) 当$x \to a$(或 $x \to \infty$) 时,$f(x),g(x)$ 均为无穷小(或均为无穷大).

(2) 存在$b > a$,使$f(x),g(x)$ 在(a,b) 内可微,且$g'(x) \neq 0$.

(3) $\lim\limits_{\substack{x \to a \\ (或x \to \infty)}} \dfrac{f'(x)}{g(x)} = L$ （L 为有限或 ∞）.

结论:$\lim\limits_{\substack{x \to a \\ (或x \to \infty)}} \dfrac{f(x)}{g(x)} = \lim\limits_{\substack{x \to a \\ (或x \to \infty)}} \dfrac{f'(x)}{g'(x)}$.

4.1.6 函数变化性态

函数变化性态有如下两种。

(1) 若函数$f(x)$在$[a,b]$上连续,在(a,b)内可导,且$f'(x) > 0$(或$f'(x) < 0$),则$f(x)$在$[a,b]$内严格单调增加(或严格单调减少).

(2) 极值.

1. 极值存在的必要条件

设函数$f(x)$在x_0处可导,且在x_0处取得极值,则$f'(x_0) = 0$.

注 使$f(x)$导数不存在的点也可能是极值点.

2. 极值存在的充分条件 1

设函数$f(x)$在x_0的一个邻域内可导,若当x渐增经过x_0时,$f'(x)$的符号由正变负(或由负变正),则$f(x)$在x_0处取得极大(小) 值.

3. 极值存在的充分条件 2

设函数$f(x)$在点x_0处有二阶导数,且$f'(x_0) = 0,f''(x_0) \neq 0$,则当$f''(x_0) < 0$

（或 $f''(x_0) > 0$）时，函数 $f(x)$ 在 x_0 处取得极大值（或极小值）．

4.1.7　拐点

连续曲线的凹弧与凸弧的分界点称为曲线的拐点．

判定法：设 $f(x)$ 在 (a,b) 上连续且有一阶、二阶导数，若在 (a,b) 内，$f''(x) > 0$（或 $f''(x) < 0$），则 $y = f(x)$ 在 (a,b) 上的图形是下凸的（或上凸的）．

4.1.8　曲线的渐近线

（1）垂直渐近线．若 $\lim\limits_{x \to x_0} f(x) = \infty$，则称直线 $x = x_0$ 为曲线 $y = f(x)$ 的垂直渐近线．

（2）水平渐近线．若 $\lim\limits_{x \to \infty} f(x) = y_0$，则称 $y = y_0$ 为曲线 $y = f(x)$ 的水平渐近线．

（3）斜渐近线．若 $\lim\limits_{x \to \infty} \dfrac{f(x)}{x} = a \neq 0$，$\lim\limits_{x \to \infty} [f(x) - ax] = b$ 都存在，则称直线 $y = ax + b$ 为曲线 $y = f(x)$ 的斜渐近线．

4.2　解题指导

本章的主要内容是导数的应用．（1）利用导数的几何意义，求曲线的切线方程和法线方程；（2）利用微分中值定理证明一些等式与不等式；（3）利用导数和中值定理讨论函数的单调性；（4）利用罗必达法则求一些函数的极限；（5）利用导数讨论函数曲线的凹凸性、拐点以及做较简单的函数草图．下面的各类例子帮助理解本章的内容．

例 1　求曲线 $\begin{cases} x = a(t - \sin t), \\ y = a(1 - \cos t) \end{cases}$　$(0 \leqslant t \leqslant 2\pi)$ 上斜率为 1 的切线方程．

解　当 $0 \leqslant t \leqslant 2\pi$ 时，曲线上任一点处切线斜率为

$$\frac{\mathrm{d}y}{\mathrm{d}x} = \frac{\mathrm{d}y/\mathrm{d}t}{\mathrm{d}x/\mathrm{d}t} = \frac{a\sin t}{a(1 - \cos t)} = \frac{2\sin \dfrac{t}{2}\cos \dfrac{t}{2}}{2\sin^2 \dfrac{t}{2}} = \cot \frac{t}{2}.$$

要使 $\dfrac{\mathrm{d}y}{\mathrm{d}x} = \dfrac{1}{\tan \dfrac{t}{2}} = 1$，得 $\tan \dfrac{t}{2} = 1$，即 $t = \dfrac{\pi}{2}$．

将 $t = \dfrac{\pi}{2}$ 代入参数方程得 $\begin{cases} x_0 = a\left(\dfrac{\pi}{2} - 1\right), \\ y_0 = a, \end{cases}$ 故曲线上斜率为 1 的切线方程为

$$y - a = x - a\left(\frac{\pi}{2} - 1\right) \Rightarrow y = x + a\left(2 - \frac{\pi}{2}\right).$$

例2 求曲线 $(5y+2)^3 = (2x+1)^5$ 在点 $P\left(0, -\dfrac{1}{5}\right)$ 处的切线和法线方程.

解 对曲线方程两边求导,得

$$3(5y+2)^2 \times 5y' = 5(2x+1)^4 \times 2,$$

由此解出 $y'|_P = \dfrac{2}{3}$,便是切线斜率.

在点 $P\left(0, -\dfrac{1}{5}\right)$ 处的切线方程为

$$y + \frac{1}{5} = \frac{2}{3}(x-0),$$

即

$$y = \frac{2}{3}x - \frac{1}{5}.$$

法线方程为

$$y + \frac{1}{5} = -\frac{3}{2}(x-0),$$

即

$$y = -\frac{3}{2}x - \frac{1}{5}.$$

例3 求证:当 $x \geqslant 1$ 时,有 $2\arctan x + \arcsin \dfrac{2x}{1+x^2} = \pi$.

分析 利用拉格朗日中值定理的推论,如果函数 $f(x)$ 在区间 I 上的导数恒为零,则 $f(x)$ 在区间 I 上应为一常数.

证 设 $f(x) = 2\arctan x + \arcsin \dfrac{2x}{1+x^2}$,则

$$f'(x) = \frac{2}{1+x^2} + \frac{1}{\sqrt{1-\left(\dfrac{2x}{1+x^2}\right)^2}} \cdot \frac{2(1+x^2) - 2x \cdot 2x}{(1+x^2)^2}$$

$$= \frac{2}{1+x^2} + \frac{1}{\sqrt{1-\left(\dfrac{2x}{1+x^2}\right)^2}} \cdot \frac{2-2x^2}{(1+x^2)^2} = 0,$$

所以 $f(x) = c$,又 $f(1) = \pi$,因此 $c = \pi$,从而

$$2\arctan x + \arcsin \frac{2x}{1+x^2} = \pi, \quad x \geqslant 1.$$

例4 证明方程 $5x^4 - 4x + 1 = 0$ 在 $(0,1)$ 内至少有一个根.

分析 将方程零点问题转化为求证某个函数的导数的零点问题.

证 作辅助函数 $f(x) = x^5 - 2x^2 + x$,则 $f(x)$ 在 $[0,1]$ 上连续,在 $(0,1)$ 内可导,又 $f(0) = f(1) = 0$,故 $f(x)$ 在 $[0,1]$ 上满足罗尔定理,从而至少存在一点 $\xi \in (0,1)$,使 $f'(\xi) = 0$,即 $5\xi^4 - 4\xi + 1 = 0$,即方程 $5x^4 - 4x + 1 = 0$ 在 $(0,1)$ 内至少有一根.

例5 若 $f(x)$ 可导,证明在 $f(x)$ 的两个零点之间,一定有 $f(x) + f'(x) = 0$ 的零点.

证 注意到 $(\mathrm{e}^x)' = \mathrm{e}^x$，作辅助函数 $F(x) = \mathrm{e}^x f(x)$，且设有 $x_1 < x_2$，使 $f(x_1) = 0$，$f(x_2) = 0$，于是 $F(x)$ 在 $[x_1, x_2]$ 上满足罗尔定理，因此至少存在一点 $\xi \in (x_1, x_2)$，使得

$$F'(\xi) = \mathrm{e}^\xi f(\xi) + \mathrm{e}^\xi f'(\xi) = 0.$$

又由于 $\mathrm{e}^\xi \neq 0$，故有 $f(\xi) + f'(\xi) = 0$。

例 6 设函数 $f(x)$ 在 $[a,b]$ 上连续，在 (a,b) 可导，且 $f'(x) \neq 0$，证明存在 ξ，$\eta \in (a,b)$，使得 $\dfrac{f'(\xi)}{f'(\eta)} = \dfrac{\mathrm{e}^b - \mathrm{e}^a}{b-a}\mathrm{e}^{-\eta}$。

分析 此题中同时出现了 ξ, η。因此首先要去掉 ξ，为此考虑对函数 $f(x)$ 与 $g(x) = \mathrm{e}^x$ 在 $[a,b]$ 上用柯西中值定理，然后再考虑在 $[a,b]$ 上对 $f(x)$ 使用拉格朗日中值定理。

证 令 $g(x) = \mathrm{e}^x$，则 $g(x)$ 与 $f(x)$ 在 $[a,b]$ 上满足柯西中值定理条件，故存在 $\eta \in (a,b)$，使得 $\dfrac{f(b) - f(a)}{\mathrm{e}^b - \mathrm{e}^a} = \dfrac{f'(\eta)}{\mathrm{e}^\eta}$，即

$$\frac{f(b) - f(a)}{b-a} = \frac{(\mathrm{e}^b - \mathrm{e}^a) f'(\eta) \mathrm{e}^{-\eta}}{b-a}. \tag{1}$$

又 $f(x)$ 在 $[a,b]$ 上满足拉格朗日中值条件，于是存在 $\xi \in (a,b)$，使得

$$\frac{f(b) - f(a)}{b-a} = f'(\xi). \tag{2}$$

再由题设 $f'(x) \neq 0$ 知，$f'(\eta) \neq 0$，由 (1) 式、(2) 式，得 $\dfrac{f'(\xi)}{f'(\eta)} = \dfrac{\mathrm{e}^b - \mathrm{e}^a}{b-a}\mathrm{e}^{-\eta}$ 成立。

例 7 设 $f(x)$ 定义在 $[0,c]$ 上，$f'(x)$ 存在，且单调下降，$f(0) = 0$，用拉格朗日定理证明：对于 $0 \leqslant a \leqslant b \leqslant a+b \leqslant c$，恒有 $f(a+b) \leqslant f(a) + f(b)$。

证 当 $a = 0$ 时，不等式中的等号成立，假设为真。

当 $a > 0$ 时，在 $[0,a]$ 上由拉格朗日中值定理知，存在 $\xi_1 \in (0,a)$，使

$$\frac{f(a)}{a} = \frac{f(a) - f(0)}{a - 0} = f'(\xi_1).$$

在 $[b, a+b]$ 上由拉格朗日中值定理知，存在 $\xi_2 \in (b, a+b)$，使

$$\frac{f(a+b) - f(b)}{a} = \frac{f(a+b) - f(b)}{a+b-b} = f'(\xi_2).$$

显然，$0 < \xi_1 < a \leqslant b < \xi_2 < a+b \leqslant c$。

因 $f'(x)$ 在 $[0,c]$ 上单调下降，故有 $f'(\xi_2) \leqslant f'(\xi_1)$，从而有

$$\frac{f(a+b) - f(b)}{a} \leqslant \frac{f(a)}{a}.$$

因 $a > 0$，故有 $f(a+b) \leqslant f(a) + f(b)$ 成立。

例 8 设 $f(x)$ 在 $[a,b]$ 上连续，在 (a,b) 内可导，$f(a) = f(b)$，且 $f(x)$ 不恒为常数。证明在 (a,b) 内存在一点 ξ，使 $f'(\xi) > 0$。

分析 由题意,$f(a) = f(b)$,且 $f(x)$ 不恒为常数,可知 $f(x)$ 在区间 (a,b) 内必有一点 c,使 $f(c) > f(a)$ 或 $f(c) < f(a)$ 成立,再由拉格朗日中值定理即可证得.

证 因 $f(a) = f(b)$,且 $f(x)$ 不恒为常数,故在 (a,b) 内存在一点 c,使

$$f(c) > f(a) = f(b) \text{ 或 } f(c) < f(a) = f(b).$$

由 $f(x)$ 在 $[a,b]$ 上连续,在 (a,b) 内可导,由拉格朗日中值定理知,在 (a,c) 内存在一点 ξ_1,使

$$f'(\xi_1) = \frac{f(c) - f(a)}{c - a}.$$

在 (c,b) 内存在一点 ξ_2,使

$$f'(\xi_2) = \frac{f(b) - f(c)}{b - c}.$$

由于 $f(c) < f(b)$ 和 $f(c) > f(a)$ 两个不等式中至少有一个成立,所以由上述两个等式之一可以断定 $f'(\xi_1)$ 和 $f'(\xi_2)$ 中至少有一个大于零,即在 (a,b) 内存在一点 ξ,使 $f'(\xi) > 0$.

例 9 设 $f(x),g(x)$ 在 $[a,b]$ 上二阶可导,且 $g''(x) \neq 0$,$f(a) = f(b) = g(a) = g(b) = 0$,求证:

(1) 在 (a,b) 内,$g(x) \neq 0$;

(2) 在 (a,b) 内至少存在一点 ξ,使 $\dfrac{f''(\xi)}{g''(\xi)} = \dfrac{f(\xi)}{g(\xi)}$.

证 (1) 用反证法.若在 (a,b) 内存在点 c,使 $g(c) = 0$,由罗尔中值定理知,在 (a,c) 内存在点 ξ_1,在 (c,b) 内存在点 ξ_2,使 $g'(\xi_1) = g'(\xi_2) = 0$,从而在 (ξ_1,ξ_2) 内存在点 ξ_3,使 $g''(\xi_3) = 0$,这与已知 $g''(x) \neq 0$ 相矛盾,因而在 (a,b) 内,$g(x) \neq 0$.

(2) 设 $\varphi(x) = f(x)g'(x) - f'(x)g(x)$,由 $f(a) = f(b) = g(a) = g(b) = 0$ 可知,

$$\varphi(a) = f(a)g'(a) - f'(a)g(a) = 0,$$
$$\varphi(b) = f(b)g'(b) - f'(b)g(b) = 0,$$

又 $\qquad \varphi'(x) = f'(x)g'(x) + f(x)g''(x) - f''(x)g(x) - f'(x)g'(x)$
$$= f(x)g''(x) - f''(x)g(x).$$

由罗尔定理知,在 (a,b) 内存在点 ξ,使

$$f(\xi)g''(\xi) - f''(\xi)g(\xi) = 0,$$

即 $\qquad\qquad \dfrac{f''(\xi)}{g''(\xi)} = \dfrac{f(\xi)}{g(\xi)}.$

例 10 设 $0 < a < b$,$f(x)$ 在 $[a,b]$ 上连续,在 (a,b) 内可导,试证在 (a,b) 内至少存在一点 ξ,使 $f(b) - f(a) = \xi f'(\xi) \ln \dfrac{b}{a}$ 成立.

分析 将所需证等式改写为 $\dfrac{f(b) - f(a)}{\ln b - \ln a} = \dfrac{f'(\xi)}{1/\xi}$,可以看出,此式是对函数

$f(x),g(x)=\ln x$ 在 $[a,b]$ 上应用柯西中值定理的结果.

　　证　由题意知,$f(x),g(x)=\ln x$ 在 $[a,b]$ 上满足柯西中值定理的条件,于是在 (a,b) 内至少存在一点 ξ,使 $\dfrac{f(b)-f(a)}{\ln b-\ln a}=\dfrac{f'(\xi)}{1/\xi}$ 成立.

　　例 11　证明当 $0<x<\dfrac{\pi}{2}$ 时,$\sin x>\dfrac{2}{\pi}x$.

　　证一　利用函数的单调性.

　　设
$$f(x)=\frac{\sin x}{x},0<x<\frac{\pi}{2},$$

则
$$f'(x)=\frac{x\cos x-\sin x}{x^2}=\frac{\cos x(x-\tan x)}{x^2}<0$$

$$\left(\text{因 } 0<x<\frac{\pi}{2},\cos x>0,\tan x>x\right).$$

$f(x)$ 在 $\left[0,\dfrac{\pi}{2}\right]$ 上严格单调减,从而当 $0<x<\dfrac{\pi}{2}$ 时,

$$f(x)>f\left(\frac{\pi}{2}\right)=\frac{2}{\pi},$$

即
$$\frac{\sin x}{x}>\frac{2}{\pi} \text{ 或 } \sin x>\frac{2}{\pi}x.$$

　　证二　利用函数的最大、最小值.

　　设 $f(x)=\sin x-\dfrac{2}{\pi}x$,令 $f'(x)=\cos x-\dfrac{2}{\pi}=0$,求得驻点

$$x_0=\arccos\frac{2}{\pi} \quad \text{或} \quad \cos x_0=\frac{2}{\pi}.$$

　　因为
$$f(x_0)=\sin x_0-\frac{2}{\pi}x_0=\sin x_0-x_0\cos x_0$$

$$=\cos x_0(\tan x_0-x_0)>0, \quad 0<x<\frac{\pi}{2},$$

且
$$f(0)=f\left(\frac{\pi}{2}\right)=0,$$

故 $f(x)$ 在区间 $\left[0,\dfrac{\pi}{2}\right]$ 的端点且仅在端点取得最小值,因此当 $0<x<\dfrac{\pi}{2}$ 时,有

$f(x)>f(0)=0$ 即 $\sin x>\dfrac{2}{\pi}x.$

　　证三　利用拉格朗日中值定理.

　　设 $f(x)=\dfrac{\sin x}{x}$,则 $f'(x)=\dfrac{x\cos x-\sin x}{x^2},0<x<\dfrac{\pi}{2}.$

　　$\forall x\in\left(0,\dfrac{\pi}{2}\right)$,在 $\left[x,\dfrac{\pi}{2}\right]$ 上由拉格朗日中值定理,得

$$f\left(\frac{\pi}{2}\right) - f(x) = f'(\xi)\left(\frac{\pi}{2} - x\right), x < \xi < \frac{\pi}{2},$$

$$\frac{2}{\pi} - \frac{\sin x}{x} = \frac{\xi\cos\xi - \sin\xi}{\xi^2}\left(\frac{\pi}{2} - x\right) = \frac{\cos\xi(\xi - \tan\xi)}{\xi^2}\left(\frac{\pi}{2} - x\right) < 0,$$

故当 $0 < x < \frac{\pi}{2}$ 时,$\frac{\sin x}{x} > \frac{2}{\pi}$,即 $\sin x > \frac{2}{\pi}x$.

例 12 设 $f(x)$ 在$[0,1]$上二阶可导,$\max\limits_{0 < x < 1} f(x) = \frac{1}{4}$,$|f''(x)| \leqslant 1$,证明:$|f(0)| + |f(1)| < 1$.

证 设 $x = a$ 为 $f(x)$ 在$(0,1)$内取得最大值的一点,则必有 $f'(a) = 0, f(a) = \frac{1}{4}$,由 $f(x)$ 在点 a 的一阶泰勒公式,得

$$f(0) = f(a) + f'(a)(0 - a) + \frac{f''(\xi_1)}{2}(0 - a)^2$$

$$= \frac{1}{4} + \frac{1}{2}f''(\xi_1)a^2, \quad 0 < \xi_1 < a < 1,$$

$$f(1) = f(a) + f'(a)(1 - a) + \frac{f''(\xi_2)}{2}(1 - a)^2$$

$$= \frac{1}{4} + \frac{1}{2}f''(\xi_2)(1 - a)^2, \quad 0 < a < \xi_2 < 1,$$

于是得

$$|f(0)| \leqslant \frac{1}{4} + \frac{1}{2}|f''(\xi_1)|a^2 \leqslant \frac{1}{4} + \frac{a^2}{2},$$

$$|f(1)| \leqslant \frac{1}{4} + \frac{1}{2}|f''(\xi_2)|(1 - a)^2 \leqslant \frac{1}{4} + \frac{1}{2}(1 - a)^2.$$

因此

$$|f(0)| + |f(1)| \leqslant \frac{1}{2} + \frac{1}{2}[a^2 + (1 - a)^2]$$

$$= 1 + a(a - 1) < 1.$$

例 13 求极限 $\lim\limits_{x \to 0} \dfrac{e^x - \sin x - 1}{1 - \sqrt{1 - x^2}}$.

分析 这是 $\dfrac{0}{0}$ 型不定式极限问题,可直接用洛必达法则计算,但为了计算简便些,可用等价无穷小先将原式分母进行代换,再用法则计算.

解 因为当 $x \to 0$ 时,$\sqrt{1 - x^2} - 1$ 是与 $-\dfrac{1}{2}x^2$ 等阶的无穷小量.

$$\text{原式} = \lim\limits_{x \to 0} \frac{e^x - \sin x - 1}{\frac{1}{2}x^2} = 2\lim\limits_{x \to 0} \frac{e^x - \cos x}{2x} = \lim\limits_{x \to 0} \frac{e^x - \sin x}{1} = 1.$$

例 14 求极限 $\lim\limits_{x \to 0} \dfrac{\sqrt{1 + \tan x} - \sqrt{1 + \sin x}}{x \sin^2 x}$.

分析　这是 $\dfrac{0}{0}$ 型不定式,若先用洛必达法则求,则计算复杂.应首先将分子有理化,然后将不为零的因式 $\dfrac{1}{\sqrt{1+\tan x}+\sqrt{1+\sin x}}$ 分离出来,同时将分母中 $\sin^2 x$ 用等价无穷小 x^2 替代,可使计算得以简化.

解　原式 $=\lim\limits_{x\to 0}\dfrac{(1+\tan x)-(1+\sin x)}{(\sqrt{1+\tan x}+\sqrt{1+\sin x})\cdot x\cdot x^2}$

$=\dfrac{1}{2}\lim\limits_{x\to 0}\dfrac{\tan x-\sin x}{x^3}=\dfrac{1}{2}\lim\limits_{x\to 0}\dfrac{\tan x(1-\cos x)}{x\cdot x^2}$

$=\dfrac{1}{2}\lim\limits_{x\to 0}\dfrac{\dfrac{1}{2}x^2}{x^2}\quad(x\to 0\text{ 时},1-\cos x\sim\dfrac{1}{2}x^2)$

$=\dfrac{1}{4}.$

例 15　求极限 $\lim\limits_{x\to 0^+}\left(\dfrac{1}{\sqrt{x}}\right)^{\tan x}$.

分析　这是 ∞^0 型不定式.可取对数后再用洛必达法则.

解　由 $\left(\dfrac{1}{\sqrt{x}}\right)^{\tan x}=e^{\tan x\ln\frac{1}{\sqrt{x}}}=e^{-\frac{1}{2}\tan x\ln x},$

及 $\lim\limits_{x\to 0^+}\tan x\ln x=\lim\limits_{x\to 0^+}\dfrac{\ln x}{\cot x}=\lim\limits_{x\to 0^+}\dfrac{\dfrac{1}{x}}{-\dfrac{1}{\sin^2 x}}=-\lim\limits_{x\to 0}\dfrac{\sin^2 x}{x}=0,$

得 原式 $=\lim\limits_{x\to 0^+}e^{\tan x\ln\frac{1}{\sqrt{x}}}=e^0=1.$

例 16　求极限 $\lim\limits_{x\to 0}\left(\dfrac{1}{x^2}-\cot^2 x\right)$.

分析　这是 $\infty-\infty$ 型未定式,应先通分化成 $\dfrac{0}{0}$ 型未定式,且作初等变形,然后再运用洛必达法则计算.

解　原式 $=\lim\limits_{x\to 0}\dfrac{\sin^2 x-x^2\cos^2 x}{x^2\sin^2 x}=\lim\limits_{x\to 0}\dfrac{\sin x+x\cos x}{\sin x}\cdot\dfrac{\sin x-x\cos x}{x^2\sin x}$

$=2\lim\limits_{x\to 0}\dfrac{\sin x-x\cos x}{x^3}=2\lim\limits_{x\to 0}\dfrac{\cos x-\cos x+x\sin x}{3x^2}=\dfrac{2}{3}.$

例 17　求 $\lim\limits_{x\to\infty}\left(\sin\dfrac{2}{x}+\cos\dfrac{1}{x}\right)^x$.

分析　这是 1^∞ 型未定式,可采用洛必达法则或重要极限 $\lim\limits_{x\to 0}(1+x)^{\frac{1}{x}}=e$ 进行计算.

解一　设 $y=\left(\sin\dfrac{2}{x}+\cos\dfrac{1}{x}\right)^x$,因

$$\lim_{x \to \infty} \ln y = \lim_{x \to \infty} x \ln\left(\sin\frac{2}{x} + \cos\frac{1}{x}\right) = \lim_{x \to \infty} \frac{\ln\left(\sin\frac{2}{x} + \cos\frac{1}{x}\right)}{\frac{1}{x}}$$

$$= \lim_{x \to \infty} \frac{-\frac{2}{x^2}\cos\frac{2}{x} + \frac{1}{x^2}\sin\frac{1}{x}}{-\frac{1}{x^2}\left(\sin\frac{2}{x} + \cos\frac{1}{x}\right)} = \lim_{x \to \infty} \frac{2\cos\frac{2}{x} - \sin\frac{1}{x}}{\sin\frac{2}{x} + \cos\frac{1}{x}} = 2,$$

故　　　　　　　　　　　　　原式 $= \lim_{x \to \infty} \mathrm{e}^{\ln y} = \mathrm{e}^2$.

解二　用 $\lim_{x \to 0}(1+x)^{\frac{1}{x}} = \mathrm{e}$，且 $\lim_{x \to \infty} \dfrac{\sin\frac{2}{x} + \cos\frac{1}{x} - 1}{\frac{1}{x}} = 2$，

得　　　　原式 $= \lim_{x \to \infty}\left[1 + \left(\sin\frac{2}{x} + \cos\frac{1}{x} - 1\right)\right]^x$

$$= \lim_{x \to \infty}\left\{\left[1 + \left(\sin\frac{2}{x} + \cos\frac{1}{x} - 1\right)\right]^{\frac{1}{\sin\frac{2}{x}+\cos\frac{1}{x}-1}}\right\}^{\frac{\sin\frac{2}{x}+\cos\frac{1}{x}-1}{\frac{1}{x}}}$$

$$= \mathrm{e}^2.$$

例 18　求函数 $f(x) = \dfrac{4}{1-x} + \dfrac{9}{x}$ 在 $(0,1)$ 上的极大、极小值.

解　令 $f'(x) = \dfrac{4}{(1-x)^2} - \dfrac{9}{x^2} = \dfrac{4x^2 - 9(1-x)^2}{x^2(1-x)^2} = -\dfrac{(5x-3)(x-3)}{x^2(1-x)^2} = 0$,

得 $x_1 = \dfrac{3}{5}, x_2 = 3 \notin (0,1)$ 舍去.

$$f\left(\frac{3}{5}\right) = 10 + \frac{9 \times 5}{3} = 25,$$

因当　$0 < x < \dfrac{3}{5}$ 时, $f'(x) < 0$；当 $\dfrac{3}{5} < x < 1$ 时, $f'(x) > 0$，故 $f(x)$ 在 $x = \dfrac{3}{5}$ 处达到极小值且极小值为 25，在 $(0,1)$ 内无极大值.

例 19　讨论曲线 $y = x + \dfrac{x}{x^2 - 1}$ 的凹凸性及拐点.

解　$y' = 1 + \dfrac{x^2 - 1 - x(2x)}{(x^2-1)^2} = 1 + \dfrac{-x^2 - 1}{(x^2-1)^2}$,

$$y'' = \frac{-2x(x^2-1)^2 + (x^2+1) \cdot 2(x^2-1) \cdot 2x}{(x^2-1)^4} = \frac{2x^3 + 6x}{(x^2-1)^3}.$$

令 $y'' = 0 \Rightarrow x = 0$，当 $-1 < x < 0$ 或 $x > 1$ 时，$y''(x) > 0$，当 $x < -1$ 或 $0 < x < 1$ 时，$y''(x) < 0$，故 $y(x) = x + \dfrac{x}{x^2-1}$ 在 $(-\infty, -1) \bigcup (0,1)$ 上向上凸，在 $(-1,0) \bigcup (1,+\infty)$ 上向下凸，且以 $(0,0)$ 为拐点.

例 20 在半径为 R 的半圆内作一矩形,求怎样的边长使矩形面积最大.

解 以圆心为原点,以直径为 x 轴建立直角坐标系,则圆的方程为

$$x^2 + y^2 = R^2.$$

在上半圆内作一矩形,设矩形在第一象限的顶点(在半圆上)的坐标为 (x, y) $(x > 0, y > 0)$,则矩形面积为

$$S = 2xy = 2x\sqrt{R^2 - x^2}, \quad 0 < x < R.$$

$$S' = 2\left(\sqrt{R^2 - x^2} - \frac{x^2}{\sqrt{R^2 - x^2}}\right) = \frac{2(R^2 - 2x^2)}{\sqrt{R^2 - x^2}}.$$

当 $S' = 0$ 时,$x = \dfrac{R}{\sqrt{2}}$,则

当 $0 < x < \dfrac{R}{\sqrt{2}}$ 时,$S' > 0$,故 $S(x)$ 在 $x = \dfrac{R}{\sqrt{2}}$ 时取极大值;

当 $\dfrac{R}{\sqrt{2}} < x < R$ 时,$S' < 0$,也即为最大值,此时,

$$y = \sqrt{R^2 - \left(\frac{R}{\sqrt{2}}\right)^2} = \frac{R}{\sqrt{2}},$$

即 $x = y = \dfrac{R}{\sqrt{2}}$ 时矩形面积最大,此时矩形长为 $\sqrt{2}R$,宽为 $\dfrac{R}{\sqrt{2}}$.

例 21 已知函数 $y = \dfrac{x^3}{(x-1)^2}$,求

(1) 函数的增减区间和极值;

(2) 函数图形的凹凸区间及拐点;

(3) 函数图形的渐近线.

解 (1) 所给函数定义域为 $(-\infty, 1) \cup (1, +\infty)$,令 $y' = \dfrac{x^2(x-3)}{(x-1)^2} = 0$,得驻点 $x = 0$,$x = 3$.令 $y'' = \dfrac{6x}{(x-1)^4} = 0$,得 $x = 0$.

由下表可知,在 $(-\infty, 1)$ 和 $(3, +\infty)$ 上函数单调增加,在 $(1, 3)$ 上函数单调减少,极小值为 $y\mid_{x=3} = \dfrac{27}{4}$.

x	$(-\infty, 0)$	0	$(0, 1)$	$(1, 3)$	3	$(3, +\infty)$
y'	+	0	+	−	0	+
y''	−	0	+	+	+	+
y	∩ ↗	拐点	↗ ∪	↘	极小值	↗

(2) 函数图形在 $(-\infty,0)$ 内为上凸,在 $(0,1)$ 内和 $(1,+\infty)$ 内为下凸(或凹),拐点为 $(0,0)$.

(3) 因为 $\lim\limits_{x\to 1}\dfrac{x^3}{(x-1)^2}=+\infty$,所以 $x=1$ 为函数图形的铅直渐近线.

$$\lim_{x\to\infty}\frac{y}{x}=\lim_{x\to\infty}\frac{x^2}{(x-1)^2}=1,\lim_{x\to\infty}(y-x)=\lim_{x\to+\infty}\left[\frac{x^3}{(x-1)^2}-x\right]=2,$$

故 $y=x+2$ 是函数图形的斜渐近线.

4.3 练 习 题

1.单项选择题.

(1) 已知函数 $f(x)$ 在 $(1-\delta,1+\delta)$ 内存在导数,$f'(x)$ 严格单调减少,且 $f(1)=f'(1)=1$,则(   ).

A. 在 $(1-\delta,1)$ 和 $(1,1+\delta)$ 内均有 $f(x)<x$

B. 在 $(1-\delta,1)$ 和 $(1,1+\delta)$ 内均有 $f(x)>x$

C. 在 $(1-\delta,1)$ 内,$f(x)<x$,在 $(1,1+\delta)$ 内 $f(x)>x$

D. 在 $(1-\delta,1)$ 内,$f(x)>x$,在 $(1,1+\delta)$ 内 $f(x)<x$

(2) 设函数 $f(x),g(x)$ 是大于零的可导函数,且 $f'(x)g(x)-f(x)g'(x)<0$,则当 $a<x<b$ 时,有(   ).

A. $f(x)g(b)>f(b)g(x)$ B. $f(x)g(a)>f(a)g(x)$

C. $f(x)g(x)>f(b)g(b)$ D. $f(x)g(x)>f(a)g(a)$

(3) 设 $f(x)$ 的导数在 $x=a$ 处连续,又 $\lim\limits_{x\to a}\dfrac{f'(x)}{x-a}=-1$,则(   ).

A. $x=a$ 是 $f(x)$ 的极小值点

B. $x=a$ 是 $f(x)$ 的极大值点

C. $(a,f(a))$ 是曲线 $y=f(x)$ 的拐点

D. $x=a$ 不是 $f(x)$ 的极值点,$(a,f(a))$ 也不是曲线 $y=f(x)$ 的拐点

(4) 设 $y=f(x)$ 在点 x_0 的某邻域内具有连续 4 阶导数,若 $f'(x_0)=f''(x_0)=f'''(x_0)=0$,且 $f^{(4)}(x_0)<0$,则(   ).

A. $f(x)$ 在点 x_0 处取得极小值

B. $f(x)$ 在 x_0 处取得极大值

C. 点 $(x_0,f(x_0))$ 为曲线 $y=f(x)$ 的拐点

D. $f(x)$ 在点 x_0 的某邻域内单调减少

(5) 当 $x>0$ 时,曲线 $y=x\sin\dfrac{1}{x}$(   ).

A. 仅有水平渐近线

B. 仅有铅直渐近线

C. 既有水平渐近线,又有铅直渐近线

D. 既没有水平渐近线,也没有铅直渐近线

(6) 设 $f(x)$ 有二阶连续导数,且 $f'(0) = 0$, $\lim\limits_{x \to 0} \dfrac{f''(x)}{|x|} = 1$,则(　　).

A. $f(0)$ 是 $f(x)$ 的极大值

B. $f(0)$ 是 $f(x)$ 的极小值

C. $(0, f(0))$ 是曲线 $y = f(x)$ 的拐点

D. $f(0)$ 不是 $f(x)$ 的极值,$(0, f(0))$ 也不是 $f(x)$ 的拐点

(7) 设周期函数 $f(x)$ 在 $(-\infty, +\infty)$ 内可导,周期为 4,又 $\lim\limits_{x \to 0} \dfrac{f(1) - f(1 - x)}{2x}$ $= -1$,则曲线 $y = f(x)$ 在点 $(5, f(5))$ 处的切线斜率为(　　).

A. $\dfrac{1}{2}$ B. 0

C. -1 D. -2

(8) 设函数 $f(x)$ 在 $x = x_0$ 连续,若 x_0 为 $f(x)$ 的极值点,则必有(　　).

A. $f'(x_0) = 0$ B. $f'(x_0) \neq 0$

C. $f'(x_0) = 0$ 或 $f'(x_0)$ 不存在   D. $f'(x_0)$ 不存在

(9) 曲线 $y = \dfrac{e^x}{1 + x}$(　　).

A. 有一个拐点   B. 有两个拐点

C. 有三个拐点   D. 无拐点

(10) 若在区间 (a, b) 内函数 $f(x)$ 的 $f'(x) > 0$, $f''(x) < 0$,则 $f(x)$ 在 (a, b) 内是(　　).

A. 单调减少,曲线下凸   B. 单调减少,曲线上凸

C. 单调增加,曲线下凸   D. 单调增加,曲线上凸

2. 填空题.

(1) 函数 $y = x + 2\cos x$ 在区间 $\left[0, \dfrac{\pi}{2}\right]$ 上的最大值是_____.

(2) 曲线 $y = xe^{2x}$ 的拐点是_____.

(3) 函数 $f(x) = \ln x^2 - x$ 单调增的区间是_____.

(4) 当 $x = $_____时,函数 $y = x^{2x}$ 取得极小值.

(5) 曲线 $y = xe^{-x^2}$ 的下凸区间是_____.

(6) 极限 $\lim\limits_{x \to 0} \dfrac{2x - \sin 2x}{\sin^3 x} = $_____.

(7) 函数 $y = x^3 - 3x^2$ 在_____是单调减少的.

(8) 函数 $a^x(a>0,a\neq 1)$ 的 n 阶麦克劳林多项式是_____.

(9) 曲线 $y=x\ln\left(e-\dfrac{1}{x}\right)$ 的斜渐近线方程为_____.

(10) 函数 $f(x)=x^2+1$ 和 $g(x)=2x+1$ 在区间 $[0,1]$ 上满足柯西定理的 $\xi=$ _____.

3. 求下列极限.

(1) $\lim\limits_{x\to 0}\dfrac{\tan x-x}{x-\sin x}$;

(2) $\lim\limits_{x\to 0}\dfrac{(e^{2x}-1)\tan x^2}{\ln(1-\sin^2 x)\cdot\sin x}$;

(3) 求 a、b 的值,使当 $x\to 0$ 时,$e^x-(ax^2+bx+1)$ 是比 x^2 较高阶的无穷小;

(4) 求 $\lim\limits_{x\to 0^+}\left(\dfrac{1}{\sqrt{x}}\right)^{\tan x}$.

4. 证明不等式:$\dfrac{\alpha-\beta}{\cos^2\beta}\leqslant\tan\alpha-\tan\beta\leqslant\dfrac{\alpha-\beta}{\cos^2\alpha}$.

5. 证明方程 $5x^4-4x+1=0$ 在 $(0,1)$ 内至少有一个实根.

6. 设函数 $f(x)$ 在 $[0,1]$ 上连续,在 $(0,1)$ 内可导,且 $f(1)=0$,证明至少存在一点 $\xi(-(0,1))$,使 $f'(\xi)=-\dfrac{f(\xi)}{\xi}$.

7. 已知 $f(x)$ 在 $(-\infty,+\infty)$ 内可导,且 $\lim\limits_{x\to\infty}f'(x)=e$,又设 $\lim\limits_{x\to\infty}\left(\dfrac{x+c}{x-c}\right)^x=\lim\limits_{x\to\infty}[f(x)-f(x-1)]$,求 c 的值.

8. 设 $\lim\limits_{x\to 0}\dfrac{f(x)}{x}=1$ 且 $f''(x)>0$,求证 $f(x)>x$.

9. 设函数 $f(x)$ 在 $[0,1]$ 上连续,在 $(0,1)$ 可导,且 $f(0)=f(1)=0,f\left(\dfrac{1}{2}\right)=1$,试证:

(1) 存在 $\eta\in\left(\dfrac{1}{2},1\right)$,使 $f(\eta)=\eta$;

(2) 对于任意实数 λ,必存在 $\xi\in(0,\eta)$,使得 $f'(\xi)-\lambda[f(\xi)-\xi]=1$.

10. 设 $a_1,a_2,\cdots,a_n$ 为满足 $a_1-\dfrac{a_2}{3}+\cdots+(-1)^{n-1}\dfrac{a_n}{2n-1}=0$ 的实数,证明方程
$$a_1\cos x+a_2\cos 3x+\cdots+a_n\cos(2n-1)x=0$$
在开区间 $\left(0,\dfrac{\pi}{2}\right)$ 内至少有一个实根.

11. 设函数 $f(x)$ 在闭区间 $[a,b]$ 上连续,在开区间 (a,b) 内二阶可导,且连接 $(a,f(a))$ 和 $(b,f(b))$ 的直线段与曲线 $y=f(x)$ 相交于点 $(c,f(c))$,其中 $a<c<b$,证明在 (a,b) 内至少有一点 ξ,使得 $f''(\xi)=0$.

12. 设 $f(x)$ 在 $[0,1]$ 上连续,在 $(0,1)$ 内可导,且 $f(0)=0$,证明在 $(0,1)$ 内至少有一点 ξ,使 $f(\xi)=(1-\xi)f'(\xi)$.

13. 设函数 $f(x)$ 在 $[0,1]$ 上二阶可导,且 $f(0)=f(1)=0$,证明在 $(0,1)$ 内至少存在一点 ξ,使得 $f''(\xi)=\dfrac{2f'(\xi)}{1-\xi}$.

14. 设函数 $f(x),g(x)$ 在 (a,b) 内可微,$g(x)\neq0$,且 $g'(x)f(x)-f'(x)g(x)=0$ $(x\in(a,b))$,证明存在常数 k,使得 $f(x)=kg(x),\forall x\in(a,b)$.

15. 设函数 $f(x),g(x)$ 二阶可导,当 $x>0$ 时,$f''(x)>g''(x)$,且 $f(0)=g(0)$,$f'(0)=g'(0)$.求证当 $x>0$ 时,$f(x)>g(x)$.

16. 研究函数 $y=2x^2-\sin x$ 的单调性.

17. 证明当 $x\in(0,1)$ 时,$(1+x)\ln^2(1+x)<x^2$.

18. 求曲线 $y=\mathrm{e}^{-x^2}$ 的凸区间.

19. 求曲线 $y=\dfrac{1}{1+x^2}(x>0)$ 的拐点.

20. 将长为 a 的一段铁丝截成两段,用一段围成正方形,另一段围成圆形,为使正方形与圆形的面积之和最小,问两段铁丝的长度各为多少?

4.4　答案与提示

1.(1) A. 此题令 $F(x)=f(x)-x$,然后利用导数判断函数增减性.

由条件可以证明,当 $x\in(1-\delta,1)$ 时,$F'(x)>0$,故 $F(x)<F(1)=0$,即 $f(x)<x$.

当 $x\in(1,1+\delta)$ 时,$F'(x)<0$,故 $F(x)<F(1)=0$,即也有 $f(x)<x$,故选 A.

(2) A. **提示:**利用 $\left(\dfrac{f(x)}{g(x)}\right)'<0$ 和单调性.

(3) B. **提示:**研究 $f''(a)$ 的符号,或者 $f'(x)$ 在点 $x=a$ 两侧是否变号.

(4) B. **提示:**由 $f(x)$ 在 x_0 处展开的三阶泰勒公式(常有拉格朗日余项)及条件可知,当

$$x\in(x_0-\sigma,x_0+\sigma)\ \text{时},f(x)<f(x_0).$$

(5) A.

(6) B. 由 $\lim\limits_{x\to0}\dfrac{f''(x)}{|x|}=1$ 可知,在 $N(0)$ 中,$f''(x)>0$,又 $f(x)=f(0)+f'(0)x+\dfrac{f''(\xi)}{2}x^2$ $(0<\xi<x)$ $f'(0)=0$,所以有 $f(x)-f(0)=\dfrac{f''(\xi)}{2}x^2>0$,故选 B.

(7) D. 利用 $f'(5)=f'(1)=-2$.

(8) C.　　(9) D.　　(10) D.　　(11) D.

2. (1) $\dfrac{\pi}{6}+\sqrt{3}$.

(2) $(-1,-e^{-2})$.　(3) $(0,2)$.　(4) $-\dfrac{1}{\ln 2}$.

(5) $\left(-\sqrt{\dfrac{3}{2}},0\right)\cup\left(\sqrt{\dfrac{3}{2}},+\infty\right)$.　(6) $\dfrac{4}{3}$.　(7) $(0,2)$.

(8) $a^x=1+(\ln a)x+\dfrac{1}{2!}\ln^2 ax^2+\cdots+\dfrac{1}{n!}\ln^n ax^n$.

(9) $y=x-\dfrac{1}{e}$.　(10) $\dfrac{1}{2}$.

3. (1) 2.

(2) -2.　**提示**:先运用等阶无穷小代替法得原式 $=\lim\limits_{x\to 0}\dfrac{2x\cdot x^2}{(-x^2)\cdot x}=-2$.

(3) 使用等阶无穷小的定义和罗必达法则,得

$$\lim_{x\to 0}\frac{e^x-(ax^2+bx+1)}{x^2}=\lim_{x\to 0}\frac{e^x-2ax-b}{2x}=0,$$

故 $b=1$(当 $b\neq 1$ 时,该极限不存在).

又由　　　$\lim\limits_{x\to 0}\dfrac{e^x-2ax-1}{2x}=\lim\limits_{x\to 0}\dfrac{e^x-2a}{2}=\dfrac{1}{2}(1-2a)=0,$

得　　　　　　　　　　$a=\dfrac{1}{2}.$

(4) 此题为 ∞^0 型未定式,可取对数后再用罗必达法则计算得

$$原式=\lim_{x\to 0^+}e^{-\frac{1}{2}\tan x\ln x}$$

且　　　$\lim\limits_{x\to 0^+}\tan x\ln x=\lim\limits_{x\to 0^+}\dfrac{\ln x}{\cot x}=\lim\limits_{x\to 0^+}\dfrac{\dfrac{1}{x}}{\dfrac{-1}{\sin^2 x}}=0,$

故　　　　　　　　　原式 $=e^0=1$.

4. 提示:对 $f(x)=\tan x$ 在 $[\beta,\alpha]$ 上利用拉格朗日中值定理证明.

5. 提示:作辅助函数 $f(x)=x^5-2x^2+x$.然后在 $[0,1]$ 上对 $f(x)$ 用罗尔定理证明.

6. 提示:作函数 $F(x)=xf(x)$,然后在 $[0,1]$ 上利用罗尔定理证明.

7. 提示:等式左 $=\lim\limits_{x\to\infty}\left[\left(1+\dfrac{2c}{x-c}\right)^{\frac{x-c}{2c}}\right]^{\frac{2cx}{x-c}}=e^{2c}$.

另一方面由拉格朗日中值定理,得

$$f(x)-f(x-1)=f'(\xi)\cdot 1,$$

其中,ξ 介于 $x-1$ 与 x 之间,因此

$$\lim_{x\to\infty}[f(x)-f(x-1)]=\lim_{x\to\infty}f'(\xi)=\mathrm{e}.$$

比较等式两端得到 $\mathrm{e}^{2c}=\mathrm{e}$，故 $c=\dfrac{1}{2}$.

8. 提示：由 $\lim\limits_{x\to 0}\dfrac{f(x)}{x}=1$ 可以推出 $f(0)=0,f'(0)=1$，设 $F(x)=f(x)-x$，则 $F(0)=0,F'(0)=0,F''(x)=f''(x)>0$，故可推出 $F'(x)\nearrow$，从而 $F(x)$ 只有一个驻点 $x=0$，且 $x=0$ 为极小点. 于是 $F(x)\geqslant 0$，由于仅在 $x=0$ 处，$F(0)=0$，故除了 $x=0$ 外处处有 $F(x)>0$，即 $f(x)>x$.

9.（1）提示：令 $\varphi(x)=f(x)-x$，在 $[0,1]$ 上利用连续函数介值定理可知，存在 $\eta\in\left(\dfrac{1}{2},1\right)$，使 $\varphi(\eta)=f(\eta)-\eta=0$，即
$$f(\eta)=\eta.$$

（2）设 $F(x)=\mathrm{e}^{-\lambda x}[f(x)-x]$，对 $F(x)$ 在 $[0,\eta]$ 上利用罗尔定理可证明结论成立.

10. 提示：设 $f(x)=a_1\sin x+\dfrac{1}{3}a_2\sin 3x+\cdots+\dfrac{1}{2n-1}a_n\sin(2n-1)x$，再利用 $f(x)$ 在 $\left[0,\dfrac{\pi}{2}\right]$ 上满足罗尔定理可证得结论成立.

11. 提示：对 $f(x)$ 在 $[a,c]$ 及 $[c,b]$ 上分别应用拉格朗日中值定理知，存在 d_1，$d_2(a<d_1<c,c<d_2<b)$，使
$$f'(d_1)=\frac{f(c)-f(a)}{c-a},\quad f'(d_2)=\frac{f(b)-f(c)}{b-c}.$$
再利用 $(a,f(a)),(b,f(b)),(c,f(c))$ 三点在同一直线上可知，
$$f'(d_1)=f'(d_2).$$
于是对 $f'(x)$ 在 $[d_1,d_2]$ 上应用拉格朗日中值定理可知，存在 $\xi\in(d_1,d_2)$，使得 $f''(\xi)=0$.

12. 提示：设 $F(x)=f(x)(x-1)$，再利用 $F(x)$ 在 $[0,1]$ 上满足罗尔定理得证.

13. 证：考虑函数 $F(x)=(1-x)f(x)$. 由已知条件 $F(x)$ 在 $[0,1]$ 上二阶可导，且 $F'(x)=-f(x)+(1-x)f'(x),F''(x)=-2f'(x)+(1-x)f''(x)$.

又由泰勒公式，有
$$F(0)=F(1)-F'(1)+\frac{1}{2}F''(\xi),0<\xi<1.$$

因为 $F(0)=F(1)=F'(1)=0$，从而 $F''(\xi)=0$，即
$$(1-\xi)f''(\xi)=2f'(\xi),$$
故 $f''(\xi)=\dfrac{2f'(\xi)}{1-\xi}$ 成立.

14. 作函数 $F(x) = \dfrac{f(x)}{g(x)}(g(x) \neq 0)$,则由 $F'(x) = 0$ 推知,$F(x) = $ 常数(记作 K),从而有 $f(x) = Kg(x)$ 成立,$\forall x \in (a,b)$.

15. 将函数 $F(x) = f(x) - g(x)$ 展开成一阶麦克劳林公式.

$$F(x) = F(0) + F'(0)x + \frac{F''(\xi)}{2!}x^2, \quad \xi \text{ 在 } 0 \text{ 与 } x \text{ 之间},$$

由条件知 $F(0) = f(0) - g(0) = 0, F'(0) = f'(0) - g'(0) = 0$,故

$$F(x) = \frac{f''(\xi) - g''(\xi)}{2!}x^2 > 0.$$

从而 $$f(x) > g(x).$$

16. 因 $y' = 4x - \cos x, y'' = 4 + \sin x > 0$,故 $y' = 4x - \cos x$ 是单调增加的,即方程 $y' = 0$ 最多只有一个实根,又 $\begin{cases} \lim\limits_{x \to -\infty} y' = \lim\limits_{x \to -\infty}(4x - \cos x) = -\infty, \\ \lim\limits_{x \to +\infty} y' = \lim\limits_{x \to +\infty}(4x - \cos x) = +\infty, \end{cases}$ 故方程 $y' = 4x - \cos x = 0$,有唯一实根 x_0.

又当 $x < x_0$ 时,$y'(x) < y'(x_0) = 0$,当 $x > x_0$ 时,$y'(x) > y'(x_0) = 0$.

所以,函数 $y = 2x^2 - \sin x$ 在 $(-\infty, x_0]$ 单调减;在 $[x_0, \infty)$ 单调增. 其中,$x = x_0$ 是方程 $4x - \cos x = 0$ 的根.

17. 设 $F(x) = (1+x)\ln^2(1+x) - x^2, F(0) = 0$,由

$$F'(x) = \ln^2(1+x) + 2\ln(1+x) - 2x, \quad F'(0) = 0,$$

$$F''(x) = \frac{2}{1+x}[\ln(1+x) - x] < 0,$$

知 $F'(x)$ 在 $(0,1)$ 内 ↙,即 $x > 0$ 时. $F'(x) < F'(0) = 0$.

又由 $F'(x) < 0$ 知,$F(x)$ 在 $(0,1)$ 内 ↙,即 $x > 0$ 时,$F(x) < F(0) = 0$,从而原不等式成立.

18. 由 $y' = -2x\mathrm{e}^{-x^2}, y'' = 2(2x^2 - 1)\mathrm{e}^{-x^2} = 0$,得 $x = \pm\dfrac{\sqrt{2}}{2}$,列于下表.

x	$\left(-\infty, -\dfrac{\sqrt{2}}{2}\right)$	$\left(-\dfrac{\sqrt{2}}{2}, \dfrac{\sqrt{2}}{2}\right)$	$\left(\dfrac{\sqrt{2}}{2}, +\infty\right)$
y''	$+$	$-$	$+$
y	$\cup$	$\cap$	$\cup$

由表知,$y = \mathrm{e}^{-x^2}$ 的上凸区间为 $\left(-\dfrac{\sqrt{2}}{2}, \dfrac{\sqrt{2}}{2}\right)$.

下凸区间为 $\left(-\infty, -\dfrac{\sqrt{2}}{2}\right)$ 和 $\left(\dfrac{\sqrt{2}}{2}, +\infty\right)$.

19. $y' = -\dfrac{2x}{(1+x^2)^2}, y'' = \dfrac{2(3x^2-1)}{(1+x^2)^2}$，令 $y'' = 0$，得 $x = \dfrac{1}{\sqrt{3}}, y = \dfrac{3}{4}$.

当 $x \in \left(0, \dfrac{1}{\sqrt{3}}\right)$ 时，$y'' < 0$，当 $x \in \left(\dfrac{1}{\sqrt{3}}, +\infty\right)$ 时，$y'' > 0$，故 $\left(\dfrac{1}{\sqrt{3}}, \dfrac{3}{4}\right)$ 为拐点.

20. 将长为 a 的一段铁丝截成 $\dfrac{4}{4+\pi}a$ 与 $\dfrac{\pi}{4+\pi}a$ 两段，分别围成正方形与圆形的面积最小.

第五章 不定积分

5.1 主要公式和结论

5.1.1 定义

若 $F'(x) = f(x)$,则称 $F(x)$ 是 $f(x)$ 的一个原函数,而原函数的全体 $F(x) + C(C$ 为任意常数) 称为 $f(x)$ 的不定积分,记为

$$\int f(x)\mathrm{d}x = F(x) + C.$$

5.1.2 不定积分的性质

(1) $\int [\alpha f(x) \pm \beta g(x)]\mathrm{d}x = \alpha \int f(x)\mathrm{d}x \pm \beta \int g(x)\mathrm{d}x \quad (\alpha, \beta$ 与 x 无关).

此性质称为不定积分的线性性质,利用它处理积分计算时称为分项积分法.

(2)
$$\left[\int f(x)\mathrm{d}x\right]' = f(x),$$

或
$$\mathrm{d}\left[\int f(x)\mathrm{d}x\right] = f(x)\mathrm{d}x.$$

$$\int f'(x)\mathrm{d}x = f(x) + C,$$

或
$$\int \mathrm{d}f(x) = f(x) + C.$$

此性质说明了积分与微分之间的互逆关系,但要注意各表达式的特点,如 $\mathrm{d}\int f(x)\mathrm{d}x = f(x)\mathrm{d}x$ 的左边最后运算是微分,因此右边也应是微分形式;$\int f'(x)\mathrm{d}x = f(x) + C$ 的左边最后运算是不定积分,因此右边也应是所有原函数.

5.1.3 基本公式

逆推求导的基本公式,可得到不定积分的基本公式:

(1) $\int x^{\mu}\mathrm{d}x = \dfrac{x^{\mu+1}}{\mu+1} + C, \quad \mu \neq -1;$

(2) $\int \dfrac{1}{x}\mathrm{d}x = \ln |x| + C;$

(3) $\int a^x \mathrm{d}x = \dfrac{a^x}{\ln a} + C, \quad \int \mathrm{e}^x \mathrm{d}x = \mathrm{e}^x + C;$

(4) $\int \cos x \mathrm{d}x = \sin x + C, \int \sin x \mathrm{d}x = -\cos x + C;$

(5) $\int \sec^2 x \mathrm{d}x = \tan x + C, \int \csc^2 x \mathrm{d}x = -\cot x + C;$

(6) $\int \dfrac{1}{1+x^2} \mathrm{d}x = \arctan x + C = -\operatorname{arccot} x + C;$

(7) $\int \dfrac{1}{\sqrt{1-x^2}} \mathrm{d}x = \arcsin x + C = -\arccos x + C.$

本章讨论的内容就是计算不定积分,而求不定积分的种种技巧都是把被积函数变形为可套基本公式的类型,所以没有比熟记以上基本公式更为重要的工作.

5.1.4　基本积分法

1. 第一换元法(凑微分法)

若 $\int f(x)\mathrm{d}x = F(x) + C$,且 $\varphi'(x)$ 连续,则

$$\int f(\varphi(x))\varphi'(x)\mathrm{d}x = \int f(\varphi(x))\mathrm{d}\varphi(x) = F(\varphi(x)) + C.$$

根据微分形式不变性,可以将基本积分公式中的自变量换为中间变量,如 $\int \dfrac{1}{1+x^2}\mathrm{d}x = \arctan x + C$ 可变成

$$\int \dfrac{1}{1+u^2(x)}\mathrm{d}u(x) = \arctan u(x) + C,$$

因此,　　　$\int \dfrac{\mathrm{e}^x}{1+\mathrm{e}^{2x}}\mathrm{d}x = \int \dfrac{1}{1+(\mathrm{e}^x)^2}\mathrm{d}\mathrm{e}^x = \arctan \mathrm{e}^x + C,$

其中,$\mathrm{e}^x \mathrm{d}x = \mathrm{d}\mathrm{e}^x$ 就是凑微分的过程. 常用的凑微分有

$$\mathrm{d}x = \dfrac{1}{a}\mathrm{d}(ax+b); x\mathrm{d}x = \dfrac{1}{2}\mathrm{d}x^2; \dfrac{1}{x}\mathrm{d}x = \mathrm{d}\ln x;$$

$$\dfrac{1}{x^2}\mathrm{d}x = -\mathrm{d}\dfrac{1}{x}; \mathrm{e}^{-x}\mathrm{d}x = -\mathrm{d}\mathrm{e}^{-x}; \cos x \mathrm{d}x = \mathrm{d}\sin x;$$

$$\sin x \mathrm{d}x = -\mathrm{d}\cos x; \sec^2 x \mathrm{d}x = \mathrm{d}\tan x; \dfrac{1}{\sqrt{1-x^2}}\mathrm{d}x = \mathrm{d}\arcsin x \text{ 等.}$$

2. 第二换元法

若 $f(x)$ 连续,$x = \varphi(t)$ 有连续导数,$\varphi'(t) \neq 0$,且

$$\int f(x)\mathrm{d}x = \int f(\varphi(t))\varphi'(t)\mathrm{d}t = G(t) + C,$$

则　　　　　　　　$\int f(x)\mathrm{d}x = G[\varphi^{-1}(x)] + C.$

此换元法主要用在被积函数中含有根式的不定积分计算. 一般,若根式是关于积分变量的线性函数,则令整个根式为新的变量;若根式中含有积分变量的平方项,则可用三角代换,以此达到消去根式的目的.

3. 分部积分法

若 $u(x)$、$v(x)$ 可导,$\int v(x)\mathrm{d}u(x)$ 存在,则

$$\int u(x)\mathrm{d}v(x) = u(x)v(x) - \int v(x)\mathrm{d}u(x).$$

此公式源于两函数乘积的求导公式,所以适用于两不同函数乘积的不定积分计算,在将被积式化为 $u(x)\mathrm{d}v(x)$ 时,特别要注意 $u(x)$ 与 $v(x)$ 的选择,若选法不当,积分会变得更为复杂而无法解出,至于如何选择 $u(x)$ 与 $v(x)$,我们留在例题中介绍,此处不多重复.

5.2　解 题 指 导

本章的主要内容是寻求原函数的运算,其运算特点如下.

(1) 除基本积分公式外,其运算性质及方法也均为求导之逆,如换元法源于求导的链规则之逆等. 正因为如此,逆向的方法,逆向的思维给我们的积分计算带来了一定的难度. 其计算的非规范性产生了许多丰富多彩的运算技巧和多能性.

(2) 毕竟求导运算是构造型、规范型的,作为其逆运算的不定积分不可能完全不具规律性,只是我们必须投入更多的精力从"熟能生巧"中寻求其规律. 下面通过各类例子来寻求解题规律.

例 1　求解下列不定积分.

(1) $\displaystyle\int \frac{(x+1)^2}{\sqrt{x}}\mathrm{d}x$;　　　　　　(2) $\displaystyle\int \frac{1+2x^2}{x^2(1+x^2)}\mathrm{d}x$;

(3) $\displaystyle\int \frac{2}{\sin^2 x\cos^2 x}\mathrm{d}x$;　　　　(4) $\displaystyle\int \frac{\cos 2x}{\cos x - \sin x}\mathrm{d}x$.

分析　利用分项积分法,或利用三角恒等式将被积函数变为可直接套公式的形状.

解

(1) $\displaystyle\int \frac{(x+1)^2}{\sqrt{x}}\mathrm{d}x = \int (x^{\frac{3}{2}} + 2x^{\frac{1}{2}} + x^{-\frac{1}{2}})\mathrm{d}x$

$$= \frac{1}{\frac{3}{2}+1}x^{\frac{3}{2}+1} + \frac{2}{\frac{1}{2}+1}x^{\frac{1}{2}+1} + \frac{1}{-\frac{1}{2}+1}x^{-\frac{1}{2}+1} + C$$

$$= \frac{2}{5}x^{\frac{5}{2}} + \frac{4}{3}x^{\frac{3}{2}} + 2x^{\frac{1}{2}} + C.$$

(2) $\displaystyle\int \frac{1+2x^2}{x^2(1+x^2)}\mathrm{d}x = \int \frac{1+x^2+x^2}{x^2(1+x^2)}\mathrm{d}x = \int \frac{1}{x^2}\mathrm{d}x + \int \frac{1}{1+x^2}\mathrm{d}x$

$$= -\frac{1}{x} + \arctan x + C.$$

(3) $\displaystyle\int \frac{2}{\sin^2 x\cos^2 x}\mathrm{d}x = 2\int \frac{\sin^2 x+\cos^2 x}{\sin^2 x\cos^2 x}\mathrm{d}x = 2\left(\int \frac{\mathrm{d}x}{\cos^2 x} + \int \frac{\mathrm{d}x}{\sin^2 x}\right)$

$$= 2\tan^2 x - 2\cot^2 x + C.$$

(4) $\displaystyle\int \frac{\cos 2x}{\cos x-\sin x}\mathrm{d}x = \int \frac{\cos^2 x-\sin^2 x}{\cos x-\sin x}\mathrm{d}x = \int(\cos x+\sin x)\mathrm{d}x$

$$= \sin x - \cos x + C.$$

注 套公式不可出现如下方向性错误：

$$\int \ln x\,\mathrm{d}x = \frac{1}{x} + C; \int \arctan x\,\mathrm{d}x = \frac{1}{1+x^2} + C;$$

$$\int \sec^2 x\,\mathrm{d}x = \arctan x + C.$$

例 2 利用凑微分法求下列不定积分.

(1) $\displaystyle\int \frac{\sin x}{1+2\cos x}\mathrm{d}x$;   (2) $\displaystyle\int \frac{1}{\sqrt{4-x^2}}\mathrm{d}x$;

(3) $\displaystyle\int \frac{\arctan \dfrac{1}{x}}{1+x^2}\mathrm{d}x$;   (4) $\displaystyle\int \frac{\mathrm{e}^x+\mathrm{e}^{-x}}{\mathrm{e}^x-\mathrm{e}^{-x}}\mathrm{d}x$.

分析 凑微分法的关键是确定合适的中间变量,并凑出此中间变量的微分,使被积函数化为可套公式的形式.

解 (1) $\displaystyle\int \frac{\sin x}{1+2\cos x}\mathrm{d}x = \frac{1}{2}\int \frac{-1}{1+2\cos x}\mathrm{d}(2\cos x+1)$

$$= -\frac{1}{2}\ln|1+2\cos x| + C.$$

(2) $\displaystyle\int \frac{1}{\sqrt{4-x^2}}\mathrm{d}x = \int \frac{1}{2\sqrt{1-\left(\dfrac{x}{2}\right)^2}}\mathrm{d}x = \int \frac{1}{\sqrt{1-\left(\dfrac{x}{2}\right)^2}}\mathrm{d}\frac{x}{2}$

$$= \arcsin \frac{x}{2} + C.$$

(3) $\displaystyle\int \frac{\arctan \dfrac{1}{x}}{1+x^2}\mathrm{d}x = \int \frac{\arctan \dfrac{1}{x}}{1+\left(\dfrac{1}{x}\right)^2}\cdot\frac{1}{x^2}\mathrm{d}x = -\int \frac{\arctan \dfrac{1}{x}}{1+\left(\dfrac{1}{x}\right)^2}\mathrm{d}\frac{1}{x}$

$$= -\int \arctan \frac{1}{x}\,\mathrm{d}\arctan \frac{1}{x}$$

$$= \frac{-1}{2}\arctan^2 \frac{1}{x} + C.$$

（4）**解一**

$$原式 = \int \frac{e^x}{e^x - e^{-x}} dx + \int \frac{e^{-x}}{e^x - e^{-x}} dx = \int \frac{e^{2x}}{e^{2x} - 1} dx + \int \frac{e^{-2x}}{1 - e^{-2x}} dx$$

$$= \frac{1}{2} \left[\int \frac{d(e^{2x} - 1)}{e^{2x} - 1} + \int \frac{d(e^{-2x} - 1)}{e^{-2x} - 1} \right]$$

$$= \frac{1}{2} \left[\ln | e^{2x} - 1 | + \ln | e^{-2x} - 1 | \right] + C$$

$$= \frac{1}{2} \ln \left[| e^{2x} - 1 | | e^{-2x} - 1 | \right] + C$$

$$= \frac{1}{2} \ln | (e^x - e^{-x})^2 | + C = \ln | e^x - e^{-x} | + C.$$

解二　$$原式 = \int \frac{1 + e^{-2x}}{1 - e^{-2x}} dx = \int \frac{1 - e^{-2x} + 2e^{-2x}}{1 - e^{-2x}} dx$$

$$= \int dx + \int \frac{2e^{-2x}}{1 - e^{-2x}} dx$$

$$= x + \int \frac{-e^{-2x}}{1 - e^{-2x}} d(-2x) + C$$

$$= x + \int \frac{1}{1 - e^{-2x}} d(1 - e^{-2x}) + C$$

$$= x + \ln | 1 - e^{-2x} | + C.$$

解三　因为 $(e^x - e^{-x})' = e^x + e^{-x}$，所以 $(e^x + e^{-x}) dx = d(e^x - e^{-x})$，于是，原积分 $= \int \frac{d(e^x - e^{-x})}{e^x + e^{-x}} = \ln | e^x - e^{-x} | + C.$

注1　不同的解法有可能得到不同的结果，但可通过求导进行验算，若方法正确，它们的结果或仅差一个常数，或丝毫不差。

注2　在用凑微分法时，注意避免下述错误：

$$\int \sin^2 x dx = \frac{1}{3} \sin^3 x + C.$$

正确的做法：左边 $\int \sin^2 x dx = \int \frac{1 - \cos 2x}{2} dx = \frac{1}{2} \int dx - \frac{1}{4} \int \cos 2x d2x$

$$= \frac{1}{2} x - \frac{1}{4} \sin 2x + C.$$

右边　　$$\int \sin^2 x d\sin x = \int u^2 du = \frac{1}{3} u^3 + C = \frac{1}{3} \sin^3 x + C.$$

例3　用换元法求下列积分。

$(1) \int \frac{\sqrt{x} - 1}{\sqrt[3]{x}} dx;$ 　　　　　　$(2) \int \frac{1}{\sqrt{x - x^2}} dx;$

$(3) \int \frac{1}{\sqrt{1 + e^x}} dx;$ 　　　　　　$(4) \int \frac{1}{x^2 \sqrt{x^2 - 1}} dx.$

解　以上四题的被积函数均含有根式，处理这类题的方法显然是用第二换元法，以去掉根号.

(1) 令 $\sqrt[6]{x} = t$，得

$$\sqrt{x} = t^3, \quad \sqrt[3]{x} = t^2, \quad \mathrm{d}x = \mathrm{d}t^6 = 6t^5\mathrm{d}t,$$

于是

$$\int \frac{\sqrt{x}-1}{\sqrt[3]{x}}\mathrm{d}x = \int \frac{t^3-1}{t^2} \cdot 6t^5 \mathrm{d}t = 6\int (t^6 - t^3)\mathrm{d}t$$

$$= 6\left(\frac{1}{7}t^7 - \frac{1}{4}t^4\right) + C = \frac{6}{7}x^{\frac{7}{6}} - \frac{3}{2}x^{\frac{2}{3}} + C.$$

(2) **解一**　令 $\sqrt{x} = t$，则 $\mathrm{d}x = \mathrm{d}t^2 = 2t\mathrm{d}t.$
于是

$$\int \frac{1}{\sqrt{x-x^2}}\mathrm{d}x = \int \frac{1}{\sqrt{x}\sqrt{1-x}}\mathrm{d}x = \int \frac{1}{t\sqrt{1-t^2}} \cdot 2t\mathrm{d}t$$

$$= 2\int \frac{1}{\sqrt{1-t^2}}\mathrm{d}t = 2\arcsin\sqrt{x} + C.$$

解二　用凑微分法.

$$\int \frac{1}{\sqrt{x-x^2}}\mathrm{d}x = \int \frac{1}{\sqrt{\frac{1}{4}-\left(\frac{1}{4}-x+x^2\right)}}\mathrm{d}x = \int \frac{1}{\sqrt{\left(\frac{1}{2}\right)^2-\left(x-\frac{1}{2}\right)^2}}\mathrm{d}\left(x-\frac{1}{2}\right)$$

$$= \int \frac{1}{\sqrt{1-\left[\dfrac{x-\dfrac{1}{2}}{2}\right]^2}}\mathrm{d}\dfrac{x-\dfrac{1}{2}}{2} = \arcsin \dfrac{x-\dfrac{1}{2}}{2} + C$$

$$= \arcsin \frac{1}{4}(2x-1) + C.$$

(3) 令 $\sqrt{1+\mathrm{e}^x} = t$，$\mathrm{e}^x = t^2 - 1$，则 $x = \ln(t^2 - 1)$，$\mathrm{d}x = \dfrac{2t}{t^2-1}\mathrm{d}t.$ 于是

$$\int \frac{1}{\sqrt{1+\mathrm{e}^x}}\mathrm{d}x = \int \frac{1}{t} \cdot \frac{2t}{t^2-1}\mathrm{d}t = 2\int \frac{1}{t^2-1}\mathrm{d}t = 2\int \frac{1}{(t-1)(t+1)}\mathrm{d}t$$

$$= \int \left(\frac{1}{t-1} - \frac{1}{t+1}\right)\mathrm{d}t = \ln|t-1| - \ln|t+1| + C$$

$$= \ln \frac{\sqrt{1+\mathrm{e}^x}-1}{\sqrt{1+\mathrm{e}^x}+1} + C.$$

(4) **解一**　由于被积函数中含有 $\sqrt{x^2-a^2}$，故可用三角代换，令 $x = \sec t$，因而可去掉根号，此时 $\mathrm{d}x = \sec t \cdot \tan t\mathrm{d}t$，于是

$$\int \frac{1}{x^2 \sqrt{x^2-1}} \mathrm{d}x = \int \frac{\sec t \cdot \tan t}{\sec^2 t \cdot \tan t} \mathrm{d}t = \int \frac{1}{\sec t} \mathrm{d}t$$

$$= \int \cos t \,\mathrm{d}t = \sin t + C.$$

为了还原变量,根据 $\sec t = x$ 作直角三角形如图 5.1 所示,得

$$\sin t = \frac{1}{x}\sqrt{x^2-1}.$$

于是,最后有

$$原积分 = \frac{1}{x}\sqrt{x^2-1} + C.$$

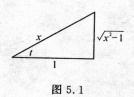

图 5.1

解二　用第二换元法中的代换,使被积函数中的分母简化:令 $x = \dfrac{1}{t}$,则有 $\mathrm{d}x = -\dfrac{1}{t^2}\mathrm{d}t$,于是

$$\int \frac{\mathrm{d}x}{x^2 \sqrt{x^2-1}} = \int \frac{1}{\dfrac{1}{t^2}\sqrt{\dfrac{1}{t^2}-1}} \cdot \frac{-1}{t^2}\mathrm{d}t = \int \frac{-t}{\sqrt{1-t^2}}\mathrm{d}t$$

$$= \frac{1}{2}\int (1-t^2)^{-\frac{1}{2}}(-2t\,\mathrm{d}t)$$

$$= \frac{1}{2}\int (1-t^2)^{-\frac{1}{2}}\mathrm{d}(1-t^2)$$

$$= \sqrt{1-t^2} + C = \frac{1}{x}\sqrt{x^2-1} + C.$$

注　在用第二换元法求不定积分时要做到如下两点.

(1) 令 $x = g(t)$ 后,应将 $\mathrm{d}x$ 换成 $\varphi'(t)\mathrm{d}t$,不可用 $\mathrm{d}t$ 直接替代 $\mathrm{d}x$,例如,令 $\sqrt{1+\mathrm{e}^x} = t$,则

$$\int \frac{1}{\sqrt{1+\mathrm{e}^x}} \mathrm{d}x = \int \frac{1}{t} \cdot \mathrm{d}t = \ln |t| + C \text{ 是错的.}$$

(2) 积分结束后,应将原来的变量回代进来. 这种回代过程有时较为复杂,因此有多种解法时,一般用第一换元法更为方便.

例4　用分部积分法求下列不定积分

(1) $\displaystyle\int x\mathrm{e}^{2x}\mathrm{d}x$;

(2) $\displaystyle\int \ln(1+x^2)\mathrm{d}x$;

(3) $\displaystyle\int \frac{\sqrt{x^2-4}}{x}\mathrm{d}x$;

(4) $\displaystyle\int \cos(\ln x)\mathrm{d}x$.

解　按照分部积分法,设 $u(x)$ 的次序是

幂函数 → 指数函数或三角函数 → 对数函数或反三角函数.

按照此顺序来套分部积分公式求解上例.

(1) $\displaystyle\int x\mathrm{e}^{2x}\,\mathrm{d}x = \frac{1}{2}\int x\mathrm{e}^{2x}\,\mathrm{d}2x = \frac{1}{2}\int x\,\mathrm{d}\mathrm{e}^{2x} = \frac{1}{2}\left(x\mathrm{e}^{2x} - \int \mathrm{e}^{2x}\,\mathrm{d}x\right)$

$$= \frac{1}{2}\left(x\mathrm{e}^{2x} - \frac{1}{2}\mathrm{e}^{2x}\right) + C.$$

(2) $\displaystyle\int \ln(1+x^2)\,\mathrm{d}x = x\ln(1+x^2) - \int x\,\mathrm{d}\ln(1+x^2)$

$$= x\ln(1+x^2) - \int x\cdot\frac{2x}{1+x^2}\,\mathrm{d}x$$

$$= x\ln(1+x^2) - 2\int\frac{x^2+1-1}{1+x^2}\,\mathrm{d}x$$

$$= x\ln(1+x^2) - 2\left(\int \mathrm{d}x - \int\frac{1}{1+x^2}\,\mathrm{d}x\right)$$

$$= x\ln(1+x^2) - 2(x-\arctan x) + C.$$

(3) **解一** 用分部积分法. 由于

$$\int\frac{\sqrt{x^2-4}}{x}\,\mathrm{d}x = \int\sqrt{1-\left(\frac{2}{x}\right)^2}\,\mathrm{d}x,$$

因此可令 $u = \sqrt{1-\left(\dfrac{2}{x}\right)^2}$，$\mathrm{d}v = \mathrm{d}x$，则 $\mathrm{d}u = \dfrac{4}{x^3\sqrt{1-\left(\dfrac{2}{x}\right)^2}}\,\mathrm{d}x$，$v = x$，再用分部积分

公式，得

$$\int\frac{\sqrt{x^2-4}}{x}\,\mathrm{d}x = x\sqrt{1-\left(\frac{2}{x}\right)^2} - 4\int\frac{1}{x^2\sqrt{1-\left(\dfrac{2}{x}\right)^2}}\,\mathrm{d}x$$

$$= \sqrt{x^2-4} - 4\times\left(-\frac{1}{2}\right)\int\frac{1}{\sqrt{1-\left(\dfrac{2}{x}\right)^2}}\,\mathrm{d}\left(\frac{2}{x}\right)$$

$$= \sqrt{x^2-4} + 2\arcsin\frac{2}{x} + C.$$

解二 由于被积函数的根号中含有 x^2，因此可用三角代换法去掉根式. 令 $x = 2\sec t$，则 $\mathrm{d}x = 2\sec t\cdot\tan t\,\mathrm{d}t$，于是

$$\int\frac{\sqrt{x^2-4}}{x}\,\mathrm{d}x = \int\frac{2\tan t}{2\sec t}\cdot 2\sec t\cdot\tan t\,\mathrm{d}t = 2\int\tan^2 t\,\mathrm{d}t$$

$$= 2\int(\sec^2 t - 1)\,\mathrm{d}t = 2(\tan t - t) + C$$

$$= \sqrt{x^2-4} - 2\arccos\frac{2}{x} + C.$$

(4) 根据此题的特点，只能用分部积分法. 令 $u = \cos(\ln x)$，$\mathrm{d}v = \mathrm{d}x$，则

$$\int \cos(\ln x)\mathrm{d}x = x\cos(\ln x) - \int x\mathrm{d}\cos(\ln x)$$

$$= x\cos(\ln x) - \int x[-\sin(\ln x)]\cdot \frac{1}{x}\mathrm{d}x$$

$$= x\cos(\ln x) + \int \sin(\ln x)\mathrm{d}x$$

$$= x\cos(\ln x) + \left[x\sin(\ln x) - \int x\mathrm{d}\sin(\ln x)\right]$$

$$= x\cos(\ln x) + \left[x\sin(\ln x) - \int x\cdot \cos(\ln x)\cdot \frac{1}{x}\mathrm{d}x\right]$$

$$= x[\cos(\ln x) + \sin(\ln x)] - \int \cos(\ln x)\mathrm{d}x,$$

移项,解得
$$\int \cos(\ln x)\mathrm{d}x = \frac{x}{2}[\cos(\ln x) + \sin(\ln x)] + C.$$

例 5 求积分 $\int \dfrac{\arctan \mathrm{e}^x}{\mathrm{e}^x}\mathrm{d}x$.

分析 此题解法较多,且需综合地使用换元法和分部积分法.但凡被积函数中出现指数函数 e^x 或 e^{-x} 的,通常首先要凑出微分 $\mathrm{d}\mathrm{e}^x$ 或 $\mathrm{d}\mathrm{e}^{-x}$.

解一 先用凑微分法,再进行分部积分.

$$\int \frac{\arctan \mathrm{e}^x}{\mathrm{e}^x}\mathrm{d}x = -\int \arctan \mathrm{e}^x(-\mathrm{e}^{-x}\mathrm{d}x) = -\int \arctan \mathrm{e}^x \mathrm{d}\mathrm{e}^{-x}$$

$$= -\mathrm{e}^{-x}\arctan \mathrm{e}^x + \int \mathrm{e}^{-x}\mathrm{d}\arctan \mathrm{e}^x$$

$$= -\mathrm{e}^{-x}\arctan \mathrm{e}^x + \int \mathrm{e}^{-x}\cdot \frac{\mathrm{e}^x}{1+\mathrm{e}^{2x}}\mathrm{d}x$$

$$= -\mathrm{e}^{-x}\arctan \mathrm{e}^x + \int \frac{1+\mathrm{e}^{2x}-\mathrm{e}^{2x}}{1+\mathrm{e}^{2x}}\mathrm{d}x$$

$$= -\mathrm{e}^{-x}\arctan \mathrm{e}^x + \int \mathrm{d}x - \frac{1}{2}\int \frac{1}{1+\mathrm{e}^{2x}}\mathrm{d}\mathrm{e}^{2x}$$

$$= x - \mathrm{e}^{-x}\arctan \mathrm{e}^x - \frac{1}{2}\ln(1+\mathrm{e}^{2x}) + C.$$

解二 先用第二换元法,作变量代换,再用分部积分法.先令 $\mathrm{e}^x = t$,则 $\mathrm{d}x = \mathrm{d}\ln t = \frac{1}{t}\mathrm{d}t$ $(t>0)$.

$$\int \frac{\arctan \mathrm{e}^x}{\mathrm{e}^x}\mathrm{d}x = \int \frac{\arctan t}{t}\cdot \frac{1}{t}\mathrm{d}t = -\int \arctan t\mathrm{d}\frac{1}{t}$$

$$= -\frac{1}{t}\arctan t + \int \frac{1}{t}\mathrm{d}\arctan t$$

$$= -\frac{1}{t}\arctan t + \int \frac{1}{t}\cdot \frac{1}{1+t^2}\mathrm{d}t$$

$$= -\frac{1}{t}\arctan t + \int \frac{1+t^2-t^2}{t(1+t^2)}\mathrm{d}t$$

$$= -\frac{1}{t}\arctan t + \int \frac{1}{t}\mathrm{d}t - \int \frac{t}{1+t^2}\mathrm{d}t$$

$$= -\frac{1}{t}\arctan t + \ln t - \frac{1}{2}\ln(1+t^2) + C$$

$$= -\mathrm{e}^{-x}\arctan \mathrm{e}^x + x - \frac{1}{2}\ln(1+\mathrm{e}^{2x}) + C.$$

解三 过程同解法二,但所作的变量代换不同. 设 $\arctan \mathrm{e}^x = t$,则 $\mathrm{e}^x = \tan t$,$x = \ln\tan t, \mathrm{d}x = \frac{1}{\tan t} \cdot \sec^2 t\mathrm{d}t.$ 于是

$$\int \frac{\arctan \mathrm{e}^x}{\mathrm{e}^x}\mathrm{d}x = \int \frac{t}{\tan t} \cdot \frac{1}{\tan t} \cdot \sec^2 t\mathrm{d}t$$

$$= \int \frac{t}{\tan^2 t}\mathrm{d}(\tan t) = -\int t\mathrm{d}\frac{1}{\tan t}$$

$$= -\frac{t}{\tan t} + \int \frac{1}{\tan t}\mathrm{d}t = -\frac{t}{\tan t} + \int \frac{\cos t}{\sin t}\mathrm{d}t$$

$$= -\frac{t}{\tan t} + \ln|\sin t| + C$$

$$= -\mathrm{e}^{-x}\arctan \mathrm{e}^x + \ln\left|\frac{\mathrm{e}^x}{\sqrt{1+\mathrm{e}^{2x}}}\right| + C$$

$$= -\mathrm{e}^{-x}\arctan \mathrm{e}^x + x - \frac{1}{2}\ln(1+\mathrm{e}^{2x}) + C.$$

其中,在最后变量回代时作直角三角形,如图 5.2 所示,由

$\tan t = \mathrm{e}^x$,得 $\sin t = \frac{\mathrm{e}^x}{\sqrt{1+\mathrm{e}^{2x}}}$.

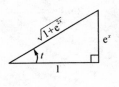

图 5.2

例 5 的三种解法中,解二的思路比较自然并具规律性,而解三的回代过程比较麻烦,容易出错,所以在用第二换元法解题时,应尽量使所设的新变量简单一些.

下面举例介绍一些常见初等函数的不定积分求解方法.

例 6 求下列不定积分.

(1) $\int \frac{x^2}{x+2}\mathrm{d}x$;   (2) $\int \frac{x}{(x-1)^2}\mathrm{d}x$;

(3) $\int \frac{x+2}{x^2+2x+2}\mathrm{d}x$;   (4) $\int \frac{\mathrm{d}x}{x^2(x^2+1)}$.

分析 这是一组有理分式的不定积分. 原则上是将它们化为最简分式,再分项进行积分. 化简过程中除了运用待定系数法外,还有许多技巧性解法.

解 (1) 被积函数是个假分式,应化成一个多项式与一个真分式之和.

$$\int \frac{x^2}{x+2}dx = \int \frac{x^2-4+4}{x+2}dx = \int \left(x-2+\frac{4}{x+2}\right)dx$$

$$= \frac{x^2}{2} - 2x + 4\ln|x+2| + C.$$

(2) **解一** $\int \frac{x}{(x-1)^2}dx = \int \left(\frac{A}{x-1} + \frac{B}{(x-1)^2}\right)dx.$

用待定系数法解出 $A,B.$

$$\frac{A}{x-1} + \frac{B}{(x-1)^2} = \frac{Ax-A+B}{(x-1)^2} \Rightarrow \begin{cases} A=1 \\ B-A=0 \end{cases} \Rightarrow \begin{cases} A=1, \\ B=1. \end{cases}$$

于是

$$\int \frac{x}{(x-1)^2}dx = \int \frac{1}{x-1}dx + \int \frac{1}{(x-1)^2}dx$$

$$= \ln|x-1| - \frac{1}{x-1} + C.$$

解二 $\int \frac{x}{(x-1)^2}dx = \int \frac{x-1+1}{(x-1)^2}dx = \int \frac{1}{x-1}dx + \int \frac{1}{(x-1)^2}d(x-1)$

$$= \ln|x-1| - \frac{1}{x-1} + C.$$

解三 令 $x-1=t$，则 $x=t+1, dx=dt.$

$$\int \frac{x}{(x-1)^2}dx = \int \frac{t+1}{t^2}dt = \int \frac{1}{t}dt + \int \frac{1}{t^2}dt = \ln t - \frac{1}{t} + C$$

$$= \ln|x-1| - \frac{1}{x-1} + C.$$

(3) $\int \frac{x+2}{x^2+2x+2}dx = \frac{1}{2}\int \frac{(2x+2)+2}{x^2+2x+2}dx$

$$= \frac{1}{2}\int \frac{d(x^2+2x+2)}{x^2+2x+2} + \int \frac{1}{(x+1)^2+1}d(x+1)$$

$$= \frac{1}{2}\ln(x^2+2x+2) + \arctan(x+1) + C.$$

(4) **解一** 先分解被积函数为最简分式. 设

$$\frac{1}{x^2(x^2+1)} = \frac{A}{x} + \frac{B}{x^2} + \frac{Cx+D}{x^2+1}$$

$$= \frac{Ax(x^2+1)+Bx^2+B+Cx^3+Dx^2}{x^2(x^2+1)},$$

比较上式两边分子系数,得

$$\begin{cases} A+C=0, \\ B+D=0, \\ A=0, \\ B=1, \end{cases} \Rightarrow \begin{cases} A=0, \\ B=1, \\ D=-1, \\ C=0. \end{cases}$$

于是
$$\int \frac{1}{x^2(x^2+1)}dx = \int \frac{1}{x^2}dx - \int \frac{1}{x^2+1}dx$$
$$= -\frac{1}{x} - \arctan x + C.$$

解二　用第二换元法，令 $x = \tan t$，则 $dx = \sec^2 t dt$，于是
$$\int \frac{1}{x^2(x^2+1)}dx = \int \frac{\sec^2 t dt}{\tan^2 t \cdot \sec^2 t} = \int \frac{\cos^2 t}{\sin^2 t}dt = \int \frac{1-\sin^2 t}{\sin^2 t}dt$$
$$= -\cot t - \int dt = -\frac{1}{\tan t} - t + C$$
$$= -\frac{1}{x} - \arctan x + C.$$

解三　$\int \frac{1}{x^2(x^2+1)}dx = \int \frac{1+x^2-x^2}{x^2(x^2+1)}dx = \int \frac{dx}{x^2} - \int \frac{dx}{x^2+1}$
$$= -\frac{1}{x} - \arctan x + C.$$

例 7　求下列不定积分.

(1) $\int \sin x \cos 2x dx$;　　　　　　(2) $\int \tan x \cdot \sec^2 x dx$;

(3) $\int \frac{\sin x}{\sin x + \cos x}dx$.

解　这是一组三角有理式的积分. 我们主要用三角恒等式来化简被积函数.

(1) $\int \sin x \cos 2x dx = \frac{1}{2}\int (-\sin x + \sin 3x)dx = \frac{1}{2}\cos x - \frac{1}{6}\cos 3x + C.$

(2) $\int \tan x \cdot \sec^2 x dx = \int \frac{\sin x}{\cos x} \cdot \frac{1}{\cos^2 x}dx = -\int \frac{d\cos x}{\cos^3 x} = \frac{1}{2}\cos^{-2} x + C.$

(3) **解一**　令 $\tan x = t$，则 $dx = d\arctan t = \frac{1}{1+t^2}dt$，于是

$$\int \frac{\sin x}{\sin x + \cos x}dx = \int \frac{\tan x}{\tan x + 1}dx = \int \frac{t}{(t+1)(1+t^2)}dt$$
$$= \frac{1}{2}\int \left(\frac{t+1}{t^2+1} - \frac{1}{t+1}\right)dt$$
$$= \frac{1}{4}\int \frac{2t}{t^2+1}dt + \frac{1}{2}\int \frac{1}{1+t^2}dt - \frac{1}{2}\int \frac{1}{t+1}dt$$
$$= \frac{1}{4}\ln(t^2+1) + \frac{1}{2}\arctan t - \frac{1}{2}\ln|t+1| + C$$
$$= \frac{x}{2} + \frac{1}{4}\ln(\tan^2 x + 1) - \frac{1}{2}\ln|\tan x + 1| + C$$
$$= \frac{x}{2} + \frac{1}{2}\ln|\sec x| - \frac{1}{2}\ln|\tan x + 1| + C.$$

解二
$$\int \frac{\sin x}{\sin x + \cos x}\mathrm{d}x = \int \frac{\sin x(\cos x - \sin x)}{\cos^2 x - \sin^2 x}\mathrm{d}x$$

$$= \int \left(\frac{\sin x\cos x}{\cos 2x} - \frac{1 - \cos 2x}{2\cos 2x}\right)\mathrm{d}x$$

$$= \frac{1}{2}\int \frac{\sin 2x}{\cos 2x}\mathrm{d}x - \frac{1}{2}\int \frac{1}{\cos 2x}\mathrm{d}x + \frac{1}{2}\int \mathrm{d}x$$

$$= -\frac{1}{4}\ln \mid \cos 2x \mid - \frac{1}{4}\ln \mid 1 + \tan 2x \mid + \frac{x}{2} + C.$$

解三 设原积分为 I,则

$$I = \int \frac{\sin x - \cos x + \cos x}{\sin x + \cos x}\mathrm{d}x$$

$$= -\int \frac{\mathrm{d}(\sin x + \cos x)}{\sin x + \cos x} + \int \frac{\cos x + \sin x - \sin x}{\sin x + \cos x}\mathrm{d}x,$$

即有
$$I = -\ln \mid \sin x + \cos x \mid + x - I + C.$$

移项解得
$$I = \frac{x}{2} - \frac{1}{2}\ln \mid \sin x + \cos x \mid + C.$$

解四
$$\int \frac{\sin x}{\sin x + \cos x}\mathrm{d}x = \frac{1}{\sqrt{2}}\int \frac{\sin x}{\sin x\sin \frac{\pi}{4} + \cos x\cos \frac{\pi}{4}}\mathrm{d}x$$

$$= \frac{1}{\sqrt{2}}\int \frac{\sin x}{\cos \left(x - \frac{\pi}{4}\right)}\mathrm{d}x \xrightarrow{x - \frac{\pi}{4} = t} \frac{1}{\sqrt{2}}\int \frac{\sin \left(t + \frac{\pi}{4}\right)}{\cos t}\mathrm{d}t$$

$$= \frac{1}{2}\int \frac{\sin t + \cos t}{\cos t}\mathrm{d}t = \frac{-1}{2}\ln \mid \cos t \mid + \frac{1}{2}t + C$$

$$= \frac{1}{2}x - \frac{1}{2}\ln \left| \cos \left(x + \frac{\pi}{4}\right)\right| + C.$$

注 此题除以上四种解法外,还有其他解法,例如,利用半角代换等,但其中最为简单的,莫过于第三种解法.

例 8 求解下列不定积分.

(1) $\int \frac{x - 1}{\sqrt{1 - x^2}}\mathrm{d}t$;   (2) $\int \frac{1}{\sqrt{x} + \sqrt[4]{x}}\mathrm{d}t$;

(3) $\int \frac{x + 1}{\sqrt[3]{3x + 1}}\mathrm{d}t$;   (4) $\int \frac{1}{\sqrt{(x^2 + 1)^3}}\mathrm{d}t$.

解 这是一组无理分式的积分.一般方法是用第二换元法去根式后再套公式.

(1) $\int \frac{x - 1}{\sqrt{1 - x^2}}\mathrm{d}x = -\frac{1}{2}\int (1 - x^2)^{-\frac{1}{2}}\mathrm{d}(1 - x^2) - \int \frac{1}{\sqrt{1 - x^2}}\mathrm{d}x$

$$= -(1 - x^2)^{\frac{1}{2}} - \arcsin x + C.$$

(2) 令 $\sqrt[4]{x} = t$，即 $x = t^4$，则 $\mathrm{d}x = 4t^3\mathrm{d}t$，于是

$$\int \frac{1}{\sqrt{x} + \sqrt[4]{x}}\mathrm{d}x = \int \frac{4t^3}{t^2 + t}\mathrm{d}t = 4\int \frac{t^2 - 1 + 1}{t + 1}\mathrm{d}t = 4\int \left(t - 1 + \frac{1}{t+1}\right)\mathrm{d}t$$

$$= 4\left(\frac{t^2}{2} - t + \ln|t+1|\right) + C$$

$$= 2\sqrt{x} - 4\sqrt[4]{x} + 4\ln(\sqrt[4]{x} + 1) + C.$$

(3) **解一** 令 $(3x+1)^{-\frac{1}{3}} = t$，得 $x = \frac{1}{3}(t^{-3} - 1)$，$\mathrm{d}x = -t^{-4}\mathrm{d}t$，于是，

$$\int \frac{x+1}{\sqrt[3]{3x+1}}\mathrm{d}x = \int \left[\frac{1}{3}(t^{-3} - 1) + 1\right] \cdot t \cdot (-t^{-4})\mathrm{d}t$$

$$= -\frac{1}{3}\int t^{-6}\mathrm{d}t + \frac{2}{3}\int t^{-3}\mathrm{d}t = \frac{1}{15}t^{-5} - \frac{1}{3}t^{-2} + C$$

$$= \frac{1}{15}(3x+1)^{\frac{5}{3}} - \frac{2}{3}(3x+1)^{\frac{2}{3}} + C.$$

解二 用分部积分法. 令 $u = x+1$、$\mathrm{d}v = (3x+1)^{-\frac{1}{3}}\mathrm{d}x$，则 $\mathrm{d}u = \mathrm{d}x$，$v = \frac{1}{2}(3x+1)^{\frac{2}{3}}$. 于是，

$$\int \frac{x+1}{\sqrt[3]{3x+1}}\mathrm{d}x = \frac{1}{2}(x+1)(3x+1)^{\frac{2}{3}} - \frac{1}{2}\int (3x+1)^{\frac{3}{2}}\mathrm{d}x$$

$$= \frac{1}{2}(x+1)(3x+1)^{\frac{2}{3}} - \frac{1}{15}(3x+1)^{\frac{5}{2}} + C.$$

(4) 令 $x = \tan t$，得 $\mathrm{d}x = \sec^2 t\mathrm{d}t$. 于是，

$$\int \frac{1}{\sqrt{(x^2+1)^3}}\mathrm{d}x = \int \frac{\sec^2 t}{\sec^3 t}\mathrm{d}t = \int \cos t\mathrm{d}t = \sin t + C = \frac{x}{\sqrt{x^2+1}} + C.$$

5.3 练 习 题

1. 选择题.

(1) 一个函数如果存在原函数，则其原函数有（   ）.

A. 一个   B. 两个

C. 无穷多个   D. 有限个

(2) 若 $F'(x) = f(x)$，则 $\int \mathrm{d}F(x) = ($ $)$.

A. $f(x)$ B. $F(x)$

C. $f(x) + C$ D. $F(x) + C$

(3) 若 $\int f(x)\mathrm{d}x = F(x) + C$，且 $x = at + b$，则 $\int f(t)\mathrm{d}t = ($ $)$.

A. $F(x) + C$ 　　　　　　B. $F(t) + C$

C. $\dfrac{1}{a}F(at + b) + C$ 　　　　D. $F(at + b) + C$

(4) 若 u,v 都为 x 的可微函数，则 $\int u\mathrm{d}v = ($　　$)$.

A. $uv - \int v\mathrm{d}u$ 　　　　　　B. $uv - \int u'v\mathrm{d}u$

C. $uv - \int v'\mathrm{d}u$ 　　　　　　D. $uv - \int uv'\mathrm{d}u$

(5) $\int \dfrac{\mathrm{d}x}{\sin^2 x\cos^2 x} = ($　　$)$.

A. $-\cot x + \tan x + C$ 　　　　B. $\tan x + \cot x + C$

C. $2\cot 2x + C$ 　　　　　　D. $2\tan 2x + C$

(6) 设 $f(x)$ 可导，则($\quad$).

A. $\int f(x)\mathrm{d}x = f(x)$ 　　　　B. $\int f'(x)\mathrm{d}x = f(x)$

C. $\left(\int f(x)\mathrm{d}x\right)' = f(x)$ 　　D. $\left(\int f(x)\mathrm{d}x\right)' = f(x) + C$

(7) 设 $\int f(x)\mathrm{d}x = F(x) + C$，则 $\int f(b - ax)\mathrm{d}x = ($　　$)$.

A. $F(b - ax) + C$ 　　　　　B. $-\dfrac{1}{a}F(b - ax) + C$

C. $aF(b - ax) + C$ 　　　　　D. $\dfrac{1}{a}F(b - ax) + C$

(8) 设 $f(x)$ 的一个原函数是 e^{-x^2}，则 $\int xf'(x)\mathrm{d}x = ($　　$)$.

A. $-2x^2\mathrm{e}^{-x^2} + C$ 　　　　B. $-2x^2\mathrm{e}^{-x^2}$

C. $\mathrm{e}^{-x^2}(-2x^2 - 1) + C$ 　　D. $xf(x) - \int f(x)\mathrm{d}x$

2. 填空题.

(1) 若 $\int f(x)\mathrm{d}x = F(x) + C$，而 $u = \varphi(x)$，则 $\int f(u)\mathrm{d}u = $ _____.

(2) $\int f'(2x)\mathrm{d}x = $ _____.

(3) 设函数 $f(x)$ 的二阶导数 $f''(x)$ 连续，则 $\int xf''(x)\mathrm{d}x = $ _____.

(4) $\int \dfrac{x^2}{1 + x^2}\mathrm{d}x = $ _____.

(5) $\int \dfrac{\mathrm{e}^x}{\sqrt{\mathrm{e}^x - 1}}\mathrm{d}x = $ _____.

(6) $\displaystyle\int \frac{\cos^3 x \sin x}{1 + \cos^2 x} \mathrm{d}x = $ _____.

(7) $\displaystyle\int \frac{1 - \cos x}{1 + \cos x} \mathrm{d}x = $ _____.

(8) $\displaystyle\int x^3 \mathrm{e}^{-x^2} \mathrm{d}x = $ _____.

(9) 一个函数的导函数为 $f(x) = \dfrac{1}{\sqrt{1 - x^2}}$，并当 $x = 1$ 时，这个函数值为 $\dfrac{3}{2}\pi$，则这个函数为 $F(x) = $ _____.

(10) 已知曲线 $y = f(x)$ 上任意一点的切线的斜率为 $ax^2 - 3x - 6$，且 $x = -1$ 时，$y = \dfrac{11}{2}$ 是极大值，则 $f(x) = $ _____；$f(x)$ 的极小值是 _____.

3. 计算下列不定积分.

(1) $\displaystyle\int \frac{5 \cdot 2^x}{3^x} \mathrm{d}x$；

(2) $\displaystyle\int \frac{\cos 2x}{\cos^2 x \sin^2 x} \mathrm{d}x$；

(3) $\displaystyle\int \frac{1}{\mathrm{e}^x + \mathrm{e}^{-x}} \mathrm{d}x$；

(4) $\displaystyle\int \frac{1}{\sqrt{x}(1 + x)} \mathrm{d}x$；

(5) $\displaystyle\int \frac{1}{x\sqrt{x^2 - 1}} \mathrm{d}x$；

(6) $\displaystyle\int \frac{x^3}{9 + x^2} \mathrm{d}x$；

(7) $\displaystyle\int \frac{1}{(x + 1)(x - 2)} \mathrm{d}x$；

(8) $\displaystyle\int \frac{1}{1 + \mathrm{e}^x} \mathrm{d}x$；

(9) $\displaystyle\int \frac{1}{1 + \sqrt[3]{x + 1}} \mathrm{d}x$；

(10) $\displaystyle\int \frac{\mathrm{d}x}{\sqrt{3 + 2x - x^2}}$.

4. 分部积分法求下列不定积分.

(1) $\displaystyle\int \mathrm{e}^{\sqrt{x}} \mathrm{d}x$；

(2) $\displaystyle\int x\ln(x - 1) \mathrm{d}x$；

(3) $\displaystyle\int x\cos 2x \mathrm{d}x$；

(4) $\displaystyle\int \frac{\ln x}{x^2} \mathrm{d}x$；

(5) $\displaystyle\int \mathrm{e}^x \cos x \mathrm{d}x$；

(6) $\displaystyle\int x\arctan x^2 \mathrm{d}x$.

5. 计算下列不定积分.

(1) $\displaystyle\int \frac{1}{x(x^6 + 4)} \mathrm{d}x$；

(2) $\displaystyle\int \frac{x^{11}}{x^8 + 3x^4 + 2} \mathrm{d}x$；

(3) $\displaystyle\int \tan^4 x \mathrm{d}x$；

(4) $\displaystyle\int \sin x \sin 2x \sin 3x \mathrm{d}x$；

(5) $\displaystyle\int \frac{x^5}{\sqrt{1 - x^3}} \mathrm{d}x$；

(6) $\displaystyle\int \frac{\ln \sin x}{\sin^2 x} \mathrm{d}x$.

6. 求解下列各题.

(1) 设 $f'(e^x) = 1 + x$，求 $f(x)$；

(2) 设 $f(x)$ 的原函数为 $\dfrac{\sin x}{x}$，求 $\displaystyle\int x f'(x) \mathrm{d}x$；

(3) 设曲线上任一点的二阶导数 $y'' = 6x$，且在曲线上 $(0,2)$ 处的切线为 $2x - 3y = 6$，求此曲线方程；

(4) 设 $f(x^2 - 1) = \ln \dfrac{x^2}{x^2 - 2}$，且 $f[\varphi(x)] = \ln x$，求 $\displaystyle\int \varphi(x) \mathrm{d}x$；

(5) 试推导 $I_n = \displaystyle\int \dfrac{\mathrm{d}x}{(x^2 + a^2)^n}$ 的逆推公式.

5.4　答案与提示

1. (1) C. (2) D. (3) B. (4) A. (5) A. (6) C. (7) B. (8) C.

2. (1) $F(u) + C$.　　　　　　　(2) $\dfrac{1}{2} f(2x) + C$.

(3) $x f'(x) + f(x) + C$.　　　(4) $x - \operatorname{arccot} x + C$.

(5) $2\sqrt{e^x - 1} + C$（提示：令 $\sqrt{e^x - 1} = t$）.

(6) $\dfrac{1}{2}\ln(1 + \cos^2 x) - \dfrac{1}{2}\cos^2 x + C$（提示：令 $1 + \cos^2 x = t$，原式 $= \dfrac{1}{2}\displaystyle\int \dfrac{1 - t}{t}\mathrm{d}t$）.

(7) $2\tan\dfrac{x}{2} - x + C$（首先利用三角恒等式）.

(8) $-\dfrac{1}{2}(x^2 + 1)e^{-x^2} + C$（提示：令 $x^2 = t$，再用分部积分）.

(9) $\arcsin x + \pi$.

(10) $x^3 - \dfrac{3}{2}x^2 - 6x + C$；$f(2) = -8$.

3. (1) $5\left(\dfrac{2}{3}\right)^x \cdot \dfrac{1}{\ln 2 - \ln 3} + C$.　　(2) $\cot x - \tan x + C$.

(3) $\arctan e^x + C$.　　　　　(4) $2\arctan\sqrt{x} + C$.

(5) $\arccos\dfrac{1}{x} + C$.　　　　(6) $\dfrac{x^2}{2} - \dfrac{9}{2}\ln(x^2 + 9) + C$.

(7) $\dfrac{1}{3}\ln\dfrac{x - 2}{x + 1} + C$.　　　(8) $x - \ln(1 + e^x) + C$.

(9) $\dfrac{3}{2}\sqrt[3]{(1 + x)^2} - 3\sqrt[3]{x + 1} + 3\ln(1 + \sqrt[3]{x + 1}) + C$（提示：令 $\sqrt[3]{x + 1} = t$，则 $\mathrm{d}x = \mathrm{d}(t^3 - 1) = 3t^3\mathrm{d}t$）.

(10) $\arcsin\dfrac{x - 1}{2} + C$（提示：原积分 $= \displaystyle\int \dfrac{1}{\sqrt{4 - (x - 1)^2}}\mathrm{d}x = \displaystyle\int \dfrac{1}{2 \cdot \sqrt{1 - \left(\dfrac{x - 1}{2}\right)^2}}\mathrm{d}x$）.

4. (1) $2(\sqrt{x}-1)e^{\sqrt{x}}+C$.

(2) $\dfrac{1}{2}(x^2-1)\ln(x-1)-\dfrac{1}{4}x^2-\dfrac{1}{2}x+C$.

(3) $\dfrac{1}{2}x\sin 2x+\dfrac{1}{4}\cos 2x+C$.

(4) $-\dfrac{1}{x}\ln x-\dfrac{1}{x}+C$ (提示:原积分 $=-\displaystyle\int\ln x\,\mathrm{d}\dfrac{1}{x}$).

(5) $\dfrac{1}{2}e^x(\sin x+\cos x)+C$.

(6) $\dfrac{1}{2}x^2\arctan x^2-\dfrac{1}{4}\ln(1+x^4)+C$.

5. (1) $-\dfrac{1}{24}\ln\left(1+\dfrac{4}{x^6}\right)+C$

(提示:原积分 $=\dfrac{1}{6}\displaystyle\int\dfrac{6x^5}{x^6(x^6+4)}\mathrm{d}x=\dfrac{1}{6}\displaystyle\int\dfrac{1}{x^6(x^6+4)}\mathrm{d}x^6$,再分项积分).

(2) $\dfrac{x^4}{4}+\dfrac{1}{4}\ln(x^4+1)-\ln(x^4+2)+C$ (提示:令 $x^4=t$).

(3) $\dfrac{1}{3}\tan^3 x-\tan x+x+C$.

(4) $\dfrac{1}{8}\left(\dfrac{1}{3}\cos 6x-\dfrac{1}{2}\cos 4x-\cos 2x\right)+C$ (提示:利用三角恒等式).

(5) $-\dfrac{2}{3}\sqrt{1-x^3}-\dfrac{2}{9}\sqrt{(1-x^3)^2}+C$ (提示:令 $\sqrt{1-x^3}=t$).

(6) $-\cot x\cdot\ln\sin x-\cot x-\cot x-x+C$

(提示:原积分 $=-\displaystyle\int\ln\sin x\,\mathrm{d}\cot x$,再分部积分).

6. (1) $x\ln x+C$. (2) $\sin x-\dfrac{2\sin x}{x}+C$.

(3) $y=x^3-2x-2$.

(4) $2\ln(x-1)+x+C$ (提示:由 $f(x^2-1)=\ln\dfrac{(x^2-1)+1}{(x^2-1)-1}$ 及 $f[\varphi(x)]=\ln x$,

得 $\ln\dfrac{\varphi(x)+1}{\varphi(x)-1}=\ln x$,即 $\dfrac{\varphi(x)+1}{\varphi(x)-1}=x$,解得 $\varphi(x)=\dfrac{x+1}{x-1}$,再对 $\varphi(x)$ 积分).

(5) $I_{n+1}=\dfrac{2n-1}{2na^2}I_n+\dfrac{x}{2na^2(x^2+a^2)}$ (提示:利用分部积分法.令 $u=\dfrac{1}{(x^2+a^2)^n}$,

$\mathrm{d}v=\mathrm{d}x$).

第六章 定积分及其应用

6.1 主要公式和结论

6.1.1 定积分的定义及性质

1. 定义

$\int_a^b f(x)\mathrm{d}x = \lim\limits_{\lambda \to 0} \sum\limits_{i=1}^n f(\xi_i)\Delta x_i$ (其中 $[a,b]$ 的分割法及 ξ_i 的取法任意, $\lambda = \max\limits_{1 \leqslant i \leqslant n}\{|\Delta x_i|\}$);

$$\int_a^b f(x)\mathrm{d}x = -\int_b^a f(x)\mathrm{d}x; \quad \int_a^a f(x)\mathrm{d}x = 0;$$

$$\int_a^b f(x)\mathrm{d}x = \int_a^b f(t)\mathrm{d}t.$$

2. 几何意义

当 $f(x) \geqslant 0$ 时, $\int_a^b f(x)\mathrm{d}x$ 的值等于曲线 $y = f(x)$ 与直线 $x = a, x = b(a < b)$ 及 $y = 0$ 所围成的曲边梯形面积.

3. 性质

假设 $f(x), g(x)$ 在区间 $[a,b]$ 上可积, 则有如下性质.

(1) 线性性质.

$$\int_a^b k[f(x) \pm g(x)]\mathrm{d}x = k\int_a^b f(x)\mathrm{d}x \pm k\int_a^b g(x)\mathrm{d}x.$$

(2) 区间可加性.

$$\int_a^b f(x)\mathrm{d}x = \int_a^c f(x)\mathrm{d}x + \int_c^b f(x)\mathrm{d}x.$$

(3) 比较性质.

若 $f(x) \leqslant g(x), x \in [a,b]$, 则

$$\int_a^b f(x)\mathrm{d}x \leqslant \int_a^b g(x)\mathrm{d}x.$$

特别有

$$\left| \int_a^b f(x)\mathrm{d}x \right| \leqslant \int_a^b |f(x)|\,\mathrm{d}x.$$

(4) 估值定理.

设 $M = \max\{f(x) \mid x \in [a,b]\}, m = \min\{f(x) \mid x \in [a,b]\}$,则

$$m(b-a) \leqslant \int_a^b f(x)\mathrm{d}x \leqslant M(b-a).$$

(5) 中值定理.

设 $f(x)$ 在 $[a,b]$ 连续,$g(x)$ 在 $[a,b]$ 可积且不变号,则 $\exists \xi \in [a,b]$,

$$\int_a^b f(x)g(x)\mathrm{d}x = f(\xi)\int_a^b g(x)\mathrm{d}x.$$

特别地,当 $g(x) = 1$ 时,有

$$\int_a^b f(x)\mathrm{d}x = f(\xi)(b-a).$$

6.1.2 变限积分

1. 定义

$\forall x \in [a,b]$,设积分 $\int_a^x f(t)\mathrm{d}t$ 存在,则称 $G(x) = \int_a^x f(t)\mathrm{d}t$ 为变上限积分或变上限函数.

2. 性质

若 f 连续,则变上限函数有下列性质:

$$G'(x) = \frac{\mathrm{d}G(x)}{\mathrm{d}x} = \frac{\mathrm{d}}{\mathrm{d}x}\int_a^x f(t)\mathrm{d}t = f(x).$$

特别地,当 $G(x) = \int_{\varphi_1(x)}^{\varphi_2(x)} f(t)\mathrm{d}t$,其中 φ_1、φ_2 可导,则有

$$G'(x) = f[\varphi_2(x)]\varphi_2'(x) - f[\varphi_1(x)]\varphi_1'(x).$$

6.1.3 定积分的计算

1. 牛顿 - 莱布尼茨(Newton-Leibniz) 公式

设 $f(x)$ 在 $[a,b]$ 连续,$F'(x) = f(x)$,则

$$\int_a^b f(x)\mathrm{d}x = F(b) - F(a) \triangleq F(x)\Big|_a^b.$$

2. 定积分换元法

若 $\varphi(x)$ 在 $[\alpha,\beta]$ 上单调且导数连续,$f(x)$ 在 $x = \varphi(t)$ 处连续,又 $\varphi(\alpha) = a$, $\varphi(\beta) = b$,则

$$\int_a^b f(x)\mathrm{d}x = \int_\alpha^\beta f[\varphi(t)] \cdot \varphi'(t)\mathrm{d}t.$$

3. 定积分的分部积分法

设 $u(x)$、$v(x)$ 在 $[a,b]$ 上的导数连续,则

$$\int_a^b u(x)v'(x)\mathrm{d}x = [u(x)v(x)]_a^b - \int_a^b v(x)u'(x)\mathrm{d}x.$$

6.1.4 广义积分

1. 无穷区间上的广义积分

$$\int_a^\infty f(x)\mathrm{d}x = \lim_{b\to\infty}\int_a^b f(x)\mathrm{d}x,$$

$$\int_{-\infty}^b f(x)\mathrm{d}x = \lim_{a\to-\infty}\int_a^b f(x)\mathrm{d}x.$$

若等式右边的极限存在,称左边的广义积分收敛,否则称发散.

定义

$$\int_{-\infty}^\infty f(x)\mathrm{d}x = \lim_{u\to-\infty}\int_u^c f(x)\mathrm{d}x + \lim_{v\to\infty}\int_c^v f(x)\mathrm{d}x,$$

其中,u、v 的变化相互独立. 只要等式右边有一个极限不存在,则等式左边的广义积分发散.

2. 无界函数的广义积分

设 $f(x)$ 在 $(a,b]$ 连续,$f(x)$ 在 $x=a$ 的某右邻域无界,则定义

$$\int_a^b f(x)\mathrm{d}x = \lim_{c\to a^+}\int_c^b f(x)\mathrm{d}x \quad \left(\text{或} = \lim_{\varepsilon\to 0^+}\int_{a+\varepsilon}^b f(x)\mathrm{d}x\right).$$

若等式右边的极限存在,则称等式左边的广义积分收敛,否则称发散. $x=a$ 称为奇点,类似可定义 $x=b$ 为奇点的情况以及奇点出现在 (a,b) 内部的情况.

6.1.5 定积分的几何应用

1. 求平面图形的面积

由 $y_1 = f(x), y_2 = g(x)$ 及 $x=a, x=b(b>a)$ 所围成的平面面积为

$$A = \int_a^b |f(x)-g(x)|\mathrm{d}x.$$

由 $x_1 = f(y), x_2 = g(y)$ 及 $y=c, y=d(d>c)$ 所围成的平面面积为

$$A = \int_c^d |f(y)-g(y)|\mathrm{d}y.$$

2. 立体的体积

设 $A(x)$ 为几何体在点 x 处垂直于 x 轴的横截面面积,$x\in[a,b]$,则此几何体体积为

$$V = \int_a^b A(x)\mathrm{d}x.$$

特别地,平面区域 $\begin{cases} a\leqslant x\leqslant b, \\ 0\leqslant y\leqslant |f(x)| \end{cases}$ 绕 x 轴旋转一周所形成的几何体体积为

$$V = \pi \int_a^b f^2(x)\,\mathrm{d}x.$$

3. 曲线弧长

若曲线方程为 $y = f(x)$ $(x \in [a,b])$，则曲线弧长为

$$s = \int_a^b \sqrt{1 + [f'(x)]^2}\,\mathrm{d}x.$$

若曲线方程为 $\begin{cases} x = x(t), \\ y = y(t), \end{cases} t \in [\alpha,\beta]$，则曲线弧长为

$$s = \int_\alpha^\beta \sqrt{[x'(t)]^2 + [y'(t)]^2}\,\mathrm{d}t.$$

若曲线方程为 $r = r(\theta), \theta \in [\alpha,\beta]$，则曲线弧长为

$$s = \int_\alpha^\beta \sqrt{[r(\theta)]^2 + [r'(\theta)]^2}\,\mathrm{d}\theta.$$

6.1.6　定积分的物理应用

(1) 变力沿直线做功 W.

$$W = \int_a^b f(x)\,\mathrm{d}x,$$

其中, $f(x)$ 为变力, 物体从 $x = a$ 运动到 $x = b$.

(2) 液体的静压力.

垂直置于液体中的平面域一侧所受液体静压力

$$F = \int_a^b \mu g x [f(x) - g(x)]\,\mathrm{d}x,$$

其中, μ 为液体密度, g 为重力加速度. 平面域由曲线 $y_1 = f(x), y_2 = g(x)(y_1 \geqslant y_2)$ 及 $x = a, x = b$ 所围, 水面与 y 轴平齐(见图 6.1).

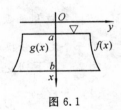

图 6.1

(3) 函数 $f(x)$ 在 $[a,b]$ 的平均值 $\bar{y}$.

$$\bar{y} = \frac{1}{b-a} \int_a^b f(x)\,\mathrm{d}x.$$

6.2　解　题　指　导

本章的主要内容是定积分的概念、计算以及其推广应用:(1) 利用定义及运算求极限;(2) 利用定积分的计算方法来求一些变上限函数的导数或证明一些恒等式及不等式;(3) 利用定积分概念来求一些平面区域的面积、旋转体的体积、曲线的弧长以及物理方面的某些应用。

例 1　用定积分的定义及运算求下列极限.

(1) $\lim\limits_{n \to \infty}\left(\dfrac{1}{n+1} + \dfrac{1}{n+2} + \cdots + \dfrac{1}{n+n}\right)$;

(2) $\lim\limits_{n \to \infty}\dfrac{1}{n}\left[\sin a + \sin\left(a + \dfrac{b}{n}\right) + \cdots + \sin\left(a + \dfrac{n-1}{n}b\right)\right]$.

分析 化极限问题为定积分计算常适用于连加或连乘(取对数后变为连加)式的极限. 化为定积分的关键是找出对应的被积函数与积分区间.

解 (1) 原极限 $= \lim\limits_{n \to \infty}\left(\dfrac{1}{1+\dfrac{1}{n}} + \dfrac{1}{1+\dfrac{2}{n}} + \cdots + \dfrac{1}{1+\dfrac{n}{n}}\right)\dfrac{1}{n}$

$$= \lim\limits_{n \to \infty}\left(\sum_{i=1}^{n}\dfrac{1}{1+\dfrac{i}{n}} \cdot \dfrac{1}{n}\right) = \int_{0}^{1}\dfrac{1}{1+x}\mathrm{d}x = \ln|1+x|\ \Big|_{0}^{1} = \ln 2.$$

(2) 原极限 $= \lim\limits_{n \to \infty}\dfrac{1}{b}\sum_{i=0}^{n-1}\dfrac{b}{n}\sin\left(a + \dfrac{i}{n}b\right)$

$$= \dfrac{1}{b}\int_{a}^{a+b}\sin x\mathrm{d}x = \dfrac{1}{b}[\cos a - \cos(a+b)].$$

注 题(1)中相当于取积分区间为 $[0,1]$,作 n 等分,分点为 $0 < \dfrac{1}{n} < \dfrac{2}{n} < \cdots < \dfrac{n}{n} = 1$. 在每个小区间 $\left[\dfrac{i-1}{n}, \dfrac{i}{n}\right]$ 上取点 $\xi_i = \dfrac{i}{n}$,小区间长度均为 $\Delta x_i = \dfrac{1}{n}$,被积函数取 $f(x) = \dfrac{1}{1+x}$. 题(2)取区间为 $[a, a+b]$,被积函数取为 $\sin x$. 题(2)也可取区间 $[0,b]$,则被积函数变为 $\sin(a+x)$,即原极限 $= \int_{0}^{b}\sin(a+x)\mathrm{d}x$. 二者相比较,相当于作了一个定积分换元法.

例 2 求下列变上限函数的导数.

(1) 设 $f(x) = \int_{0}^{x} x\sin t^2 \mathrm{d}t$,求 $f''(x)$;

(2) 设 $\varphi(x) = \begin{cases} \dfrac{\int_{0}^{x} tf(t)\mathrm{d}t}{x^2}, & x \neq 0, \\ 0, & x = 0, \end{cases}$ 其中,$f(x)$ 有连续的导数,且 $f(0) = 0$,求 $\varphi'(0)$;

(3) 设 $f(x) = \int_{x}^{x^2} \mathrm{e}^{-t^2}\mathrm{d}t$,求 $f'(x)$;

(4) 设 $2x - \tan(x-y) = \int_{0}^{x-y}\sec^2 t\mathrm{d}t\ (x \neq y)$,求 $\dfrac{\mathrm{d}^2 y}{\mathrm{d}x^2}$.

解　(1) 必须视 $f(x)$ 为两个函数 x 与 $\int_0^x \sin t^2\,dt$ 之积,再利用函数乘积的求导法则,切不可将 x 留在积分号内直接求导. 因此

$$f(x) = x\int_0^x \sin t^2\,dt,$$

$$f'(x) = \int_0^x \sin t^2\,dt + x\sin x^2,$$

$$f''(x) = \sin x^2 + \sin x^2 + x\cdot \cos x^2\cdot 2x = 2\sin x^2 + 2x^2\cos x^2.$$

(2) 求分段函数在分段点的导数值,一般用导数值的定义求,在具体计算中用罗必达法则时又碰到对变上限函数求导的问题.

$$\varphi'(0) = \lim_{x\to 0}\frac{\varphi(x)-\varphi(0)}{x} = \lim_{x\to 0}\frac{\int_0^x tf(t)\,dt}{x^3}$$

$$\xrightarrow[\text{法则}]{\text{罗必达}} \lim_{x\to 0}\frac{xf(x)}{3x^2} = \lim_{x\to 0}\frac{f(x)}{3x} = \lim_{x\to 0}\frac{f'(x)}{3} = \frac{1}{3}f'(0).$$

(3) 积分上、下限都是变量,因此要分为两个积分;又上限为 x 的函数,则要用复合函数求导法求解.

$$f(x) = \int_a^{x^2} e^{-t^2}\,dt - \int_a^x e^{-t^2}\,dt,$$

$$f'(x) = e^{-x^4}\cdot 2x - e^{-x^2}.$$

(4) 给出的是关于 x 与 y 的隐函数关系,所以用了隐函数求导方法:方程两边对 x 求导,视 y 为 x 的函数.

$$2 - \sec^2(x-y)\left(1-\frac{dy}{dx}\right) = \sec^2(x-y)\left(1-\frac{dy}{dx}\right),$$

解之得
$$\frac{dy}{dx} = \sin^2(x-y),$$

于是有

$$\frac{d^2y}{dx^2} = 2\sin(x-y)\cos(x-y)\left(1-\frac{dy}{dx}\right)$$
$$= \sin 2(x-y)\cdot[1-\sin^2(x-y)]$$
$$= \sin 2(x-y)\cdot\cos^2(x-y).$$

例3　设 f 连续,利用定积分换元法证明下列恒等式。

$(1) \int_0^\pi f(\sin x)\,dx = 2\int_0^{\frac{\pi}{2}} f(\sin x)\,dx;$

$(2) \int_0^{2a} f(x)\,dx = \int_0^a [f(x)+f(2a-x)]\,dx;$

$(3) \int_a^b f(x)\,dx = (b-a)\int_0^1 f[a+(b-a)x]\,dx.$

解　(1)$\int_0^\pi f(\sin x) = \int_0^{\frac{\pi}{2}} f(\sin x)\mathrm{d}x + \int_{\frac{\pi}{2}}^\pi f(\sin x)\mathrm{d}x.$ 由于

$$\int_{\frac{\pi}{2}}^\pi f(\sin x)\mathrm{d}x \xlongequal{\diamondsuit\, t = \pi - x} \int_{\frac{\pi}{2}}^0 f(\sin t)(-\mathrm{d}t) = \int_0^{\frac{\pi}{2}} f(\sin x)\mathrm{d}x,$$

所以

$$\int_0^\pi f(\sin x)\mathrm{d}x = 2\int_0^{\frac{\pi}{2}} f(\sin x)\mathrm{d}x.$$

(2)$\int_0^{2a} f(x)\mathrm{d}x = \int_0^a f(x)\mathrm{d}x + \int_a^{2a} f(x)\mathrm{d}x.$ 由于

$$\int_a^{2a} f(x)\mathrm{d}x \xlongequal{\diamondsuit\, x = 2a - t} \int_a^0 f(2a - t)(-\mathrm{d}t) = \int_0^a f(2a - x)\mathrm{d}x,$$

所以

$$\int_0^{2a} f(x)\mathrm{d}x = \int_0^a [f(x) + f(2a - x)]\mathrm{d}x.$$

(3) 设 $x = a + (b - a)t$,当 x 从 $a \to b$ 时,t 从 $0 \to 1$,则

$$\int_a^b f(x)\mathrm{d}x = \int_0^1 f[a + (b - a)t](b - a)\mathrm{d}t$$

$$= (b - a)\int_0^1 f[a + (b - a)x]\mathrm{d}x.$$

注　以上定积分恒等式左边与右边的被积函数的函数关系未变,因此所设的新变量比较明确,但应该注意积分限应随之而改变.有时也需将积分区间分段处理如题(1)、题(2).

例4　计算下列定积分.

(1)$\int_1^4 \dfrac{1}{\sqrt{x}}\mathrm{d}x$;

(2)$\int_{-1}^1 |x^2 - x|\,\mathrm{d}x$;

(3)$\int_0^1 x\sqrt{1 + x^2}\,\mathrm{d}x$;

(4)$\int_0^3 \max\{2, \mathrm{e}^x\}\mathrm{d}x$;

(5)$\int_0^1 \dfrac{1}{1 + \mathrm{e}^x}\mathrm{d}x$;

(6)$\int_1^2 \dfrac{\mathrm{d}x}{x\sqrt{x - 1}}$;

(7)$\int_a^{2a} \dfrac{\sqrt{x^2 - a^2}}{x^4}\mathrm{d}x, a > 0$;

(8)$\int_0^{\frac{\pi}{2}} \dfrac{\mathrm{d}x}{2 + \sin x}$.

解　(1)$\int_1^4 \dfrac{1}{\sqrt{x}}\mathrm{d}x = \int_1^4 x^{-\frac{1}{2}}\mathrm{d}x = 2x^{\frac{1}{2}}\Big|_1^4 = 2(\sqrt{4} - 1) = 2.$

(2)$\int_{-1}^1 |x^2 - x|\,\mathrm{d}x = \int_{-1}^0 (x^2 - x)\mathrm{d}x + \int_0^1 (x - x^2)\mathrm{d}x$

$$= \left(\dfrac{x^3}{3} - \dfrac{x^2}{2}\right)\Big|_{-1}^0 + \left(\dfrac{x^2}{2} - \dfrac{x^3}{3}\right)\Big|_0^1 = 1.$$

(3)$\int_0^1 x\sqrt{1 + x^2}\,\mathrm{d}x = \dfrac{1}{2}\int_0^1 (1 + x^2)^{\frac{1}{2}}\mathrm{d}(1 + x^2)$

$$= \frac{1}{2} \cdot \frac{2}{3}(1+x^2)^{\frac{3}{2}} \Big|_0^1 = \frac{1}{3}(2^{\frac{3}{2}}-1) = \frac{1}{3}(2\sqrt{2}-1).$$

(4) $\int_0^3 \max\{2,e^x\}dx = \int_0^{\ln2} 2dx + \int_{\ln2}^3 e^x dx$

$$= 2x\Big|_0^{\ln2} + e^x\Big|_{\ln2}^3 = 2\ln2 + e^3 - 2.$$

(5) **解一**　$\int_0^1 \frac{1}{1+e^x}dx = \int_0^1 \frac{1+e^x-e^x}{1+e^x}dx = \int_0^1 dx - \int_0^1 \frac{d(1+e^x)}{1+e^x}$

$$= x\Big|_0^1 - \ln(1+e^x)\Big|_0^1 = 1 - \ln(1+e) + \ln2.$$

解二　$\int_0^1 \frac{1}{1+e^x}dx \xrightarrow{1+e^x=t} \int_2^{1+e} \frac{1}{t(t-1)}dt = \int_2^{1+e}\left(\frac{1}{t-1}-\frac{1}{t}\right)dt$

$$= (\ln|t-1|-\ln|t|)\Big|_2^{1+e} = 1 + \ln\frac{2}{1+e}.$$

(6) $\int_1^2 \frac{dx}{x\sqrt{x-1}} \xrightarrow{\sqrt{x-1}=t} \int_0^1 \frac{d(t^2+1)}{(1+t^2)t} = \int_0^1 \frac{2dt}{1+t^2} = 2\arctan t\Big|_0^1 = \frac{\pi}{2}.$

(7) **解一**　$\int_a^{2a} \frac{\sqrt{x^2-a^2}}{x^4}dx \xrightarrow{x=a\sec t} \int_0^{\frac{\pi}{3}} \frac{1}{a^2}\frac{\tan t}{\sec^4 t}\sec t \cdot \tan t\, dt$

$$= \frac{1}{a^2}\int_0^{\frac{\pi}{3}} \sin^2 t\cos t\, dt = \frac{1}{a^2}\cdot\frac{1}{3}\sin^3 t\Big|_0^{\frac{\pi}{3}} = \frac{\sqrt{3}}{8a^2}.$$

解二　$\int_a^{2a} \frac{\sqrt{x^2-a^2}}{x^4}dx \xrightarrow{x=\frac{1}{t}} \int_{\frac{1}{a}}^{\frac{1}{2a}} \frac{\sqrt{\left(\frac{1}{t}\right)^2-a^2}}{\left(\frac{1}{t}\right)^4}\cdot\left(-\frac{1}{t^2}dt\right) = -\int_{\frac{1}{a}}^{\frac{1}{2a}} t\sqrt{1-(at)^2}dt$

$$= \frac{1}{2a^2}\int_{\frac{1}{a}}^{\frac{1}{2a}} [1-(at)^2]^{\frac{1}{2}}d[1-(at)^2]$$

$$= \frac{1}{2a^2}\frac{2}{3}[1-(at)^2]^{\frac{3}{2}}\Big|_{\frac{1}{a}}^{\frac{1}{2a}} = \frac{1}{3a^2}\left(1-\frac{1}{4}\right)^{\frac{3}{2}} = \frac{\sqrt{3}}{8a^2}.$$

(8) 令 $t = \tan\frac{x}{2}$，则

$$\left(0\leqslant x\leqslant\frac{\pi}{2}\right)\Rightarrow dx = \frac{2dt}{1+t^2},\quad \sin x = \frac{2t}{1+t^2}.$$

$$\int_0^{\frac{\pi}{2}} \frac{dx}{2+\sin x} = \int_0^1 \frac{\frac{2dt}{1+t^2}}{2+\frac{2t}{1+t^2}} = \int_0^1 \frac{dt}{t^2+t+1} = \int_0^1 \frac{d\left(t+\frac{1}{2}\right)}{\left(t+\frac{1}{2}\right)^2+\left(\frac{\sqrt{3}}{2}\right)^2}$$

$$= \frac{2}{\sqrt{3}}\arctan\frac{t+\frac{1}{2}}{\sqrt{\frac{3}{4}}}\Big|_0^1 = \frac{2}{\sqrt{3}}\left(\frac{\pi}{3}-\frac{\pi}{6}\right) = \frac{\pi}{3\sqrt{3}}.$$

注 计算题(2)时,一定要先去掉绝对值,分区间积分再求和.计算题(3)时,未设新变量,用的是不定积分换元法处理定积分.题(4)的被积函数在积分区间 $[0,3]$ 上是分段函数,故应分区间积分后相加.题(5)解一用不定积分换元法,解二中设了新变量 $t=1+\mathrm{e}^x$,于是上、下限换成了新变量的变化范围,且微分 $\mathrm{d}x$ 也作了相应的变化,变为 $\mathrm{d}x=\mathrm{d}\ln(t-1)=\dfrac{1}{t-1}\mathrm{d}t$. 对题(5)来说两种方法难易程度相当.题(6)的被积函数中带根号,又不如题(3)那 样容易凑微分,故令整个根号为新的变量便可以去掉根号而成有理分式的积分.题(7)为去根号必须用三角代换,而解二用的是倒代换.题(6)用的是万能代换也称半角代换.这种方法总可以使三角有理式化为普通有理式,但代换较复杂,容易出错,不到万般无奈时通常应避免用它.

例5 用分部积分法求下列定积分.

$(1)\displaystyle\int_0^\pi x\cos^2 x\mathrm{d}x;$ $\quad(2)\displaystyle\int_1^2\sqrt{5-x^2}\mathrm{d}x;$ $\quad(3)\displaystyle\int_0^1\ln(x+\sqrt{1+x^2})\mathrm{d}x.$

解 $(1)\displaystyle\int_0^\pi x\cos^2 x\mathrm{d}x=\int_0^\pi x\dfrac{1+\cos2x}{2}\mathrm{d}x=\dfrac{1}{2}\left(\int_0^\pi x\mathrm{d}x+\int_0^\pi x\cos2x\mathrm{d}x\right)$

$\qquad=\dfrac{1}{4}x^2\Big|_0^\pi+\dfrac{1}{4}\int_0^\pi x\mathrm{d}\sin2x$

$\qquad=\dfrac{1}{4}\pi^2+\left(\dfrac{1}{4}x\sin2x\Big|_0^\pi-\dfrac{1}{4}\int_0^\pi\sin2x\mathrm{d}x\right)$

$\qquad=\dfrac{\pi}{4}+\dfrac{1}{8}\cos2x\Big|_0^\pi=\dfrac{\pi^2}{4}.$

$(2)\,I=\displaystyle\int_1^2\sqrt{5-x^2}\mathrm{d}x=x\sqrt{5-x^2}\Big|_1^2-\int_1^2 x\mathrm{d}\sqrt{5-x^2}=-\int_1^2 x\dfrac{-2x}{\sqrt{5-x^2}}\mathrm{d}x$

$\qquad=2\displaystyle\int_1^2\dfrac{x^2}{\sqrt{5-x^2}}\mathrm{d}x=-2\int_1^2\dfrac{5-x^2}{\sqrt{5-x^2}}\mathrm{d}x+2\int_1^2\dfrac{5\mathrm{d}x}{\sqrt{5-x^2}}$

$\qquad=-2\displaystyle\int_1^2\sqrt{5-x^2}\mathrm{d}x+10\int_1^2\dfrac{\mathrm{d}x}{\sqrt{5-x^2}}=-2I+10\arcsin\dfrac{x}{\sqrt{5}}\Big|_1^2,$

所以 $\qquad I=\dfrac{10}{3}\arcsin\dfrac{x}{\sqrt{5}}\Big|_1^2=\dfrac{10}{3}\left(\arcsin\dfrac{2}{\sqrt{5}}-\arcsin\dfrac{1}{\sqrt{5}}\right).$

注 此题也可用换元法,即三角代换处理.

$(3)\displaystyle\int_0^1\ln(x+\sqrt{1+x^2})\mathrm{d}x=x\ln(x+\sqrt{1+x^2})\Big|_0^1-\int_0^1 x\mathrm{d}\ln(x+\sqrt{1+x^2})$

$\qquad=\ln(\sqrt{2}+1)-\displaystyle\int_0^1 x\dfrac{1}{x+\sqrt{1+x^2}}\left(1+\dfrac{2x}{2\sqrt{1+x^2}}\right)\mathrm{d}x$

$$= \ln(\sqrt{2}+1) - \int_0^1 \frac{x}{\sqrt{1+x^2}} \mathrm{d}x$$

$$= \ln(\sqrt{2}+1) - \frac{1}{2}\int_0^1 \frac{\mathrm{d}(x^2+1)}{\sqrt{x^2+1}}$$

$$= \ln(\sqrt{2}+1) - \frac{1}{2} \cdot 2\sqrt{x^2+1}\Big|_0^1$$

$$= \ln(\sqrt{2}+1) - \sqrt{2}+1.$$

注 定积分中分部积分法的原则同不定积分中分部积分的原则一样,若被积函数中有 $\cos x, \sin x, \mathrm{e}^x$ 出现时,一般这些函数视为公式 $\int_a^b uv'\mathrm{d}x$ 中的 v',而它们的反函数如对数函数,反三角函数则视为 u. 计算过程中往往各种方法交叉使用.

例 6 求解下列各题.

(1) 设 $\int_1^x \ln t\mathrm{d}t = x\ln(\theta x)$,求常数 θ;

(2) 设 $f(x) = \begin{cases} 2x + \dfrac{3}{2}x^2 & (-1 \leqslant x < 0), \\ \mathrm{e}^{2x} & (0 \leqslant x \leqslant 1), \end{cases}$ 求函数 $F(x) = \int_{-1}^x f(t)\mathrm{d}t$ 的表达式;

(3) 已知 $f(0) = 1, f(2) = 3, f'(2) = 5$,求 $\int_0^1 xf''(x)\mathrm{d}x$;

(4) 设 $f(x) = 3x - \sqrt{1-x^2}\int_0^1 f^2(x)\mathrm{d}x$,求 $f(x)$.

解 (1) 等式两边对 x 求导,得

$$\ln x = [x\ln(\theta x)]' = \ln(\theta x) + x\frac{\theta}{\theta x} = \ln\theta + \ln x + 1,$$

两边约去 $\ln x$,可解得 $\theta = \mathrm{e}^{-1}$.

(2) 当 $-1 \leqslant x < 0$ 时,

$$F(x) = \int_{-1}^x \left(2t + \frac{3}{2}t^2\right)\mathrm{d}t = \left(t^2 + \frac{1}{2}t^3\right)\Big|_{-1}^x = \frac{1}{2}x^3 + x^2 - \frac{1}{2};$$

当 $0 \leqslant x \leqslant 1$ 时,

$$F(x) = \int_{-1}^x f(t)\mathrm{d}t = \int_{-1}^0 f(t)\mathrm{d}t + \int_0^x f(t)\mathrm{d}t = \int_{-1}^0 \left(2t + \frac{3}{2}t^2\right)\mathrm{d}t + \int_0^x \mathrm{e}^{2t}\mathrm{d}t$$

$$= \left(t^2 + \frac{1}{2}t^3\right)\Big|_{-1}^0 + \frac{1}{2}\mathrm{e}^{2t}\Big|_0^x = -\frac{1}{2} + \frac{1}{2}(\mathrm{e}^{2x} - 1) = \frac{1}{2}\mathrm{e}^{2x} - 1,$$

所以

$$F(x) = \begin{cases} \dfrac{1}{2}x^3 + x^2 - \dfrac{1}{2} & (-1 \leqslant x < 0), \\ \dfrac{1}{2}\mathrm{e}^{2x} - 1 & (0 \leqslant x \leqslant 1). \end{cases}$$

(3) $\displaystyle\int_0^1 xf''(2x)\mathrm{d}x = \frac{1}{2}\int_0^1 x\mathrm{d}f'(2x) = \frac{1}{2}\left[xf'(2x)\right]_0^1 - \int_0^1 f'(2x)\mathrm{d}x$

$$= \frac{1}{2}\left[5 - \frac{1}{2}\int_0^1 f'(2x)\mathrm{d}2x\right] = \frac{1}{2}\left(5 - \frac{1}{2}f(2x)\Big|_0^1\right) = 2.$$

(4) 设 $\displaystyle\int_0^1 f^2(x)\mathrm{d}x = a$,则 $f(x) = 3x - a\sqrt{1-x^2}$,于是

$$a = \int_0^1 (3x - a\sqrt{1-x^2})^2\mathrm{d}x = 3 - 2a + \frac{2}{3}a^2.$$

由此解得　$a = \dfrac{3}{2}$ 或 $a = 3$,代入所给等式,得

$$f(x) = 3x - \frac{3}{2}\sqrt{1-x^2}\quad 或\quad f(x) = 3x - 3\sqrt{1-x^2}.$$

注　题(1)也可根据本身的特点,将等式左边用分部积分法积后再解出 θ. 题(2)求解的是变上限函数,其中,被积函数是分段函数,因此要考虑上限是大于 0 还是小于 0 的情况,于是所求的也是分段函数. 题(3)的特点是被积函数中含有导数作为因子,要求解这种积分往往要用到分部积分法. 题(4)的关键是将未知的定积分 $\displaystyle\int_0^1 f^2(x)\mathrm{d}x$ 视为常数 a,再代入所给等式,经平方、积分、解方程得所求,这是一类极有特色的题型.

例 7　证明下列各等式.

(1) 设 $f(x) = \displaystyle\int_1^x \frac{\ln t}{1+t}\mathrm{d}t, x > 0$,试证 $f(x) + f\left(\dfrac{1}{x}\right) = \dfrac{1}{2}\ln^2 x$;

(2) 设 $f(x)$ 在区间 $[0,1]$ 上可微,且有 $f(1) = 2\displaystyle\int_0^{\frac{1}{2}} xf(x)\mathrm{d}x$. 试证:存在 $\xi \in (0,1)$,使 $f(\xi) + \xi f'(\xi) = 0$.

证　(1) 由 $f(x)$ 可知

$$f\left(\frac{1}{x}\right) = \int_1^{\frac{1}{x}} \frac{\ln t}{1+t}\mathrm{d}t.$$

试令 $u = \dfrac{1}{t}$,使 $f\left(\dfrac{1}{x}\right)$ 变形:

$$f\left(\frac{1}{x}\right) = \int_1^x \frac{\ln\frac{1}{u}}{1+\frac{1}{u}}\mathrm{d}\frac{1}{u} = \int_1^x \frac{\ln u}{u(1+u)}\mathrm{d}u = \int_1^x \frac{\ln t}{t(1+t)}\mathrm{d}t.$$

所以,　$\displaystyle f(x) + f\left(\frac{1}{x}\right) = \int_1^x \frac{\ln t}{1+t}\mathrm{d}t + \int_1^{\frac{1}{x}} \frac{\ln t}{1+t}\mathrm{d}t = \int_1^x \frac{t\ln t + \ln t}{t(1+t)}\mathrm{d}t$

$$= \int_1^x \frac{\ln t}{t}\mathrm{d}t = \int_1^x \ln t\,\mathrm{d}\ln t = \frac{1}{2}(\ln^2 t)_1^x = \frac{1}{2}\ln^2 x.$$

(2) 按题意,要证明函数 $xf(x)$ 的导数 $f(x)+xf'(x)$ 有零点 $\xi \in (0,1)$. 为此,作辅助函数 $F(x)=xf(x)$. 显然,$F(x)$ 在 $[0,1]$ 可微,且 $F(1)=f(1)=2\int_0^{\frac{1}{2}}xf(x)\mathrm{d}x$. 由积分中值定理,存在 $C \in \left[0,\frac{1}{2}\right]$,使

$$\int_0^{\frac{1}{2}}xf(x)\mathrm{d}x = \int_0^{\frac{1}{2}}F(x)\mathrm{d}x = F(C)\cdot\frac{1}{2}.$$

因此,有 $F(1)=2\cdot\frac{1}{2}F(C)=F(C)$.

可见 $F(x)$ 在 $[C,1]$ 满足罗尔中值定理,即存在 $\xi \in (C,1)\subset(0,1)$,使
$$F'(\xi)=f(\xi)+\xi f'(\xi)=0.$$

注 题(1)中无法解出 $f(x)$,即无法找到 $\dfrac{\ln t}{1+t}$ 的原函数,自然也无法解出 $f\left(\dfrac{1}{x}\right)$. 有趣的是,通过定积分换元法,却可以求得二者之和. 题(2)中根据结论很自然会考虑到利用原函数满足罗尔中值定理的结论,选择恰当的辅助函数,然后利用积分中值便可推导出结论成立.

例 8 证明下列不等式.

(1) 设 $f(x)$ 在 $[a,b]$ 连续且单调增加,证明
$$\int_a^b xf(x)\mathrm{d}x \geqslant \frac{a+b}{2}\int_a^b f(x)\mathrm{d}x.$$

(2) 设 f、g 连续,$a\leqslant b$,试证柯西 - 施瓦兹(Cauchy-Shwarz)不等式(简称C-S不等式)

$$\left(\int_a^b (f\cdot g)\mathrm{d}x\right)^2 \leqslant \left(\int_a^b f^2\mathrm{d}x\right)\cdot\left(\int_a^b g^2\mathrm{d}x\right),$$

并用它证明

$$\int_0^{\frac{\pi}{2}}\sqrt{x\sin x}\mathrm{d}x \leqslant \frac{\pi}{2\sqrt{2}}.$$

分析 证明含定积分的不等式,常利用函数的单调性或定积分的不等式性质,前者需将不等式移项或适当变形后,作由变上限积分表示的辅助函数,通过其导数得到其单调性;后者利用被积函数所满足的不等式,两边积分得证.

(1) **证一**(用单调性) 令
$$F(t)=\int_a^t xf(x)\mathrm{d}x - \frac{a+t}{2}\int_a^t f(x)\mathrm{d}x, \quad t\in[a,b],$$

则
$$F'(t)=tf(t)-\frac{1}{2}\int_a^t f(x)\mathrm{d}x - \frac{a+t}{2}f(t) = \frac{t-a}{2}f(t)-\frac{1}{2}\int_a^t f(x)\mathrm{d}x$$
$$=\frac{1}{2}\int_a^t [f(t)-f(x)]\mathrm{d}x.$$

因 $x \in [a,t]f(x)$ 单调增,故 $f(t)-f(x) \geqslant 0$. 由上式得 $F'(t) \geqslant 0$,即 $F(t)$ 在$[a,b]$ 上单调增,从而 $F(b) \geqslant F(a)=0$,不等式得证.

证二 (用定积分的比较性质)

因 $f(x)$ 单调增,故 $\left(x-\dfrac{a+b}{2}\right)\left[f(x)-f\left(\dfrac{a+b}{2}\right)\right] \geqslant 0$,两边在$[a,b]$ 上积分,得

$$\int_a^b \left(x-\frac{a+b}{2}\right)\left[f(x)-f\left(\frac{a+b}{2}\right)\right]\mathrm{d}x \geqslant 0.$$

由于

$$\int_a^b \left(x-\frac{a+b}{2}\right)f\left(\frac{a+b}{2}\right)\mathrm{d}x = f\left(\frac{a+b}{2}\right)\left(\frac{x^2}{2}-\frac{a+b}{2}x\right)\bigg|_a^b = 0,$$

故 $\int_a^b \left(x-\dfrac{a+b}{2}\right)f(x)\mathrm{d}x \geqslant 0$,移项得所证不等式.

(2)此不等式是个很基本的不等式,利用它可推得许多其他不等式.

证一(微分法) 设

$$F(t) = \left(\int_a^t f^2 \mathrm{d}x\right)\left(\int_a^t g^2 \mathrm{d}x\right)-\left(\int_a^t f \cdot g\mathrm{d}x\right)^2,$$

则

$$F'(t) = f^2(t) \cdot \int_a^t g^2(x)\mathrm{d}x + g^2(t)\int_a^t f^2(x)\mathrm{d}x - \left(2\int_a^t f(x) \cdot g(x)\mathrm{d}x\right)f(t)g(t)$$

$$= \int_a^t [f(t)g(x)-f(x)g(t)]^2\mathrm{d}x.$$

因为 $t \geqslant a$,故 $F'(t) \geqslant 0$,从而 $F(t)$ 单调增;又 $F(a)=0$,因此 $F(t) \geqslant 0$. 将 $t=b$ 代入所设 $F(t)$ 中取得 C-S 不等式.

证二 因为 $\forall \lambda$,总有$[\lambda f(x)+g(x)]^2 = \lambda^2 f^2 + 2\lambda f \cdot g + g^2 \geqslant 0$,即

$$\lambda^2 \int_a^b f^2 \mathrm{d}x + 2\lambda \int_a^b f \cdot g\mathrm{d}x + \int_a^b g^2 \mathrm{d}x \geqslant 0,$$

上不等式意即关于 λ 的二次三项式系数满足 $B^2-4AC \leqslant 0$,此处,

$$B = 2\int_a^b f \cdot g\mathrm{d}x, \quad A = \int_a^b f^2 \mathrm{d}x, \quad C = \int_a^b g^2 \mathrm{d}x.$$

于是

$$\left(2\int_a^b f \cdot g\mathrm{d}x\right)^2 - 4\int_a^b f^2 \mathrm{d}x \cdot \int_a^b g^2 \mathrm{d}x \leqslant 0,$$

即 C-S 不等式成立.

又利用 C-S 不等式可得

$$\int_0^{\frac{\pi}{2}} \sqrt{x\sin x}\,\mathrm{d}x \leqslant \left[\int_0^{\frac{\pi}{2}} x\,\mathrm{d}x \cdot \int_0^{\frac{\pi}{2}} \sin x\,\mathrm{d}x\right]^{\frac{1}{2}} = \left[\frac{x^2}{2}\Big|_0^{\frac{\pi}{2}} \cdot (-\cos x)\Big|_0^{\frac{\pi}{2}}\right]^{\frac{1}{2}}$$

$$= \left[\frac{\pi^2}{8} \cdot 1\right]^{\frac{1}{2}} = \frac{\pi}{2\sqrt{2}}.$$

例 9 求下列平面域的面积 A.

(1) 平面域由抛物线 $y = 3 - 2x - x^2$ 与 Ox 轴所围;

(2) 平面域由抛物线 $y = 3 - x^2$ 与直线 $y = 2x$ 所围;

(3) 平面域由曲线 $4x = (y-4)^2$ 与直线 $x = 4$ 所围;

(4) 平面域由旋轮线的一拱与 Ox 轴所围.

解 (1)$y = (3 + x)(1 - x)$，令 $y = 0$ 得 $x = -3$ 及 $x = 1$，即抛物线与 Ox 轴交点为 $(-3,0)$ 及 $(1,0)$，又抛物线开口向下，于是所求图形在 x 轴上方(见图6.2)，所求面积为

$$A = \int_{-3}^1 (3 - 2x - x^2)\,\mathrm{d}x = \left(3x - x^2 - \frac{x^3}{3}\right)\Big|_{-3}^1 = \frac{32}{3}.$$

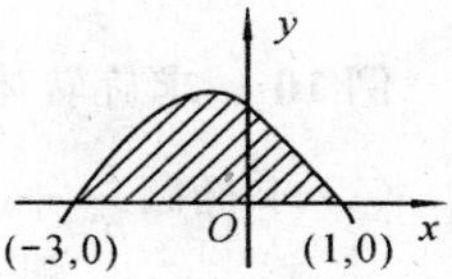

图 6.2

(2) 由 $\begin{cases} y = 3 - x^2, \\ y = 2x, \end{cases}$ 解得抛物线与直线的交点 $M_1(-3, -6)$ 与 $M_2(1,2)$(见图 6.3).于是平面域面积为

$$S = \int_{-3}^1 (3 - x^2 - 2x)\,\mathrm{d}x = \left(3x - \frac{x^3}{3} - x^2\right)\Big|_{-3}^1 = \frac{32}{3}.$$

(3) 首先作平面域图形(见图 6.4).根据图形的特点,有两种解法.

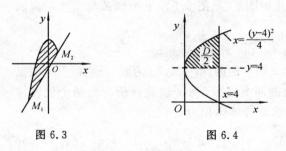

图 6.3   图 6.4

解一 以 x 为积分变量，又平面域对称于直线 $y = 4$，所以平面域面积为 $y = 4$ 上方 $\dfrac{D}{2}$ 的面积的两倍.而抛物线的上方曲线方程为 $y = 2\sqrt{x} + 4$，于是，有

$$A = 2\int_0^4 [(2\sqrt{x} + 4) - 4]\,\mathrm{d}x = 4\int_0^4 \sqrt{x}\,\mathrm{d}x = \frac{8}{3}x^{\frac{3}{2}}\Big|_0^4 = \frac{64}{3}.$$

解二 以 y 为积分变量.为了确定积分限,先求两线交点.由 $\begin{cases} 4x = (y-4)^2, \\ x = 4, \end{cases}$ 解

得 $y = 0$，及 $y = 8$. 于是

$$A = \int_0^8 \left[4 - \frac{1}{4}(y-4)^2\right]\mathrm{d}y = -\frac{1}{4}\int_0^8 (y^2 - 8y)\mathrm{d}y = -\frac{1}{4}\left(\frac{1}{3}y^3 - 4y^2\right)\Big|_0^8 = \frac{64}{3}.$$

（4）旋轮线方程为 $\begin{cases} x = a(t - \sin t), \\ y = a(1 - \cos t) \end{cases}$ $(0 \leqslant t \leqslant 2\pi)$，则 $A = \int_0^{2\pi a} y(x)\mathrm{d}x$. 由于 x 与 y 的关系不易求得，不妨用定积分换元法. 取 t 为积分变量，x 与 y 用旋轮线方程代入，得

$$A = \int_0^{2\pi} a(1 - \cos t)\mathrm{d}a(t - \sin t) = \int_0^{2\pi} a(1 - \cos t) \cdot a(1 - \cos t)\mathrm{d}t$$

$$= a^2 \int_0^{2\pi} (1 - 2\cos t + \cos^2 t)\mathrm{d}t = a^2 \int_0^{2\pi} (1 + \cos^2 t)\mathrm{d}t = 3\pi a^2.$$

例 10　求旋转体体积.

（1）求椭圆 $\dfrac{x^2}{a^2} + \dfrac{y^2}{b^2} = 1$ 绕 x 轴旋转而成的旋转体体积；

（2）求圆 $x^2 + (x-5)^2 \leqslant 4$ 绕 x 轴旋转形成的环状体体积.

解　（1）椭圆方程为 $y^2 = \dfrac{b^2}{a^2}(a^2 - x^2)$，则由旋转体体积公式得

$$V = \int_{-a}^a \pi y^2 \mathrm{d}x = \pi \int_{-a}^a \frac{b^2}{a^2}(a^2 - x^2)\mathrm{d}x = \frac{\pi b^2}{a^2}\left(a^2 x - \frac{1}{3}x^3\right)\Big|_{-a}^a = \frac{4}{3}\pi a b^2.$$

特别，当 $a = b = R$ 时，得圆球的体积为

$$V = \frac{4}{3}\pi R^4.$$

（2）先作圆的几何图形（见图 6.5）. 上半圆弧与下半圆弧的方程分别为

$$y_1 = 5 + \sqrt{4 - x^2} \text{ 和 } y_2 = 5 - \sqrt{4 - x^2}.$$

所求旋转体可视为 x 轴上的区间 $[-2, 2]$ 为底，分别以上半圆弧和下半圆弧为曲边的两个梯形，绕 x 轴旋转所得的两个旋转体体积之差，于是，所求旋转体体积为

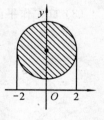

图 6.5

$$V = \pi \int_{-2}^2 y_1^2 \mathrm{d}x - \pi \int_{-2}^2 y_2^2 \mathrm{d}x = \pi \int_{-2}^2 (y_1^2 - y_2^2)\mathrm{d}x$$

$$= \pi \int_{-2}^2 \left[(5 + \sqrt{4 - x^2})^2 - (5 - \sqrt{4 - x^2})^2\right]\mathrm{d}x$$

$$= \pi \int_{-2}^2 20\sqrt{4 - x^2}\,\mathrm{d}x = 40\pi \int_0^2 \sqrt{4 - x^2}\,\mathrm{d}x.$$

作变换 $x = 2\sin t, \mathrm{d}x = 2\cos t\,\mathrm{d}t$，得

$$V = 40\pi \int_0^{\frac{\pi}{2}} 4\cos^2 t\,\mathrm{d}t = 40\pi^2.$$

例 11　求下列曲线的弧长.

(1) 星形线 $\begin{cases} x = a\cos^3 t, \\ y = a\sin^3 t \ (0 \leqslant t \leqslant 2\pi); \end{cases}$

(2) 曲线方程为 $y = \dfrac{x^3}{6} + \dfrac{1}{2x}$，$x$ 从 1 到 3.

解　(1) 星形线几何形状如图 6.6 所示,由
$$x' = 3\cos^2 t(-\sin t), \quad y' = 3\sin^2 t\cos t$$
及参数方程的弧微分公式得弧长

$$l = 4\int_0^{\frac{\pi}{2}} \sqrt{[x'(t)]^2 + [y'(t)]^2}\,dt = 4\int_0^{\frac{\pi}{2}} 3a\cos t\sin t\,dt$$

$$= 6a(\sin^2 t)\Big|_0^{\frac{\pi}{2}} = 6a.$$

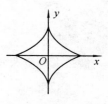

图 6.6

(2) $l = \displaystyle\int_1^3 \sqrt{1 + y'^2}\,dx = \int_1^3 \sqrt{1 + \left(\dfrac{x^2}{2} - \dfrac{1}{2x^2}\right)^2}\,dx = \int_1^3 \sqrt{1 + \dfrac{1}{4}\left(x^4 - 2 + \dfrac{1}{x^4}\right)}\,dx$

$\qquad = \dfrac{1}{2}\displaystyle\int_1^3 \left(x^2 + \dfrac{1}{x^2}\right)dx = \dfrac{1}{2}\left(\dfrac{x^3}{3} - \dfrac{1}{x}\right)_1^3 = \dfrac{14}{3}.$

例 12　求解下列定积分的物理应用问题.

(1) 设有盛满水的半球形蓄水池,其深度为 10 m,问抽空这蓄水池的水需要做多少功?

(2) 垂直的水闸高 10 m,形为一个等腰梯形,上底宽 20 m,下底宽 10 m,求水深为 5 m 时水闸上所受的力 F.

解　(1) 选取坐标系如图 6.7 所示,注意到将 x 轴正向往下较简便,将水深为 x 处,高为 dx 的一层水抽到池面所做的微元功为
$$dW = Fx \quad (F \text{ 为重力}),$$
$F = \text{水的密度} \times \text{重力加速度} \times \text{水层面积} \times \text{水层高度}$

$\quad = \rho g \pi (10^2 - x^2)\,dx,$

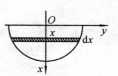

图 6.7

于是
$$W = \int_0^{10} dW = \int_0^{10} 1000\pi g x(10^2 - x^2)\,dx = 25g\pi \times 10^5 (\text{N} \cdot \text{m}).$$

注　不同的物理应用牵涉不同的计算公式,这里用了克服重力做功的公式.

(2) 将同一问题置于不同的坐标系讨论.

解一　建立坐标系如图 6.8 所示,由水的密度 $\rho = 1$ t/m³ 及 $y = f(x) = 2x - 10$,得
$$F = \rho g \int_0^5 2x(5 - y)\,dy = \rho g \int_0^5 (10 + y)(5 - y)\,dy = \frac{437500}{3}g(\text{N}).$$

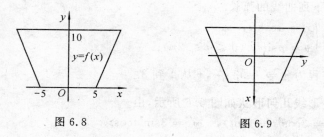

图 6.8   图 6.9

解二　建立坐标系如图 6.9 所示. 因为 $y = 7.5 - \dfrac{x}{2}$，所以

$$F = \rho g \int_0^5 x 2y \mathrm{d}x = \rho g \int_0^5 x(15-x)\mathrm{d}x = \frac{437500}{3}g(\mathrm{N}).$$

注　不同的坐标系，决定了不同的积分限和不同的被积函数，两种方法相当于作了定积分的换元法，但最后的结果应该是相同的.

例 13　求解下列广义积分.

$(1) \displaystyle\int_0^\infty \frac{1}{(1+x^2)^2}\mathrm{d}x$；　　　$(2) \displaystyle\int_1^\infty \frac{\arctan x}{x^2}\mathrm{d}x$；　　　$(3) \displaystyle\int_{-1}^1 \frac{\mathrm{d}x}{x^2\sqrt{1-x^2}}$.

解　(1) 作变换令 $x = \tan t$，则 $x \to +\infty$ 时，$t \to \dfrac{\pi}{2}$.

$$\int_0^{+\infty} \frac{1}{(1+x^2)^2}\mathrm{d}x = \int_0^{\frac{\pi}{2}} \frac{1}{(1+\tan^2 t)}\frac{\mathrm{d}t}{\cos^2 t} = \int_0^{\frac{\pi}{2}} \frac{1}{\sec^4 t}\sec^2 t \mathrm{d}t$$

$$= \int_0^{\frac{\pi}{2}} \cos^2 t \mathrm{d}t = \int_0^{\frac{\pi}{2}} \frac{1+\cos 2t}{2}\mathrm{d}t = \frac{\pi}{4}.$$

注　此题的特点是，通过换元后，广义积分变成了常义积分.

$(2) \displaystyle\int_1^{+\infty} \frac{\arctan x}{x^2}\mathrm{d}x = -\int_1^{+\infty} \arctan x \mathrm{d}\frac{1}{x} = -\lim_{b \to +\infty}\left[\frac{1}{x}\arctan x \Big|_1^b - \int_1^b \frac{1}{x}\mathrm{d}\arctan x\right]$

$$= \frac{\pi}{4} + \lim_{b \to +\infty}\int_1^b \frac{1}{x(1+x^2)}\mathrm{d}x = \frac{\pi}{4} + \lim_{b \to +\infty}\int_1^b \frac{1+x^2-x^2}{x(1+x^2)}\mathrm{d}x$$

$$= \frac{\pi}{4} + \lim_{b \to +\infty}\left[\int_1^b \frac{1}{x}\mathrm{d}x - \frac{1}{2}\int_1^b \frac{1}{1+x^2}\mathrm{d}(1+x^2)\right] = \frac{\pi}{4} + \frac{1}{2}\ln 2.$$

$(3) \displaystyle\int_{-1}^1 \frac{\mathrm{d}x}{x^2\sqrt{1-x^2}} = \int_{-1}^0 \frac{\mathrm{d}x}{x^2\sqrt{1-x^2}} + \int_0^1 \frac{\mathrm{d}x}{x^2\sqrt{1-x^2}}$，其中，

$$\int_{-1}^0 \frac{\mathrm{d}x}{x^2\sqrt{1-x^2}} = \int_{-\frac{\pi}{2}}^0 \frac{\mathrm{d}\sin t}{\sin^2 t\cos t} = -\cot t \Big|_{-\frac{\pi}{2}}^0 = +\infty,$$

由此得原积分发散.

注　题(3) 有三个奇点 $x = -1$，$x = 0$ 及 $x = 1$，其中，$x = 0$ 是区间 $[-1,1]$ 的内点，所以至少要分成两个积分处理，使奇点成为积分的上、下限. 下述处理方法是错

误的：

$$\int_{-1}^{1}\frac{\mathrm{d}x}{x^2\sqrt{1-x^2}}=\int_{-\frac{\pi}{2}}^{\frac{\pi}{2}}\frac{\cos t\,dt}{\sin^2 t\cos t}=-\cot t\Big|_{-\frac{\pi}{2}}^{\frac{\pi}{2}}=0.$$

6.3 练 习 题

1. 是非判断题．

(1) $f(x)$ 与 $g(x)$ 均可积，且 $f<g$，则 $\int_a^b f\mathrm{d}x<\int_a^b g\,\mathrm{d}x.$ （　　）

(2) $f(x)$ 在 $[a,b]$ 连续，且 $\int_a^b f^2(x)\mathrm{d}x=0$，则 $f(x)$ 在 $[a,b]$ 上 $f(x)\equiv0.$ （　　）

(3) 若 $[a,b]\supset[c,d]$，则 $\int_a^b f(x)\mathrm{d}x>\int_c^d f(x)\mathrm{d}x.$ （　　）

(4) 若 $f(x)$ 在 $[a,b]$ 上可积，则 $\exists\xi\in[a,b]$ 使 $\int_a^b f(x)\mathrm{d}x=f(\xi)(b-a).$ （　　）

(5) 若 $\int_{-a}^a f(x)\mathrm{d}x=0$，则 $f(x)$ 必为奇函数．（　　）

(6) $f(x)$ 在 $[a,b]$ 有界，则 $f(x)$ 在 $[a,b]$ 可积；又 $f(x)$ 在 $[a,b]$ 可积，则 $f(x)$ 在 $[a,b]$ 有界．（　　）

(7) 若 $f(x)$ 在 $[a,b]$ 连续，则 $F(x)=\int_a^x f(t)\mathrm{d}t$ 在 $[a,b]$ 连续．（　　）

(8) $\int_1^3\frac{1}{(x-2)^2}\mathrm{d}x=\frac{1}{2-x}\Big|_1^3=-1-1=-2.$ （　　）

2. 选择题．

(1) 设 $f(x)$ 在 $[-a,a]$ 上连续，且为偶函数，$\varphi(x)=\int_0^x f(t)\mathrm{d}t$，则（　　）．

A. $\varphi(x)$ 是奇函数　　　　B. $\varphi(x)$ 是偶函数

C. $\varphi(x)$ 是非奇、非偶函数

(2) $\int_0^1 x^2\mathrm{d}x$（　　）$\int_0^1 x^3\mathrm{d}x.$

A. $=$　　　　B. $<$　　　　C. $>$

(3) 两条抛物线 $y=x^2,x=y^2$ 所围图形面积是（　　）．

A. 3　　　　B. 1　　　　C. 2　　　　D. $\frac{1}{3}$

(4) 设 $f(x)=\int_x^0 te^{-t}\mathrm{d}t$，则 $f(x)$ 在 $[1,2]$ 上的最大值为（　　）．

A. $\frac{1}{2}\left(\frac{1}{e}-1\right)$　　B. $\frac{1}{2}\left(\frac{1}{e^4}-1\right)$　　C. $\frac{2}{e}-1$　　D. $\frac{1}{e^4}-1$

(5) 下列各积分中,不属于广义积分的是(　　).

A. $\int_0^{+\infty} \ln(1+x)\mathrm{d}x$ 　　　　 B. $\int_2^4 \dfrac{\mathrm{d}x}{x^2-1}$

C. $\int_{-1}^1 \dfrac{\mathrm{d}x}{x^2}$ 　　　　 D. $\int_{-3}^0 \dfrac{\mathrm{d}x}{1+x}$

3. 填空题.

(1) 设 $f(x)$ 在 $[-a,a]$ 上连续,且为偶函数,则 $\int_{-a}^a [f(x)+f(-x)]\mathrm{d}x=$

_____.

(2) $f(x)=\int_x^0 \ln(1+t^2)\mathrm{d}t$, $f'(x)=$ _____.

(3) 设 $f(x)$ 在 $(-\infty,+\infty)$ 上有一阶导数,$F(x)=\int_0^{\frac{1}{x}} xf(t)\mathrm{d}t$　$(x\neq0)$,则

$F''(x)=$ _____.

(4) $\int_1^2 \dfrac{\mathrm{e}^{\frac{1}{x}}}{x^2}\mathrm{d}x=$ _____.

(5) $\int_{-\pi}^{\pi} x^3\cos x\,\mathrm{d}x=$ _____.

(6) $\int_0^{\pi} \dfrac{\sin x}{1+\cos^2 x}\mathrm{d}x=$ _____.

(7) 当 p _____ 时,广义积分 $\int_1^{+\infty} \dfrac{1}{x^p}\mathrm{d}x$ 收敛.

(8) $\int_{-\infty}^0 x\mathrm{e}^{-x^2}\mathrm{d}x=$ _____.

4. 求下列各极限.

(1) $\lim\limits_{x\to0} \dfrac{\int_0^x t^4\mathrm{d}t}{\int_0^x t(1-\sin t)\mathrm{d}t}$; 　　　 (2) $\lim\limits_{x\to0} \dfrac{\int_0^x (\tan t-\sin t)\mathrm{d}t}{\int_0^{\sin x} t^3\mathrm{d}t}$.

5. 计算下列积分.

(1) $\int_0^{\pi} \sqrt{\sin x-\sin^3 x}\,\mathrm{d}x$; 　　　 (2) $\int_{-1}^1 \dfrac{1+\sin x}{1+x^2}\mathrm{d}x$;

(3) $\int_0^2 x\,|\,x-1\,|\,\mathrm{d}x$; 　　　 (4) $\int_0^{\frac{\pi}{4}} \dfrac{\sin x}{1+\sin x}\mathrm{d}x$;

(5) $\int_0^4 \dfrac{x+2}{\sqrt{2x+1}}\mathrm{d}x$; 　　　 (6) $\int_{\frac{1}{\sqrt{2}}}^1 \dfrac{\sqrt{1-x^2}}{x^2}\mathrm{d}x$.

6. 用分部积分法求下列积分.

(1) $\int_0^{e-1} x\ln(x+1)\mathrm{d}x$; 　　　 (2) $\int_0^{\frac{\pi}{2}} x\sin x\,\mathrm{d}x$.

7. 求解下列广义积分.

(1) $\int_0^{+\infty} e^{kt} e^{-pt} dt \quad (p > k)$；　　(2) $\int_{-\infty}^{+\infty} \dfrac{dx}{x^2 + 4x + 5}$；　　(3) $\int_1^5 \dfrac{x dx}{\sqrt{5-x}}$.

8. 求解下列各题.

(1) 求 $f(x) = \int_{x^3}^{x^2} \dfrac{dt}{1+t^2}$ 的导函数 $f'(x)$；

(2) 设 $F(x) = \int_0^x e^{-t} \cos t \, dt$，求 $F(x)$ 在 $[0, \pi]$ 上的极值；

(3) 设 $y = f(x)$ 的一个原函数是 $1 + \sin x$，求 $\int_0^{\frac{\pi}{2}} x f'(x) dx$；

(4) 设 $x > 0$ 时 $f(x)$ 可微，若函数满足 $f(x) = 1 + \dfrac{1}{x} \int_1^x f(t) dt$，求 $f(x)$.

9. 证明下列各题.

(1) 若 $f(x)$ 在 R 内连续，$F(x) = \int_0^x (x - 2t) f(t) dt$，

则当 $f(x)$ 为偶函数时，$F(x)$ 也是偶函数；

(2) 设 $f(x)$ 在 $[0, \pi]$ 有二阶连续导数，$f(0) = 0$，则

$$\int_0^\pi [f(x) + f''(x)] \sin x \, dx = \int_0^\pi f'(x) dx;$$

(3) 设 $f(x)$ 在 $[a, b]$ 连续，在 (a, b) 可导，$f(a) = 0$，$|f'(x)| \leqslant M$，则

$$M \geqslant \frac{2}{(b-a)^2} \left| \int_a^b f(x) dx \right|.$$

10. 求解下列定积分几何应用题.

(1) 求由抛物线 $y = x^2 + 2x$，直线 $x = 1$ 与 x 轴所围图形的面积 A；

(2) 求曲线 $y = \ln x$ 和直线 $x = 0$，$y = \ln a$，$y = \ln b (b > a > 0)$ 所围图形的面积 A；

(3) 由 $y = x^3$，$x = 2$ 及 $y = 0$ 所围成的图形，分别绕 x 轴，y 轴旋转，求两个旋转体体积；

(4) 求曲线 $y = \int_{-\frac{\pi}{2}}^x \sqrt{\cos x} \, dx$ 的全长.

11. 求解下列定积分物理应用题.

(1) 一弹簧原长 1 m，每压缩 1 cm 需加 0.049 N，若弹簧自 80 cm 压缩到 60 cm，需做多少功？

(2) 一圆柱形储水池，深 10 m，底圆半径 3 m，池内盛满水，若把池中水抽出 $\dfrac{1}{5}$，需做多少功？

(3) 一椭圆形薄板，长半轴 a，短半轴 b，薄板垂直置水中，其短半轴与水面相齐，

设水的比重为 ρ，求水对薄板的压力.

6.4   答案与提示

1. (1) ×.   (2) √.   (3) ×.   (4) ×.   (5) ×.   (6) ×，√   (7) √.   (8) ×.

2. (1) A.   (2) C.   (3) D.   (4) C.   (5) B.

3. (1) $4\int_0^a f(x)\mathrm{d}x$.   (2) $-\ln(1+x^2)$.   (3) $\dfrac{1}{x^3}f'\left(\dfrac{1}{x}\right)$.   (4) $e-e^{\frac{1}{2}}$.   (5) 0.

(6) $\dfrac{\pi}{2}$.   (7) >1.   (8) $-\dfrac{1}{2}$.

4. (1) 0.   (2) $\dfrac{1}{2}$.

5. (1) $\dfrac{4}{3}$（提示：原积分 $=\displaystyle\int_0^{\frac{\pi}{2}}\sqrt{\sin x}\cos x\mathrm{d}x-\int_{\frac{\pi}{2}}^{\pi}\sqrt{\sin x}\cos x\mathrm{d}x$）.

(2) $\dfrac{\pi}{2}$（提示：原积分 $=2\displaystyle\int_0^1\dfrac{1}{1+x^2}\mathrm{d}x+0$）.   (3) 1.   (4) $\sqrt{2}-2+\dfrac{\pi}{4}$.

(5) $\dfrac{22}{3}$（提示：原积分 $=\dfrac{1}{2}\displaystyle\int_0^4\dfrac{2x+1+3}{\sqrt{2x+1}}\mathrm{d}x$）.

(6) $1-\dfrac{\pi}{4}$（提示：令 $x=\sin t$，则原积分 $=\displaystyle\int_{\frac{\pi}{4}}^{\frac{\pi}{2}}\dfrac{\cos^2 t}{\sin^2 t}\mathrm{d}t$）.

6. (1) $\dfrac{e^2}{4}-\dfrac{3}{4}$.   (2) 1.

7. (1) $\dfrac{1}{p-k}$.   (2) π.   (3) $\dfrac{44}{3}$.

8. (1) $\dfrac{2x}{1+x^4}-\dfrac{3x^2}{1+x^6}$.   (2) $F\left(\dfrac{\pi}{2}\right)=\dfrac{1}{2}(1+e^{-\frac{\pi}{2}})$ 为极大值，无极小值.

(3) -1（提示：原积分 $=\displaystyle\int_0^{\frac{\pi}{2}}x\mathrm{d}f(x)=xf(x)\Big|_0^{\frac{\pi}{2}}-\int_0^{\frac{\pi}{2}}f(x)\mathrm{d}x=x(1+\sin x)'\Big|_0^{\frac{\pi}{2}}$

$-(1+\sin x)\Big|_0^{\frac{\pi}{2}}$）.

(4) $f(x)=\ln|x|+1$ （提示：将原方程写成 $xf(x)=x+\displaystyle\int_1^x f(t)\mathrm{d}t$，两边再对 x 求导）.

9. (1) 提示：对 $F(-x)$ 用定积分换元法变形. (2) 提示：等式左边分两项积分，并各用分部积分变形. (3) 提示：利用定积分的比较性质得 $\left|\displaystyle\int_a^b f(x)\mathrm{d}x\right|\leqslant\displaystyle\int_a^b|f(x)|\mathrm{d}x$

$= \int_a^b |f(x) - f(0)| \, \mathrm{d}x$ 再对右边的绝对值用微分中值定理.

10. (1) $\dfrac{8}{3}$（提示：$A = \int_{-2}^0 (-y)\mathrm{d}x + \int_0^1 y\mathrm{d}x$）.　(2) $b - a$.　(3) $\dfrac{128}{7}\pi$，$\dfrac{64}{5}\pi$.
(4) 4.

11. (1) 0.294 J.　(2) 553.9 kJ.　(3) $\dfrac{2}{3}\rho a^2 bg$.

第七章　常微分方程

7.1　主要公式和结论

7.1.1　微分方程及其阶与解

含未知函数的导数或微分的等式称为**微分方程**. 当未知函数是一元函数时,称之为**常微分方程**;当未知函数是多元函数时,称之为**偏微分方程**.

注　以下所述微分方程均指常微分方程,有时也简称方程.

微分方程中未知函数导数或微分的最高阶数称为该方程的**阶**.

在区间 I 上定义的函数 $y = \varphi(x)$ 若满足某微分方程,称 $y = \varphi(x)$ 为该方程在区间 I 上的**解**;若方程的解 $y = \varphi(x)$ 所含独立的任意常数的数目与方程的阶数相等,称为该方程的**通解**;利用初始条件确定通解中所有任意常数后所得的解称为该方程的**特解**;不包含在通解中的方程的解称为该方程的**奇解**.

7.1.2　微分方程的分类

不同类型的微分方程,其求解的方法是大不一样的,为求其解,须先要正确识别方程的类型. n 阶微分方程的一般形式为

$$F(x, y, y', y'', \cdots, y^{(n)}) = 0 \tag{7.1}$$

或

$$y^{(n)} = f(x, y, y', \cdots, y^{(n-1)}) \tag{7.1'}$$

1. 从方程外部形式上分类

在(7.1)式中,若未知函数及其各阶导数都是一次的,则称该方程为 n 阶线性微分方程,其一般形式为

$$y^{(n)} + a_1(x)y^{(n-1)} + a_2(x)y^{(n-2)} + \cdots + a_{n-1}(x)y' + a_n(x)y = f(x) \tag{7.2}$$

否则称为 n 阶非线性微分方程.

特别地,在(7.2)式中,若 $f(x) \equiv 0$,则称为 n 阶线性齐次微分方程,否则称为 n 阶线性非齐次微分方程;在(7.2)式中,若 $a_i(x)(i = 1, 2, \cdots, n)$ 均为常数,则称为 n 阶常系数线性微分方程,否则称为 n 阶变系数线性微分方程.

2. 从方程内部结构与求解方法上分类

1° 形如

$$\frac{\mathrm{d}y}{\mathrm{d}x} = M(x)N(y) \tag{7.3}$$

的方程称为变量可分离的微分方程.

2° 形如

$$\frac{\mathrm{d}y}{\mathrm{d}x} = f(tx, ty) \quad (t \neq 0) \tag{7.4}$$

的方程称为齐次微分方程.

3° 形如

$$\frac{\mathrm{d}y}{\mathrm{d}x} + P(x)y = Q(x) \tag{7.5}$$

的方程称为一阶线性微分方程.

4° 形如

$$y' + P(x)y = Q(x)y^n \quad (n \neq 0, 1) \tag{7.6}$$

的方程称为贝努里(Bernoulli)方程.

5° 形如

$$P(x, y)\mathrm{d}x + Q(x, y)\mathrm{d}y = 0 \tag{7.7}$$

且满足 $\frac{\partial P}{\partial y} = \frac{\partial Q}{\partial x}$ 的方程称为全微分方程.

6° 形如

$$y'' + P(x)y' + Q(x)y = f(x) \tag{7.8}$$

的方程称为二阶线性微分方程. 若 $f(x) \equiv 0$,则(7.8)式称为二阶线性齐次微分方程;若 $f(x) \neq 0$,则(7.8)式称为二阶线性非齐次微分方程.

7° 形如

$$y'' + py' + qy = f(x) \tag{7.9}$$

的方程称为二阶常系数线性微分方程;若 $f(x) \equiv 0$,则(7.9)式称为二阶常系数线性齐次微分方程;若 $f(x) \neq 0$,则(7.9)式称为二阶常系数线性非齐次微分方程.

7.1.3　基本定理

1. 解的存在性与唯一性

对于 n 阶微分方程(7.1)式,满足初始条件:

$$y\mid_{x_0} = y_0, y'\mid_{x_0} = y_0', \cdots, y^{(n-1)}\mid_{x_0} = y_0^{(n-1)}$$

的解 $y = \varphi(x)$ 在一定的条件下是存在且唯一的.

注　该存在唯一性为微分方程的实际应用和寻求各种求解方法从理论上提供了保证.

2.二阶线性方程解的结构定理

若 $y_1(x), y_2(x)$ 是二阶线性齐次微分方程

$$y'' + P(x)y' + Q(x)y = 0 \tag{7.10}$$

的两个线性无关的解,则其通解为

$$y = C_1 y_1(x) + C_2 y_2(x),$$

其中,C_1, C_2 为两个独立的任意常数. 若 y^* 是方程(7.8)式的一特解,则

$$y = C_1 y_1(x) + C_2 y_2(x) + y^*$$

是方程(7.8)式的通解.

注　该定理说明,为了求得微分方程(7.8)式和(7.10)式的通解,只要求得方程(7.10)式的两个线性无关的解以及方程(7.8)式的一个特解,就可得到它们各自相应的通解.

7.1.4　微分方程求解的常用方法

1.分离变量法

分离变量法是求解微分方程的最基本方法,其要领是:将一阶微分方程表示成自变量与函数各自微分的恒等式(即变量分离),再求出各自的原函数以达到求解方程之目的。该方法的理论依据是一阶微分形式的不变性.

2.公式法

对一些标准型微分方程推导出其求解公式,只要将所要求解的微分方程转化为求解公式所对应方程的标准型,代入公式便可求得其解.

3.变量代换法

变量代换法是求解微分方程的一种常用、有效的方法,其关键是对所要求解的微分方程引入适当的代换变量,使原方程转化为新变量下的便于求解的微分方程;在所求得的解中,必须将新变量回代为原变量,以达到求解之目的.该方法的特点是灵活、多样.

7.1.5　常用公式

(1)一阶线性非齐次微分方程(7.5)式的通解公式为

$$y = e^{-\int P(x)dx} \left[\int Q(x) e^{\int P(x)dx} dx + C \right],$$

其中,解中的不定积分表示求被积函数的一个原函数.

(2)全微分方程(7.7)式的通解公式为

$$u(x,y) = C,$$

其中,

$$u(x,y) = \int_{x_0}^{x} P(\xi, y_0)d\xi + \int_{y_0}^{y} Q(x, \eta)d\eta,$$

或
$$u(x,y) = \int_{x_0}^{x} P(\xi,y)\mathrm{d}\xi + \int_{y_0}^{y} Q(x_0,\eta)\mathrm{d}\eta.$$

（3）二阶常系数齐次微分方程
$$y'' + py' + qy = 0 \tag{7.11}$$
所对应的特征方程为
$$r^2 + pr + q = 0, \tag{7.12}$$
则方程（7.11）式的通解公式由下表给出.

情　　形	特征方程（7.12）式的根	微分方程（7.11）式的通解
I	两个不等单实根 $r_1 \neq r_2$	$y = C_1 \mathrm{e}^{r_1 x} + C_2 \mathrm{e}^{r_2 x}$
II	重实根 $r_1 = r_2 = r$	$y = (C_1 + C_2 x)\mathrm{e}^{rx}$
III	一对共轭复根 $\alpha \pm \mathrm{i}\beta$	$y = \mathrm{e}^{\alpha x}(C_1 \cos\beta x + C_2 \sin\beta x)$

（4）二阶常系数非齐次微分方程特解公式.

本书只讨论方程（7.9）式中 $f(x)$ 取以下两种情形的求解公式.

$1°$　　　　　　　$f(x) = P_m(x)\mathrm{e}^{\alpha x}$,

其中，$P_m(x)$ 表示 x 的 m 次多项式. 此时方程（7.9）式的特解为
$$y^* = x^k Q_m(x)\mathrm{e}^{\alpha x},$$
其中，$Q_m(x)$ 为系数待定的 x 的 m 次多项式；k 的取值要视 α 是对应特征方程（7.12）式的非根、单根、二重实根分别为 $0,1,2$.

$2°$　　　　　　　$f(x) = \mathrm{e}^{\alpha x}(P(x)\cos\beta x + Q(x)\sin\beta x)$,

其中，$P(x)$，$Q(x)$ 最高为 x 的 m 次多项式，则方程（7.9）式的特解为
$$y^* = x^k \mathrm{e}^{\alpha x}[A_m(x)\cos\beta x + B_m(x)\sin\beta x],$$
其中，$A_m(x)$，$B_m(x)$ 是系数待定的 x 的两个 m 次多项式；k 的取值为 $0,1$，要视 $\alpha \pm \mathrm{i}\beta$ 是对应特征方程（7.12）式的非根、复根而定.

7.2　解题指导

一般而言，能用"初等方法"求解的微分方程是很有限的。在这些可求解的微分方程中，其类型和求解的方法又是相当规范的. 因此，应对已有的微分方程的类型和各类特有的求解方法有系统的、完整的了解，并在求解的过程中灵活应用. 在求解微分方程时，先要判别方程的类型，有些方程类型较为明显，而有些方程需要进行变量代换后才能得知其类型；然后应用相应的求解方法与公式求解. 另外，由于微分方程所属类型并非唯一，有些方程可同时属于几种类型，这样就产生了一题多解或多种解

法综合解一题的情形.下面通过具体例子加以说明.

7.2.1　分离变量法

例 1　求解下列微分方程.

(1) $\dfrac{\mathrm{d}y}{\mathrm{d}x} = y^2\cos x$;　　　　(2) $(1+x^2)y' = \arctan x, y(0) = 0$;

(3) $(x+1)\dfrac{\mathrm{d}y}{\mathrm{d}x} + 1 = 2\mathrm{e}^{-y}$;　(4) $\dfrac{\mathrm{d}y}{\mathrm{d}x} + \dfrac{xy}{1+x^2} = 0$.

解　(1) 方程是一阶非线性的微分方程,显然是变量可分离的,分离变量后,得

$$\frac{\mathrm{d}y}{y^2} = \cos x\mathrm{d}x \quad (y \neq 0).$$

两边积分得

$$-\frac{1}{y} = \sin x + C,$$

从而

$$y = -\frac{1}{\sin x + C} \quad (C \text{ 为任意常数}).$$

$y = 0$ 显然是方程的解,但它不含在所求的通解中,因此它是方程的奇解.

(2) 分离变量得

$$\mathrm{d}y = \frac{\arctan x}{1+x^2}\mathrm{d}x.$$

两边积分得

$$y = \frac{1}{2}(\arctan x)^2 + C \quad (C \text{ 为任意常数})$$

为其通解.将初始条件 $y(0) = 0$ 代入通解,得

$$C = 0,$$

故特解为

$$y = \frac{1}{2}(\arctan x)^2.$$

(3) 方程是一阶非线性微分方程.分离变量得

$$\frac{\mathrm{d}y}{2\mathrm{e}^{-y} - 1} = \frac{\mathrm{d}x}{x+1},$$

即

$$\frac{\mathrm{e}^y\mathrm{d}y}{2 - \mathrm{e}^y} = \frac{\mathrm{d}x}{x+1}.$$

等式两端分别积分,得

$$-\ln|2 - \mathrm{e}^y| = \ln|x+1| + C_1 \quad (C_1 \text{ 为任意常数}),$$

$$\left|\frac{1}{2 - \mathrm{e}^y}\right| = \mathrm{e}^{C_1}|x+1|,$$

$$| (2 - e^y)(x+1) | = \frac{1}{e^{C_1}} = C_2 \quad (C_2 = \frac{1}{e^{C_1}}),$$

$$(2 - e^y)(x+1) = \pm C_2 \quad (C_2 \text{ 为非零的任意常数}),$$

$$2x - e^y(x+1) = \pm C_2 - 2 = C \quad (C = \pm C_2 - 2).$$

通解为

$$2x - e^y(x+1) = C \quad (C \text{ 为不等于} -2 \text{ 的任意常数}).$$

(4) **解一** 此题是一阶线性齐次方程，$P(x) = \dfrac{x}{1+x^2}$，由求解公式，得

$$y = Ce^{-\int P(x)\mathrm{d}x} = Ce^{-\int \frac{x}{1+x^2}\mathrm{d}x} = Ce^{-\frac{1}{2}\int \frac{\mathrm{d}(1+x^2)}{1+x^2}} = Ce^{-\frac{1}{2}\ln(1+x^2)}$$

$$= Ce^{\ln\left(\frac{1}{\sqrt{1+x^2}}\right)} = \frac{C}{\sqrt{1+x^2}} \quad (C \text{ 为任意常数}).$$

解二 分离变量，得

$$\frac{\mathrm{d}y}{y} = -\frac{x}{1+x^2}\mathrm{d}x \quad (y \neq 0).$$

等式两端分别积分，得

$$\ln|y| = -\frac{1}{2}\ln(1+x^2) + C_1 \quad (C_1 \text{ 为任意常数}),$$

$$|y| = e^{C_1}\frac{1}{\sqrt{1+x^2}},$$

$$y = \pm e^{C_1}\frac{1}{\sqrt{1+x^2}} = \frac{C_2}{\sqrt{1+x^2}} \quad (C_2 \overset{\text{def}}{=} \pm e^{C_1} \neq 0 \text{ 且任意}).$$

显然 $y = 0$ 是原方程的解，若 $C_2 = 0$，则此解包含在上式中，由求解过程中得 $C_2 \neq 0$，因此可将方程的通解改写成

$$y = \frac{C}{\sqrt{1+x^2}} \quad (C \text{ 为任意常数}).$$

这样，原本不含在通解中的奇解 $y = 0$，由于任意常数 C 的引入，使其含在通解之中了。

注 对于变量可分离的微分方程

$$y' = M(x)N(y),$$

若函数方程 $N(y) = 0$ 有实根 y_0，则函数 $y(x) = y_0$ 是该方程的解（直接代入微分方程即可验证）. 分离变量时解 $y(x) = y_0$ 就被丢掉了（因 $N(y) \neq 0$），这样所求得解中就不包含 $y(x) = y_0$. 因此，用分离变量法求得方程的解后，必须检验 $y(x) = y_0(N(y_0) = 0)$ 是否可通过任意常数 C 的引进将其包含在通解中，若包含（如上例 (4)），则没有漏掉解，否则（如上例 (1)）就会出现奇解，故奇解是求解方程的过程中漏掉的又不能在通解里反映出来的解.

7.2.2　齐次方程求解法

例 2　求解下列微分方程.

(1) $y' = \dfrac{y}{x} + \sin\dfrac{y}{x}$;　　　　(2) $xy' = y(\ln y - \ln x)$;

(3) $y' = \dfrac{y}{x} + \tan\dfrac{y}{x}$, $y(1) = \dfrac{\pi}{6}$.

解　(1) 此题为齐次微分方程,令 $u = \dfrac{y}{x}$,则$\dfrac{\mathrm{d}y}{\mathrm{d}x} = u + x\dfrac{\mathrm{d}u}{\mathrm{d}x}$.原方程变化为

$$u + x\frac{\mathrm{d}u}{\mathrm{d}x} = u + \sin u,$$

分离变量,得

$$\frac{\mathrm{d}u}{\sin u} = \frac{\mathrm{d}x}{x}.$$

等式两端分别积分,得

$$\ln\left|\tan\frac{u}{2}\right| = \ln|x| + C_1 \quad (C_1\text{ 为任意常数}),$$

$$\tan\frac{u}{2} = Cx \quad (C = \pm\,\mathrm{e}^{C_1} \neq 0),$$

$$\frac{u}{2} = \arctan Cx.$$

从而得　　　　$y = 2x\arctan Cx \quad (C\text{ 为非零的任意常数}).$

又 $y = 0$ 是方程的解,为使之包含在通解中,只需 $C = 0$ 即可,故原方程之通解为

$$y = 2x\arctan Cx \quad (C\text{ 为任意常数}).$$

　　(2) 方程可化为齐次微分方程

$$\frac{\mathrm{d}y}{\mathrm{d}x} = \frac{y}{x}\ln\left(\frac{y}{x}\right).$$

令 $\dfrac{y}{x} = u$,得 $y = xu$,则$\dfrac{\mathrm{d}y}{\mathrm{d}x} = u + x\dfrac{\mathrm{d}u}{\mathrm{d}x}$,代入方程,得

$$u + x\frac{\mathrm{d}u}{\mathrm{d}x} = u\ln u,$$

即　　　　　　　　　$x\dfrac{\mathrm{d}u}{\mathrm{d}x} = u(\ln u - 1).$

分离变量,得　　　　　$\dfrac{\mathrm{d}u}{u(\ln u - 1)} = \dfrac{\mathrm{d}x}{x}.$

等式两端分别积分,得

$$\ln|\ln u - 1| = \ln|x| + C_1 \quad (C_1\text{ 为任意常数}),$$

$$\ln u - 1 = \pm\,\mathrm{e}^{C_1}x = Cx \quad (C \overset{\mathrm{def}}{=} \mathrm{e}^{C_1}),$$

即　　　　　　　　　$u = \mathrm{e}^{Cx+1} \quad (C\text{ 为非零常数}),$

故通解为 $$y = x\mathrm{e}^{Cx+1} \quad (C \text{ 为任意常数}).$$

注 因为 $y = \mathrm{e}x$ 显然是原方程的解,即 $u = \mathrm{e}$,此解分离变量时丢掉了,当 $C = 0$ 时,解中正好包含了此解,故可引入任意常数 C 来加以实现之.

(3) 令 $u = \dfrac{y}{x}$,则 $\dfrac{\mathrm{d}y}{\mathrm{d}x} = u + x\dfrac{\mathrm{d}u}{\mathrm{d}x}$,代入原方程后,得

$$u + x\frac{\mathrm{d}u}{\mathrm{d}x} = u + \tan u,$$

即 $$x\frac{\mathrm{d}u}{\mathrm{d}x} = \tan u.$$

分离变量,得 $$\cot u\,\mathrm{d}u = \frac{\mathrm{d}x}{x}.$$

等式两端分别积分,得

$$\ln|\sin u| = \ln|x| + C_1 \quad (C_1 \text{ 为任意常数}),$$
$$\sin u = \pm\,\mathrm{e}^{C_1}x \overset{\text{def}}{=\!=} Cx \quad (C = \pm\,\mathrm{e}^{C_1} \text{ 为非零常数}).$$

原方程的通解为 $\sin\dfrac{y}{x} = Cx$ (C 为任意常数,$C = 0$ 类同例(2)所述).

再将初始条件 $y(1) = \dfrac{\pi}{6}$ 代入,得

$$\sin\frac{\pi}{6} = C, \quad \text{即} \quad C = \frac{1}{2}.$$

从而得方程的特解为

$$\sin\frac{y}{x} = \frac{x}{2}.$$

注 对于齐次微分方程,一般先作 $u = \dfrac{y}{x}$ 变量代换,将原方程化为变量可分离的微分方程进行求解,求其解后,再将变量 u 回代为 $\dfrac{y}{x}$.

7.2.3 一阶线性方程求解法

例3 求解下列微分方程.

(1) $xy' = x + y$;

(2) $x\dfrac{\mathrm{d}y}{\mathrm{d}x} = \mathrm{e}^x - y$, $y(1) = \mathrm{e}$;

(3) $\dfrac{\mathrm{d}y}{\mathrm{d}x} = \dfrac{y}{x + y^3}$;

(4) $\dfrac{\mathrm{d}y}{\mathrm{d}x} = \dfrac{y}{2x} + \dfrac{x^2}{2y}$;

(5) $(2x + y)\mathrm{d}x + (x + 2y)\mathrm{d}y = 0$.

解 (1) 方程两端同乘以 $\dfrac{1}{x}$,得

$$y' = 1 + \frac{y}{x}.$$

解一 令 $\frac{y}{x} = u$，得

$$y = xu, \qquad \frac{\mathrm{d}y}{\mathrm{d}x} = u + x\frac{\mathrm{d}u}{\mathrm{d}x},$$

代入原方程，得

$$u + x\frac{\mathrm{d}u}{\mathrm{d}x} = 1 + u,$$

即

$$\frac{\mathrm{d}u}{\mathrm{d}x} = \frac{1}{x}.$$

分离变量，得

$$\mathrm{d}u = \frac{\mathrm{d}x}{x}.$$

两端分别积分，得

$$u = \ln|x| + C_1 \quad (C_1 \text{ 为任意常数}),$$

$$\mathrm{e}^u = \pm\,\mathrm{e}^{C_1}x = Cx \quad (C = \pm\,\mathrm{e}^{C_1} \text{ 为任意非零常数}).$$

从而得

$$\mathrm{e}^{\frac{y}{x}} = Cx \quad (C \text{ 为任意非零常数}).$$

解二 方程变为

$$y' - \frac{1}{x}y = 1,$$

这是 $P(x) = -\dfrac{1}{x}, Q(x) = 1$ 的一阶线性微分方程. 由求解公式，得

$$y = \mathrm{e}^{\int\frac{1}{x}\mathrm{d}x}\left(\int\mathrm{e}^{-\int\frac{1}{x}\mathrm{d}x}\mathrm{d}x + C_1\right) = x\left(\int\frac{\mathrm{d}x}{x} + C_1\right) = x(\ln x + C_1),$$

$$\frac{y}{x} = (\ln x + C_1).$$

从而得

$$\mathrm{e}^{\frac{y}{x}} = \mathrm{e}^{C_1}x = Cx \quad (C = \mathrm{e}^{C_1} \text{ 为任意非零常数}).$$

解三 原方程可化为

$$x\mathrm{d}y = x\mathrm{d}x + y\mathrm{d}x,$$

即

$$x\mathrm{d}y - y\mathrm{d}x = x\mathrm{d}x,$$

等式两端同乘以 $\dfrac{1}{x^2}$，得

$$\frac{x\mathrm{d}y - y\mathrm{d}x}{x^2} = \mathrm{d}\left(\frac{y}{x}\right) = \frac{\mathrm{d}x}{x} = \mathrm{d}\ln|x|,$$

积分后，得

$$\frac{y}{x} = \ln|x| + C_1 \quad (C_1 \text{ 为任意常数}),$$

故 $\qquad\qquad e^{\frac{y}{x}} = Cx \quad (C = \pm e^{C_1}$ 为任意非零常数$)$.

注 $\dfrac{1}{x^2}$ 称为"积分因子".

（2）原方程可化为

$$\frac{\mathrm{d}y}{\mathrm{d}x} + \frac{1}{x}y = \frac{e^x}{x},$$

由求解公式,得

$$y = e^{-\int \frac{1}{x}\mathrm{d}x}\left[\int \frac{e^x}{x}e^{\int \frac{1}{x}\mathrm{d}x}\mathrm{d}x + C\right]$$

$$= \frac{1}{x}\left[\int e^x \mathrm{d}x + C\right] = \frac{1}{x}(e^x + C) \quad (C \text{ 为任意常数}).$$

将初始条件 $y(1) = e$ 代入通解,得

$$C = 0,$$

从而得特解为

$$y = \frac{e^x}{x}.$$

（3）此方程不是线性方程,若将 x 视为 y 的函数,则方程可改写为

$$\frac{\mathrm{d}x}{\mathrm{d}y} = \frac{x + y^3}{y} = \frac{1}{y}x + y^2,$$

即

$$\frac{\mathrm{d}x}{\mathrm{d}y} - \frac{1}{y}x = y^2$$

是一线性微分方程. 直接由公式求得其解为

$$x = e^{\int \frac{1}{y}\mathrm{d}y}\left[\int y^2 e^{-\int \frac{1}{y}\mathrm{d}y}\mathrm{d}y + C\right] = y\left(\frac{1}{2}y^2 + C\right) = \frac{1}{2}y^3 + Cy \quad (C \text{ 为任意常数}).$$

（4）原方程可化为

$$\frac{\mathrm{d}y}{\mathrm{d}x} - \frac{1}{2x}y = \frac{x^2}{2}y^{-1},$$

是贝努里方程,等式两边同乘以 y,得

$$y\frac{\mathrm{d}y}{\mathrm{d}x} - \frac{1}{2x}y^2 = \frac{x^2}{2},$$

即

$$\frac{1}{2}\frac{\mathrm{d}(y^2)}{\mathrm{d}x} - \frac{1}{2x}y^2 = \frac{x^2}{2}.$$

令 $y^2 = u$,得 $\qquad\qquad \dfrac{\mathrm{d}u}{\mathrm{d}x} - \dfrac{1}{x}u = x^2.$

这是一线性微分方程,用求解公式,得

$$u = e^{\int \frac{1}{x}\mathrm{d}x}\left(\int x^2 e^{-\int \frac{1}{x}\mathrm{d}x}\mathrm{d}x + C\right) = \frac{1}{2}x^3 + Cx \quad (C \text{ 为任意常数}).$$

原方程的通解为 $y^2 = \dfrac{1}{2}x^3 + Cx$.

(5) **解一** 原方程化为

$$2x\mathrm{d}x + y\mathrm{d}x + x\mathrm{d}y + 2y\mathrm{d}y = 0,$$
$$\mathrm{d}(x^2) + \mathrm{d}(xy) + \mathrm{d}(y^2) = 0,$$

积分得 $\qquad\qquad x^2 + xy + y^2 = C$ （C 为任意常数）.

解二 因 $\qquad P(x,y) = 2x + y, Q(x,y) = x + 2y,$

$$\frac{\partial P}{\partial y} = 1 = \frac{\partial Q}{\partial x},$$

所以该方程为全微分方程.

$$u(x,y) = \int_0^x P(\xi,0)\mathrm{d}\xi + \int_0^y Q(x,\eta)\mathrm{d}\eta = \int_0^x (2\xi + 0)\mathrm{d}\xi + \int_0^y (x + 2\eta)\mathrm{d}\eta$$

$$= \xi^2 \Big|_0^x + (x\eta + \eta^2) \Big|_0^y = x^2 + xy + y^2.$$

从而得方程的通解为 $u(x,y) = C$,即

$$x^2 + xy + y^2 = C \quad (C\text{ 为任意常数}).$$

注 对于一阶线性微分方程,一般是代入公式直接求解;贝努里方程是一种特殊幂函数的一阶微分方程,令 $u = y^{1-a}$ 化为函数 u 的一阶线性微分方程求解,求解后变量需回代;全微分方程也是一种特殊的一阶线性微分方程.要善于判断,掌握其特有的求解方法.

7.2.4 变量代换法

例 4 求下列微分方程的通解.

(1) $\dfrac{\mathrm{d}y}{\mathrm{d}x} = \dfrac{1}{x^2 + y^2 + 2xy}$;   (2) $\dfrac{\mathrm{d}y}{\mathrm{d}x} = \dfrac{y - x + 1}{y - x + 5}$;   (3) $\dfrac{\mathrm{d}y}{\mathrm{d}x} = 3x + 2y + 1$.

解 (1) 原方程变化为

$$\frac{\mathrm{d}y}{\mathrm{d}x} = \frac{1}{(x + y)^2},$$

令 $x + y = u$,则 $1 + \dfrac{\mathrm{d}y}{\mathrm{d}x} = \dfrac{\mathrm{d}u}{\mathrm{d}x}$,代入上式得

$$\frac{\mathrm{d}u}{\mathrm{d}x} - 1 = \frac{1}{u^2},$$

即 $\qquad\qquad\qquad \dfrac{\mathrm{d}u}{\mathrm{d}x} = \dfrac{u^2 + 1}{u^2}.$

这样将方程化为可分离变量的情形,即

$$\frac{u^2}{1 + u^2}\mathrm{d}u = \mathrm{d}x.$$

等式两端分别积分,得

$$u - \arctan u = x + C.$$

再将变量回代,得通解为

$$y = \arctan(x + y) + C.$$

(2) 令 $y - x = u$,则 $\dfrac{\mathrm{d}y}{\mathrm{d}x} = \dfrac{\mathrm{d}u}{\mathrm{d}x} + 1$,代入原方程,得

$$\frac{\mathrm{d}u}{\mathrm{d}x} + 1 = \frac{u+1}{u+5},$$

即

$$\frac{\mathrm{d}u}{\mathrm{d}x} = -\frac{4}{u+5}.$$

这样就将方程化为可分离变量的形式了,分离变量后,得

$$(u+5)\mathrm{d}u = -4\mathrm{d}x.$$

等式两端分别积分,得

$$\frac{1}{2}u^2 + 5u = -4x + C_1 \quad (C_1 \text{ 为任意常数}),$$

即

$$u^2 + 10u + 8x = C \quad (C = 2C_1 \text{ 为任意常数}).$$

将原变量回代,得原方程之通解,即

$$(y-x)^2 + 10(y-x) + 8x = C.$$

(3) 令 $u = 3x + 2y + 1$,

则

$$\mathrm{d}u = 3\mathrm{d}x + 2\mathrm{d}y,$$

即

$$\frac{\mathrm{d}u}{\mathrm{d}x} = 3 + 2\frac{\mathrm{d}y}{\mathrm{d}x}.$$

代入原方程,得

$$\frac{1}{2}\left(\frac{\mathrm{d}u}{\mathrm{d}x} - 3\right) = u,$$

即

$$\frac{\mathrm{d}u}{\mathrm{d}x} = 2u + 3$$

为可分离变量的方程.分离变量,得

$$\frac{\mathrm{d}u}{2u+3} = \mathrm{d}x.$$

等式两端积分得

$$\frac{1}{2}\ln|2u+3| = x + C_1 \quad (C_1 \text{ 为任意常数}),$$

即

$$2u + 3 = Ce^{2x} \quad (C = \pm e^{2C_1} \neq 0).$$

变量回代,得

$$2(3x + 2y + 1) = Ce^{2x} \quad (C \text{ 为任意非零常数}).$$

从而得原方程的通解为

$$6x + 4y + 5 = Ce^{2x},$$

C 为任意常数,理由如前例所述相同.

注 有些方程直接求解比较困难,适当引入变量代换,就可转化为容易求解的方程,因此,变量代换是求解微分方程的一种有效的方法,如何引入代换变量是一个极灵活的解题方法,只有通过多做习题来体会.

7.2.5 可降阶方程的求解法

例 5 求下列高阶微分方程.

(1) $y'' = \dfrac{1}{\cos^2 x}$; (2) $xy'' - 3y' = 0$;

(3) $yy'' = 2[(y')^2 - y'], y(0) = 1, y'(0) = 2$;

(4) $y'' + \sqrt{1 - (y')^2} = 0$.

解 (1) 直接积分,得

$$y' = \tan x + C_1.$$

再积分一次,得

$$y = -\ln|\cos x| + C_1 x + C_2,$$

其中,C_1, C_2 为独立的任意常数.

(2) 本题属 $y'' = f(x, y')$ 型.引入变量代换,令 $y' = p(x)$,则

$$y'' = p'(x).$$

原方程化为

$$xp' - 3p = 0,$$

$$x\frac{\mathrm{d}p}{\mathrm{d}x} = 3p.$$

分离变量,得

$$\frac{\mathrm{d}p}{p} = \frac{3}{x}\mathrm{d}x.$$

积分得

$$\ln|p| = \ln|x|^3 + \ln C_1,$$

$$p = C_1 x^3 = y'.$$

再积分,得 $y = \dfrac{C_1 x^4}{4} + C_2$ 为所求的通解.

(3) 本题属 $y'' = f(y, y')$ 型.引入变量代换,令 $y' = p(y)$,则

$$y'' = \frac{\mathrm{d}p}{\mathrm{d}y} \cdot \frac{\mathrm{d}y}{\mathrm{d}x} = p\frac{\mathrm{d}p}{\mathrm{d}y},$$

代入原方程,得

$$yp\frac{\mathrm{d}p}{\mathrm{d}y} = 2(p^2 - p),$$

$$y\frac{\mathrm{d}p}{\mathrm{d}y} = 2(p - 1).$$

分离变量得
$$\frac{\mathrm{d}p}{p-1} = \frac{2\mathrm{d}y}{y}.$$

等式两端分别积分, 得
$$p = 1 + (C_1 y)^2 = y'.$$

将 $y'(0) = 2, y(0) = 1$ 代入, 得 $2 = 1 + (C_1 \cdot 1)^2$, 故
$$C_1 = 1.$$

于是有
$$\frac{\mathrm{d}y}{\mathrm{d}x} = 1 + y^2,$$

$$\frac{\mathrm{d}y}{1+y^2} = \mathrm{d}x,$$

积分, 得
$$\arctan y = x + C_2.$$

将 $y(0) = 1$ 代入所求的解, 得 $C_2 = \frac{\pi}{4}$. 因此, 原方程的特解为

$$y = \tan\left(x + \frac{\pi}{4}\right).$$

(4) **解一**　因方程只含 y'', y', 故可将其视为 $y'' = f(x, y')$ 型方程. 令
$$y' = p(x), \quad y'' = p'(x),$$

原方程化为
$$p' + \sqrt{1 - p^2} = 0.$$

分离变量, 得
$$\frac{\mathrm{d}p}{-\sqrt{1-p^2}} = \mathrm{d}x.$$

等式两端分别积分, 得
$$\arccos p = x + C_1,$$

即
$$p = \cos(x + C_1) = y'.$$

再对解得结果进行积分, 得
$$y = \sin(x + C_1) + C_2 \quad (C_1, C_2 \text{ 为独立任意常数})$$

为原方程的通解.

　　解二　原方程也可视为 $y'' = f(y, y')$ 型的方程.

令
$$y' = p(y), \quad y'' = p\frac{\mathrm{d}p}{\mathrm{d}y}.$$

代入原方程, 得

$$p\frac{\mathrm{d}p}{\mathrm{d}y} + \sqrt{1 - p^2} = 0.$$

分离变量, 得

$$\frac{-p\mathrm{d}p}{\sqrt{1-p^2}} = \mathrm{d}y.$$

等式两端分别积分, 得

$$2\sqrt{1-p^2} = y + C_1,$$
$$p = \sqrt{1-(y+C_1)^2},$$

即
$$y' = \sqrt{1-(y+C_1)^2}.$$

分离变量,得
$$\frac{\mathrm{d}y}{\sqrt{1-(y+C_1)^2}} = \mathrm{d}x.$$

两边积分,得
$$\arcsin(y+C_1) = x + C_2,$$

从而得 $\qquad y = \sin(x+C_2) - C_1 \quad (C_1, C_2$ 为任意独立的常数).

注 对于高阶可降阶的微分方程,应先判别方程的类型,对不同类型引入相应的变量使其降阶,然后求其解.

7.2.6 二阶常系数线性方程的求解法

例 6 求下列二阶常系数线性齐次方程的通解.

(1) $y'' - 5y' + 6y = 0$； (2) $y'' + 4y' + 4y = 0$； (3) $y'' - 2y' + 2y = 0$.

解 (1) 对应的特征方程为
$$r^2 - 5r + 6 = 0,$$

或
$$(r-2)(r-3) = 0,$$

$r_1 = 2, r_2 = 3$ 是其两个不等的实根,故原方程的通解为
$$y = C_1 \mathrm{e}^{2x} + C_2 \mathrm{e}^{3x} \quad (C_1, C_2$ 为任意常数$).$$

(2) 特征方程为
$$r^2 + 4r + 4 = 0,$$

或
$$(r+2)^2 = 0,$$

得 $r = -2$ 为其二重实根,从而得原方程的通解为
$$y = \mathrm{e}^{-2x}(C_1 + C_2 x).$$

(3) 特征方程为 $r^2 - 2r + 2 = 0$,其特征根为一对共轭复根 $r_1 = 1+\mathrm{i}, r_2 = 1-\mathrm{i}$,从而得原方程的通解为
$$y = \mathrm{e}^x(C_1 \cos x + C_2 \sin x).$$

例 7 求二阶常系数线性非齐次方程的通解.

(1) $y'' - y = \dfrac{1}{2}\mathrm{e}^x$； (2) $y'' - 6y' + 9y = (1+x)\mathrm{e}^{3x}$.

解 (1) 先求其对应的齐次方程 $y'' - y = 0$ 的通解,特征方程为 $r^2 - 1 = 0$. 其特征根为 $r_1 = 1, r_2 = -1$. 得对应齐次方程的通解为
$$Y = C_1 \mathrm{e}^x + C_2 \mathrm{e}^{-x}.$$

由于 $\alpha = 1$ 是特征方程,$r^2 - 1 = 0$ 的单根,故原方程的特解应为
$$y^* = Ax\mathrm{e}^x,$$

其中，A 为待定常数．

$$(y^*)' = Ae^x + Axe^x,$$
$$(y^*)'' = 2Ae^x + Axe^x.$$

将 $y^*,(y^*)',(y^*)''$ 代入原方程，得

$$2Ae^x + Axe^x - Axe^x = \frac{1}{2}e^x.$$

解得

$$A = \frac{1}{4},$$

从而得

$$y^* = \frac{1}{4}xe^x.$$

由线性微分方程解的结构定理，原方程的通解为

$$y = Y + y^* = C_1e^x + C_2e^{-x} + \frac{1}{4}xe^x.$$

（2）特征方程 $r^2 - 6r + 9 = 0$ 有二重根 $r = 3$，故对应齐次微分方程的通解为
$$Y = e^{3x}(C_1 + C_2x).$$

又
$$f(x) = (1+x)e^{3x},$$

得 $\alpha = 3$ 为特征方程的二重实根，故非齐次方程的特解应为

$$y^* = x^2(A_1 + A_2x)e^{3x},$$
$$y^{*\prime} = [3A_2x^3 + 3(A_1 + A_2)x^2 + 2A_1x]e^{3x},$$
$$y^{*\prime\prime} = [9A_2x^3 + 9(A_1 + 2A_2)x^2 + 6(2A_1 + A_2)x + 2A_1]e^{3x}.$$

将 $y^*,y^{*\prime},y^{*\prime\prime}$ 代入原方程，化简得

$$6A_2x + 2A_1 = x + 1.$$

比较等式两端同次幂的系数，得

$$A_1 = \frac{1}{2}, \quad A_2 = \frac{1}{6},$$

即
$$y^* = x^2\left(\frac{1}{2} + \frac{x}{6}\right)e^{3x} = \left(\frac{x^2}{2} + \frac{x^3}{6}\right)e^{3x},$$

故所求方程的通解为

$$y = Y + y^* = \left(C_1 + C_2x + \frac{x^2}{2} + \frac{x^3}{6}\right)e^{3x}.$$

例 8 求 $y'' - 2y' + 5y = e^x\sin2x$ 的通解．

解 原方程对应的齐次方程为

$$y'' - 2y' + 5y = 0,$$

其特征方程为

$$r^2 - 2r + 5 = 0.$$

解之，得
$$r = 1 \pm 2i,$$

故齐次线性微分方程的通解为

$$Y = \mathrm{e}^x(C_1\cos2x + C_2\sin2x).$$

下面求原方程的一特解. 由于

$$f(x) = \mathrm{e}^x\sin2x,$$

而 $\lambda = 1 + 2\mathrm{i}$ 是对应特征方程的复根,其特解应取为

$$y^* = x\mathrm{e}^x(A\cos2x + B\sin2x) \quad (A,B \text{ 为待定常数}),$$

$$y^{*\prime} = \{[A + (2B + A)x]\cos2x + [B + (B - 2A)x]\sin2x\}\mathrm{e}^x,$$

$$y^{*\prime\prime} = \{[4B + 2A + (6B - 3A)x]\cos2x + [2B - 4A - (3B + 4A)x]\sin2x\}\mathrm{e}^x.$$

将 $y^*, y^{*\prime}, y^{*\prime\prime}$ 代入原方程,得

$$4B\cos2x - 4A\sin2x = \sin2x.$$

由此得

$$B = 0, \quad A = -\frac{1}{4}.$$

$$y^* = -\frac{x}{4}\mathrm{e}^x\cos2x$$

为原方程的一个特解. 由线性非齐次方程通解的结构定理,得

$$y = Y + y^* = \left(C_1\cos2x + C_2\sin2x - \frac{x}{4}\cos2x\right)\mathrm{e}^x$$

为所求的通解.

例 9 已知可微函数 $\varphi(x)$ 满足关系式

$$\int_1^x \frac{\varphi(t)}{\varphi^2(t) + t}\mathrm{d}t = \varphi(x) - 1,$$

求函数 $\varphi(x)$.

分析 解这类含有积分的方程,原则去掉积分号,将其转化为微分方程的初始问题后求解.

解 等式两端关于 x 求导,得

$$\frac{\varphi(x)}{\varphi^2(x) + x} = \varphi'(x).$$

令 $g = \varphi(x)$,得

$$y = y'(y^2 + x),$$

或

$$\frac{\mathrm{d}x}{\mathrm{d}y} - \frac{1}{y}x = y,$$

且

$$y\mid_{x=1} = 1.$$

这是关于 x 的一阶线性微分方程,由公式得

$$x = \mathrm{e}^{\int\frac{1}{y}\mathrm{d}y}\left[\int y\mathrm{e}^{-\int\frac{1}{y}\mathrm{d}y}\mathrm{d}y + C\right] = \mathrm{e}^{\ln y}\left[\int y\mathrm{e}^{-\ln y}\mathrm{d}y + C\right] = y(y + C).$$

将初始条件 $y\mid_{x=1} = 1$ 代入,得

$$C = 0,$$

即

$$x = y^2.$$

从而得

$$y = \pm\sqrt{x}.$$

又由 $y\,|_{x=1}=1$ 知，$y=-\sqrt{x}$ 应舍去，故 $y=\varphi(x)=\sqrt{x}$.

注　等式两端求导后，可能会产生增解，因此，必须对所求的解加以验证，去掉多余的解(如本题中 $y=-\sqrt{x}$).

例 10　设曲线积分

$$\oint_L f'(x)[2xyf'(x)\mathrm{d}x-\mathrm{d}y]=0,$$

其中，L 为 xOy 平面内任一分段光滑的闭曲线；$f(x)$ 在 $(-\infty,+\infty)$ 上二次可微，且 $f(0)=1,f'(0)=1$，求 $f(x)$.

解　由题给条件知，积分与路径无关，被积函数必须满足 $\dfrac{\partial P}{\partial y}=\dfrac{\partial Q}{\partial x}$，这里

$$P(x,y)=2xy[f'(x)]^2,\quad Q(x)=-f'(x).$$

从而得

$$2x[f'(x)]^2=-f''(x),$$

即

$$f''(x)+2x[f'(x)]^2=0.$$

这是不含 $f(x)$ 的二阶非线性微分方程. 令 $f'(x)=p$，则 $p'=f''(x)$，从而得

$$\frac{\mathrm{d}p}{\mathrm{d}x}=-2xp^2,$$

或

$$\frac{\mathrm{d}p}{-p^2}=2x\mathrm{d}x.$$

等式两端分别积分，得

$$\frac{1}{p}=x^2+C_1,$$

即

$$\frac{1}{f'(x)}=x^2+C_1.$$

代入初始条件 $f'(0)=1$，得

$$C_1=1,$$

即

$$\frac{1}{f'(x)}=x^2+1,$$

或

$$f'(x)=\frac{1}{1+x^2}.$$

等式两端积分，得

$$f(x)=\arctan x+C.$$

代入初始条件 $f(0)=1$，得

$$C=1.$$

从而得所求函数

$$f(x)=\arctan x+1.$$

7.2.7　微分方程的应用

例 11　设曲线上任一点到坐标原点的距离等于夹于曲线与横轴之间法线段的

长,求此曲线方程.

解　设所求曲线方程为

$$y = f(x),$$

$P(x,y)$ 为曲线上任一点,过点 P 的法线方程为

$$Y - y = -\frac{1}{y'}(X - x),$$

法线与横轴的交点坐标为 $(x + yy', 0)$. 由题意有

$$x^2 + y^2 = (x + yy' - x)^2 + (-y)^2,$$

即

$$x^2 = (yy')^2,$$

$$y' = \pm \frac{x}{y}.$$

分离变量,得

$$y\mathrm{d}y = \pm x\mathrm{d}x.$$

等式两端分别积分,得

$$\frac{1}{2}y^2 = \pm \frac{x^2}{2} + C_1,$$

$$y^2 \pm x^2 = C,$$

故所求之曲线方程为

$$y^2 + x^2 = C,$$

或

$$y^2 - x^2 = C.$$

其中,C 为任意常数.

例 12　一质量均匀的链条挂在无摩擦力的钉子上,运动开始时,链条一端下垂 8 m,另一端下垂 10 m,求在重力的作用下,整个链条滑过钉子所需的时间.

解　设链条的密度为常数 μ,$s(t)$ 表示经过 t 秒时链条下滑的距离,此刻链条所受的力应为两端链条长度之差的质量所受的重力,即

$$[10 + s(t) - (8 - s(t))]\mu g = 2(1 + s(t))\mu g,$$

由牛顿第二定律,得

$$2(1 + s(t))\mu g = ma = 18\mu s''(t),$$

即得微分方程初值问题

$$\begin{cases} s''(t) - s(t)\dfrac{g}{9} = \dfrac{g}{9}, \\ s(0) = 0, \\ s'(0) = 0. \end{cases}$$

这是一个二阶常系数线性非齐次微分方程的初值问题,其齐次方程所对应的特征方程为

$$r^2 - \frac{g}{9} = 0.$$

解得
$$r_1 = \frac{\sqrt{g}}{3}, \quad r_2 = -\frac{\sqrt{g}}{3},$$

从而得齐次方程的通解为

$$s_1(t) = C_1 e^{\frac{\sqrt{g}}{3}t} + C_2 e^{-\frac{\sqrt{g}}{3}t}.$$

显然 $s^* = -1$ 为非齐次方程的一特解,于是

$$s(t) = s_1(t) + s^* = C_1 e^{\frac{\sqrt{g}}{3}t} + C_2 e^{-\frac{\sqrt{g}}{3}t} - 1.$$

将初始条件代入,得
$$C_1 = C_2 = \frac{1}{2},$$

故有
$$s(t) = \frac{1}{2}\left(e^{\frac{\sqrt{g}}{3}t} + e^{-\frac{\sqrt{g}}{3}t}\right) - 1 = \operatorname{ch}\left[\frac{\sqrt{g}}{3}t\right] - 1,$$

从而
$$t = \frac{3}{\sqrt{g}}\operatorname{arc\ ch}(s+1) = \frac{3}{\sqrt{g}}\ln(s+1+\sqrt{s^2+2s}).$$

取 $s = 8$,得
$$t = \frac{3}{\sqrt{g}}\ln(9 + 4\sqrt{5})\mathrm{s}.$$

7.3 练 习 题

1. 求解下列微分方程.

(1) $y' + \dfrac{x\sin x}{y\cos y} = 0$;　　　　(2) $y' = \cos(x+y)$;

(3) $(1+y^2)\mathrm{d}x - xy\mathrm{d}y = 0$　$(y\,|_{x=1} = 0)$;

(4) $y' = \dfrac{y}{x} + \dfrac{x}{y}$;　　　　(5) $(y+\sqrt{x^2+y^2})\mathrm{d}x - x\mathrm{d}y = 0$　$(y\,|_{x=1} = 0)$;

(6) $y' = y\cot x + \sin x$;　　　　(7) $(1+y^2)\mathrm{d}x = (\arctan y - x)\mathrm{d}y$;

(8) $y' + \tan y = \dfrac{x}{\cos y}$;　　　　(9) $y' = \dfrac{y}{2y\ln y + y - x}$　$(y\,|_{x=1} = 1)$;

(10) $y' = \dfrac{2x}{x^2\cos y + \sin 2y}$;　　　　(11) $(x\cos 2y + 1)\mathrm{d}x - x^2\sin 2y\mathrm{d}y = 0$.

2. 求解下列高阶微分方程.

(1) $y'' = x + \sin x$;　　　　(2) $y'' + 2x(y')^2 = 0$;

(3) $ay'' = [1+(y')^2]^{\frac{1}{2}}$;　　　　(4) $y'' - a(y')^2 = 0$　$(y\,|_{x=0} = 0, y'\,|_{x=0} = -1)$.

3. 求解二阶常系数线性微分方程的解.

(1) $y'' + y' - 2y = 0$;　　　　(2) $y'' - 6y' + 9y = 0$;

(3) $y'' - 6y' + 25y = 0$;　　　　(4) $2y'' + y' - y = 2e^x$;

(5) $y'' + 4y = x\cos x$;　　　　(6) $y'' - y = 4xe^x$　$(y\,|_{x=0} = 0, y'\,|_{x=0} = 1)$.

4. 设可微函数 $f(x)$ 满足

$$f(x)\cos x + 2\int_0^x f(t)\sin t\,dt = x+1,$$

求函数 $f(x)$.

5. 求经过坐标原点的曲线方程,使其在区间 $[a,x]$ 上对应曲边梯形的面积等于此弧终点纵坐标的立方.

6. 求过点 $(-1,1)$ 的曲线方程,且曲线上任一点处的切线在 x 轴上的截距等于切点横坐标的平方.

7.4　答案与提示

1. (1) $y\sin y + \cos y - x\cos x + \sin x = C$.

(2) $\tan\dfrac{x+y}{2} - x = C$　(提示:令 $u = x+y$).

(3) $x^2 - y^2 = 1$.　　　　(4) $y = |x|\sqrt{\ln(Cx)^2}$.

(5) $y = \dfrac{x^2-1}{2}$.　　　　(6) $y = (x+C)\sin x$.

(7) $x = \arctan y - 1 + Ce^{-\arctan y}$ (提示:等式两边同除以 $1+y^2$,令 $u = \arctan y$).

(8) $\sin y = Ce^{-x} + x - 1$ (提示:等式两边同乘以 $\cos y$,令 $u = \sin y$).

(9) $x = y\ln y + \dfrac{1}{y}$ (提示:考虑以 x 为函数,y 为自变量的线性方程求解).

(10) $x^2 = Ce^{\sin y} - 2(\sin y + 1)$ (提示:与(9) 问类似,令 $u = x^2$).

(11) $\dfrac{x^2}{2}\cos 2y + x = C$.

2. (1) $y = \dfrac{x^3}{6} - \sin x + C_1 x + C_2$.　　　(2) $y = \dfrac{1}{C_1}\arctan\dfrac{x}{C_1} + C_2$.

(3) $(x-C_1)^2 + (y-C_2)^2 = a^2$.　　　(4) $y = -\dfrac{1}{a}\ln(1+ax)$.

3. (1) $y = C_1 e^x + C_2 e^{-2x}$.　　　(2) $y = (C_1 + C_2 x)e^{3x}$.

(3) $y = e^{3x}(C_1\cos 4x + C_2\sin 4x)$.　　　(4) $y = C_1 e^{-x} + C_2 e^{\frac{x}{2}} + e^x$.

(5) $y = C_1\cos 2x + C_2\sin 2x + \dfrac{x}{3}\cos x + \dfrac{2}{9}\sin x$.

(6) $y = e^x - e^{-x} + x(x-1)e^x$.

4. $f(x) = \sin x + \cos x$　(提示:等式两端求导).

5. $y^2 = \dfrac{2}{3}x$　(提示:$\int_a^x f(t)\,dt = y^3, y\,|_{x=0} = 0$).

6. $y = \dfrac{2x}{x-1}$　(提示:将曲线的切线方程化成截距式方程).

第八章 多元函数微分学

8.1 主要公式和结论

8.1.1 全微分

当函数 $z = f(x,y)$ 在点 $P_0(x_0,y_0)$ 处可微时, $z = f(x,y)$ 在点 P_0 处的全微分为

$$dz = f_x(x_0,y_0)dx + f_y(x_0,y_0)dy.$$

当函数 $u = f(x,y,z)$ 在点 $P_0(x_0,y_0,z_0)$ 处可微时, $u = f(x,y,z)$ 在点 P_0 处的全微分为

$$du = f_x(x_0,y_0,z_0)dx + f_y(x_0,y_0,z_0)dy + f_z(x_0,y_0,z_0)dz.$$

8.1.2 方向导数

当函数 $z = f(x,y)$ 在点 $P(x,y)$ 处可微时, $z = f(x,y)$ 在点 P 处沿方向 l(设 x 轴正向到方向 l 的转角为 α) 的方向导数为

$$\frac{\partial f}{\partial l} = \frac{\partial f}{\partial x}\cos\alpha + \frac{\partial f}{\partial y}\sin\alpha.$$

当函数 $u = f(x,y,z)$ 在点 $P(x,y,z)$ 处可微时, $u = f(x,y,z)$ 在点 P 处沿方向 l 的方向导数为

$$\frac{\partial f}{\partial l} = \frac{\partial f}{\partial x}\cos\alpha + \frac{\partial f}{\partial y}\cos\beta + \frac{\partial f}{\partial z}\cos\gamma,$$

其中, $\cos\alpha, \cos\beta, \cos\gamma$ 为 l 的方向余弦.

8.1.3 梯度

函数 $u = f(x,y,z)$ 在点 $P(x,y,z)$ 处的梯度为

$$\mathbf{grad}u = \frac{\partial u}{\partial x}\boldsymbol{i} + \frac{\partial u}{\partial y}\boldsymbol{j} + \frac{\partial u}{\partial z}\boldsymbol{k}.$$

方向导数与梯度的关系为

$$\frac{\partial f}{\partial l} = \mathbf{grad}u \cdot \boldsymbol{l}^0,$$

其中, $\boldsymbol{l}^0$ 为 l 方向的单位矢量.

8.1.4　多元复合函数微分法

设 $u = u(x, y), v = v(x, y)$ 都在点 (x, y) 处具有对 x 和 y 的偏导数, $z = f(u, v)$ 在其对应点 (u, v) 处可微, 则复合函数 $z = f(u(x, y), v(x, y))$ 在点 (x, y) 处的两个偏导存在, 且

$$\frac{\partial z}{\partial x} = \frac{\partial f}{\partial u} \frac{\partial u}{\partial x} + \frac{\partial f}{\partial v} \frac{\partial v}{\partial x}, \frac{\partial z}{\partial y} = \frac{\partial f}{\partial u} \frac{\partial u}{\partial y} + \frac{\partial f}{\partial v} \frac{\partial v}{\partial y}.$$

8.1.5　隐函数微分法

(1) 由一个方程确定的隐函数. 设 $F(x, y, z)$ 是可微函数, 若由方程 $F(x, y, z) = 0$ 确定了隐函数 $z = f(x, y)$, 则当 $F_z(x, y, z) \neq 0$ 时, 有

$$\frac{\partial z}{\partial x} = -\frac{F_x(x, y, z)}{F_z(x, y, z)}, \quad \frac{\partial z}{\partial y} = -\frac{F_y(x, y, z)}{F_z(x, y, z)}.$$

(2) 由方程组确定的隐函数. 若方程组

$$\begin{cases} F(x, y, u, v) = 0, \\ G(x, y, u, v) = 0 \end{cases}$$

确定隐函数 $u = u(x, y), v = v(x, y)$, 则 $\dfrac{\partial u}{\partial x}, \dfrac{\partial v}{\partial x}$, 可通过下述线性方程组求解:

$$\begin{cases} F_x + F_u \dfrac{\partial u}{\partial x} + F_v \dfrac{\partial v}{\partial x} = 0, \\ G_x + G_u \dfrac{\partial u}{\partial x} + G_v \dfrac{\partial v}{\partial x} = 0. \end{cases} \Rightarrow \begin{cases} F_u \dfrac{\partial u}{\partial x} + F_v \dfrac{\partial v}{\partial x} = -F_x, \\ G_u \dfrac{\partial u}{\partial x} + G_v \dfrac{\partial v}{\partial x} = -G_x. \end{cases}$$

同理可求出 $\dfrac{\partial u}{\partial y}, \dfrac{\partial v}{\partial y}$.

8.1.6　空间曲线的切线与法平面

(1) 设空间曲线 L 的参数式方程为

$$\begin{cases} x = x(t), \\ y = y(t), \\ z = z(t) \quad (t \in I). \end{cases}$$

令 $t = t_0$, 可得到 L 上一点 $M_0(x_0, y_0, z_0)$, 则曲线在该点的切线与法平面方程分别为

$$\frac{x - x_0}{x'(t_0)} = \frac{y - y_0}{y'(t_0)} = \frac{z - z_0}{z'(t_0)},$$

$$x'(t_0)(x - x_0) + y'(t_0)(y - y_0) + z'(t_0)(z - z_0) = 0.$$

(2) 设空间曲线 L 的一般方程为

$$\begin{cases} F(x, y, z) = 0, \\ G(x, y, z) = 0. \end{cases}$$

记 $\tau = [\{F_x, F_y, F_z\} \times \{G_x, G_y, G_z\}]_{M_0} = \{m, n, p\}$，则曲线 L 在点 $M_0(x, y, z)$ 处的切线与法平面方程分别为

$$\frac{x - x_0}{m} = \frac{y - y_0}{n} = \frac{z - z_0}{p},$$

$$m(x - x_0) + n(y - y_0) + p(z - z_0) = 0.$$

8.1.7　曲面的切平面与法线

设曲面 S 由 $F(x, y, z) = 0$ 给出，则曲面 S 在 $M_0(x_0, y_0, z_0)$ 处的切平面和法线方程分别为

$$F_x(x_0, y_0, z_0)(x - x_0) + F_y(x_0, y_0, z_0)(y - y_0) + F_z(x_0, y_0, z_0)(z - z_0) = 0,$$

$$\frac{x - x_0}{F_x(x_0, y_0, z_0)} = \frac{y - y_0}{F_y(x_0, y_0, z_0)} = \frac{z - z_0}{F_z(x_0, y_0, z_0)}.$$

特别地，若曲面 S 由 $z = f(x, y)$ 给出，则曲面 S 在 $M_0(x_0, y_0, z_0)$ 处的切平面和法线方程分别为

$$f_x(x_0, y_0)(x - x_0) + f_y(x_0, y_0)(y - y_0) - (z - z_0) = 0,$$

$$\frac{x - x_0}{f_x(x_0, y_0)} = \frac{y - y_0}{f_y(x_0, y_0)} = \frac{z - z_0}{-1}.$$

8.1.8　极值的必要条件与充分条件

必要条件：若函数 $z = f(x, y)$ 在点 $P_0(x_0, y_0)$ 存在偏导数且有极值，则必有

$$f_x(x_0, y_0) = 0, f_y(x_0, y_0) = 0.$$

充分条件：设函数 $z = f(x, y)$ 在点 $P_0(x_0, y_0)$ 的某一邻域内具有二阶连续偏导数，且 $f_x(x_0, y_0) = 0, f_y(x_0, y_0) = 0$. 记 $A = f_{xx}(x_0, y_0)$，$B = f_{xy}(x_0, y_0)$，$C = f_{yy}(x_0, y_0)$，$\triangle = B^2 - AC$.

(1) 若 $\triangle < 0, A < 0$（或 $C < 0$），则 $P_0(x_0, y_0)$ 为极大值点；

(2) 若 $\triangle < 0, A > 0$（或 $C > 0$），则 $P_0(x_0, y_0)$ 为极小值点；

(3) 当 $\triangle > 0$ 时，$P_0(x_0, y_0)$ 不是极值点.

8.1.9　条件极值

函数 $u = f(x, y, z)$ 在约束条件 $\varphi(x, y, z) = 0$ 下取得极值的必要条件为

$$\begin{cases} F_x = f_x(x, y, z) + \lambda \varphi_x(x, y, z) = 0, \\ F_y = f_y(x, y, z) + \lambda \varphi_y(x, y, z) = 0, \\ F_z = f_z(x, y, z) + \lambda \varphi_z(x, y, z) = 0, \\ F_\lambda = \varphi(x, y, z) = 0. \end{cases}$$

其中，$F = f(x, y, z) + \lambda \varphi(x, y, z)$ 称为拉格朗日函数.

8.1.10　最值

设函数 $f(x,y)$ 在有界闭区域 D 上连续,分别计算 D 内驻点、偏导数不存在的点处的函数值以及 D 的边界上的最大、最小值,比较它们的大小即得其最大(小) 值.

对于实际问题,根据问题的性质,已知函数 $f(x,y)$ 在 D 内取得最值,且函数在 D 内驻点唯一,则该驻点处的函数值即为所求之最值.

8.2　解 题 指 导

8.2.1　基 本 概 念

例 1　设 $z = x + y + f(x - y)$,若当 $y = 0$ 时,$z = x^2$,求函数 f 及 z.

解　由已知条件 $y = 0$,$z = x^2$ 得
$$x^2 = f(x) + x,$$
即
$$f(x) = x^2 - x.$$
于是
$$z = x + y + (x - y)^2 - (x - y) = (x - y)^2 + 2y.$$

例 2　求下列极限.

(1) $\lim\limits_{\substack{x \to \infty \\ y \to \infty}} \dfrac{x + y}{x^2 - xy + y^2}$;

(2) $\lim\limits_{\substack{x \to 0 \\ y \to 0}} \dfrac{\sqrt[3]{x^2 + y^2 + 1} - 1}{x^2 + y^2}$;

(3) $\lim\limits_{\substack{x \to \infty \\ y \to \infty}} \left(\dfrac{xy}{x^2 + y^2}\right)^{y^2}$;

(4) $\lim\limits_{\substack{x \to 0 \\ y \to 0}} (x^2 + y^2)^{x^2 y^2}$;

(5) $\lim\limits_{\substack{x \to 0 \\ y \to 0}} \dfrac{xy^2}{x^2 + y^2 + y^4}$.

解　(1) 因为 $x^2 + y^2 \geqslant 2xy$,所以
$$0 \leqslant \left|\frac{x + y}{x^2 - xy + y^2}\right| \leqslant \frac{|x + y|}{|2xy - xy|} = \frac{|x + y|}{|xy|} \leqslant \frac{1}{|x|} + \frac{1}{|y|}.$$
又 $\lim\limits_{\substack{x \to \infty \\ y \to \infty}} \left(\dfrac{1}{|x|} + \dfrac{1}{|y|}\right) = 0$,故
$$\lim_{\substack{x \to \infty \\ y \to \infty}} \frac{x + y}{x^2 - xy + y^2} = 0.$$

(2) **解一**

$$\lim_{\substack{x \to 0 \\ y \to 0}} \frac{\sqrt[3]{x^2 + y^2 + 1} - 1}{x^2 + y^2} = \lim_{\substack{x \to 0 \\ y \to 0}} \frac{(\sqrt[3]{x^2 + y^2 + 1} - 1)(\sqrt[3]{(x^2 + y^2 + 1)^2} + \sqrt[3]{x^2 + y^2 + 1} + 1)}{(x^2 + y^2)(\sqrt[3]{(x^2 + y^2 + 1)^2} + \sqrt[3]{x^2 + y^2 + 1} + 1)}$$

$$= \lim_{\substack{x \to 0 \\ y \to 0}} \frac{x^2 + y^2}{(x^2 + y^2)(\sqrt[3]{(x^2 + y^2 + 1)^2} + \sqrt[3]{x^2 + y^2 + 1} + 1)} = \frac{1}{3}.$$

解二　令 $x^2 + y^2 = t$,则 $x \to 0, y \to 0$ 等价于 $t \to 0$.

$$\lim_{\substack{x \to 0 \\ y \to 0}} \frac{\sqrt[3]{x^2 + y^2 + 1} - 1}{x^2 + y^2} = \lim_{t \to 0} \frac{\sqrt[3]{t+1} - 1}{t} = \lim_{t \to 0} \frac{\frac{1}{3}t}{t} = \frac{1}{3}.$$

（3）因为 $x > 0, y > 0$ 时,$0 < \dfrac{xy}{x^2 + y^2} < \dfrac{1}{2}$,故

$$0 < \left(\frac{xy}{x^2 + y^2}\right)^{y^2} < \left(\frac{1}{2}\right)^{y^2}.$$

而 $\lim\limits_{y \to +\infty} \left(\dfrac{1}{2}\right)^{y^2} = 0$,所以 $\lim\limits_{\substack{x \to +\infty \\ y \to +\infty}} \left(\dfrac{xy}{x^2 + y^2}\right)^{y^2} = 0$.

（4）先求取对数之后的极限,

$$\lim_{\substack{x \to 0 \\ y \to 0}} \ln(x^2 + y^2)^{x^2 y^2} = \lim_{\substack{x \to 0 \\ y \to 0}} \frac{x^2 y^2}{x^2 + y^2}(x^2 + y^2)\ln(x^2 + y^2),$$

$$0 \leqslant \frac{x^2 y^2}{x^2 + y^2} \leqslant \frac{(x^2 + y^2)^2}{x^2 + y^2} = x^2 + y^2 \to 0 (x \to 0, y \to 0).$$

$$\lim_{\substack{x \to 0 \\ y \to 0}} (x^2 + y^2)\ln(x^2 + y^2) \xrightarrow{\diamondsuit\, x^2 + y^2 = t} \lim_{t \to 0} t\ln t = 0,$$

故

$$\lim_{\substack{x \to 0 \\ y \to 0}} (x^2 + y^2)^{x^2 y^2} = e^0 = 1.$$

（5）设 $x = r\cos\theta, y = r\sin\theta$,其中,$r = \sqrt{x^2 + y^2}$,而 $x \to 0, y \to 0$ 等价于 $r \to 0$. 因为

$$0 \leqslant \left|\frac{xy^2}{x^2 + y^2 + y^4}\right| = \left|\frac{r^3\cos\theta\,\sin^2\theta}{r^2 + r^4\sin^4\theta}\right| = r\left|\frac{\cos\theta\,\sin^2\theta}{1 + r^2\sin^4\theta}\right| \leqslant r,$$

而 $\lim\limits_{r \to 0} r = 0$,故

$$\lim_{\substack{x \to 0 \\ y \to 0}} \frac{xy^2}{x^2 + y^2 + y^4} = 0.$$

注　计算多元函数的极限比计算一元函数的极限要复杂一些. 一般可采用下面的方法:（1）利用不等式,使用两边夹挤法则;（2）利用初等变形化为已知极限;（3）利用变量代换化为已知极限,或化为一元函数的极限;（4）利用极限的运算法则;（5）利用函数的连续性;（6）利用极坐标;（7）求幂指函数的极限时可先求其对数的极限。

例 3　证明下列极限不存在.

（1）$\lim\limits_{\substack{x \to 0 \\ y \to 0}} \dfrac{x^2 y^2}{x^2 y^2 + (x - y)^2}$；　　（2）$\lim\limits_{\substack{x \to 0 \\ y \to 0}} \dfrac{xy^2}{x^2 + y^4}$.

解　（1）如果点 $P(x,y)$ 沿直线 $y = x$ 趋于点 $(0,0)$,则

$$\lim_{\substack{x \to 0 \\ y = x \to 0}} \frac{x^2 y^2}{x^2 y^2 + (x - y)^2} = \lim_{x \to 0} \frac{x^2 x^2}{x^2 x^2 + 0} = 1;$$

如果点 $P(x,y)$ 沿直线 $y = -x$ 趋于点 $(0,0)$，则

$$\lim_{\substack{x \to 0 \\ y = -x \to 0}} \frac{x^2 y^2}{x^2 y^2 + (x-y)^2} = \lim_{x \to 0} \frac{x^2 \cdot (-x)^2}{x^2 \cdot (-x)^2 + 4x^2} = \lim_{x \to 0} \frac{x^2}{x^2 + 4} = 0.$$

所以极限不存在.

(2) 如果动点 $P(x,y)$ 沿曲线 $x = ky^2$ 趋于点 $(0,0)$，则

$$\lim_{\substack{y \to 0 \\ x = ky^2 \to 0}} \frac{xy^2}{x^2 + y^4} = \lim_{y \to 0} \frac{ky^2 \cdot y^2}{k^2 y^4 + y^4} = \frac{k}{k^2 + 1}.$$

显然，它随 k 值的不同而变化，所以此极限不存在.

注 二重极限又称全面极限. $\lim\limits_{\substack{x \to x_0 \\ y \to y_0}} f(x,y)$ 存在，要求点 $P(x,y)$ 以任何方式趋向于点 $P_0(x_0, y_0)$ 时，$f(x,y)$ 有相同的极限. 因此，判定二重极限不存在时常用以下两种方法.

(1) 选取一种 $P \to P_0$ 的方式，按此种方式，极限 $\lim\limits_{P \to P_0} f(x,y)$ 不存在，则原极限不存在，如本例的(2)题.

(2) 找出两种方式，当点 P 沿这两种方式分别趋向于点 P_0 时，所得的极限值不相等，则二重极限 $\lim\limits_{P \to P_0} f(x,y)$ 不存在. 如本例的(1)题.

例 4 讨论下列函数的连续性.

(1) $f(x,y) = \begin{cases} \dfrac{x^3 + y^3}{x^2 + y^2} & (x^2 + y^2 \neq 0), \\ 0 & (x^2 + y^2 = 0); \end{cases}$

(2) $f(x,y) = \begin{cases} x\sin\dfrac{1}{y} & (y \neq 0), \\ 0 & (y = 0). \end{cases}$

解 **(1) 解一** 由初等函数的连续性知，$f(x,y)$ 在 $(x,y) \neq (0,0)$ 时连续. 又

$$0 \leqslant |f(x,y) - f(0,0)| \leqslant \frac{|x|^3 + |y|^3}{x^2 + y^2}$$

$$\leqslant \frac{|x|^3 + x^2|y| + y^2|x| + |y|^3}{x^2 + y^2} = |x| + |y|,$$

而

$$\lim_{\substack{x \to 0 \\ y \to 0}} (|x| + |y|) = 0,$$

从而

$$\lim_{\substack{x \to 0 \\ y \to 0}} f(x,y) = f(0,0),$$

故 $f(x,y)$ 在全平面上连续.

解二 由初等函数的连续性知，$f(x,y)$ 在 $(x,y) \neq (0,0)$ 时连续.

令 $x = r\cos\theta, y = r\sin\theta$，其中，$r = \sqrt{x^2 + y^2}$，当 $(x,y) \to (0,0)$ 时，$r \to 0$. 因为

$$0 \leqslant |f(x,y) - f(0,0)| = |r(\sin^3\theta + \cos^3\theta)| < 2r,$$

从而
$$\lim_{\substack{x\to 0\\y\to 0}} f(x,y) = f(0,0),$$

所以 $f(x,y)$ 在全平面上连续.

(2) 显然当 $y \neq 0$ 时,$f(x,y) = x\sin\dfrac{1}{y}$ 处处连续;当 $y = 0$ 且 $x_0 \neq 0$ 时,

$$\lim_{\substack{x\to x_0\\y\to 0}} f(x,y) = \lim_{\substack{x\to x_0\\y\to 0}} x\sin\frac{1}{y},$$

此极限不存在,故函数 $f(x,y)$ 在 $(x_0,0)$ 处间断;

当 $y = 0$ 且 $x = 0$ 时,$\lim\limits_{\substack{x\to 0\\y\to 0}} f(x,y) = \lim\limits_{\substack{x\to 0\\y\to 0}} x\sin\dfrac{1}{y} = 0 = f(0,0)$,故 $f(x,y)$ 在 $(0,$

$0)$ 处连续.

综上所述,函数 $f(x,y)$ 在 $(x,y) \neq (x_0,0),x_0 \neq 0$ 连续.

注　对分段函数讨论其连续性时,必须用连续函数的定义对分段点处加以讨论.

例 5　设 $f(x,y) = \begin{cases} \dfrac{x^2 y^2}{(x^2+y^2)^{3/2}} & (x^2+y^2 \neq 0), \\ 0 & (x^2+y^2 = 0). \end{cases}$

证明　$f(x,y)$ 在点 $(0,0)$ 处连续,且偏导数存在,但不可微分.

证　令 $x = r\cos\theta, y = r\sin\theta$,因

$$\lim_{\substack{x\to 0\\y\to 0}} f(x,y) = \lim_{r\to 0} \frac{r^2\cos^2\theta \cdot r^2\sin^2\theta}{(r^2\cos^2\theta + r^2\sin^2\theta)^{3/2}} = \lim_{r\to 0} r \cdot \frac{1}{4}\sin^2 2\theta$$
$$= 0 = f(0,0),$$

所以 $f(x,y)$ 在 $(0,0)$ 处连续.

由偏导数定义,得

$$f_x(0,0) = \lim_{x\to 0} \frac{f(x,0) - f(0,0)}{x - 0} = \lim_{x\to 0} \frac{\dfrac{0}{x^3} - 0}{x} = 0,$$

$$f_y(0,0) = \lim_{y\to 0} \frac{f(0,y) - f(0,0)}{y - 0} = \lim_{y\to 0} \frac{\dfrac{0}{y^3} - 0}{y} = 0.$$

所以 $f(x,y)$ 在 $(0,0)$ 处 $f_x(0,0),f_y(0,0)$ 存在.

因　$\Delta z = f(0 + \Delta x, 0 + \Delta y) - f(0,0) = \dfrac{(\Delta x)^2 \cdot (\Delta y)^2}{[(\Delta x)^2 + (\Delta y)^2]^{3/2}}$,

所以 $\lim\limits_{\rho\to 0} \dfrac{\Delta z - f_x(0,0)\Delta x - f_y(0,0)\Delta y}{\rho} = \lim\limits_{\rho\to 0} \dfrac{\Delta z}{\rho} = \lim\limits_{\rho\to 0} \dfrac{(\Delta x)^2 \cdot (\Delta y)^2}{[(\Delta x)^2 + (\Delta y)^2]^2}.$

当取 $\Delta y = \Delta x$ 时,

$$\lim_{\rho\to 0} \frac{\Delta z - f_x(0,0)\Delta x - f_y(0,0)\Delta y}{\rho} = \lim_{\Delta x\to 0} \frac{(\Delta x)^2 \cdot (\Delta x)^2}{[(\Delta x)^2 + (\Delta x)^2]^2}$$
$$= \lim_{\Delta x\to 0} \frac{(\Delta x)^4}{4(\Delta x)^4} = \frac{1}{4} \neq 0.$$

$f(x,y)$ 在 $(0,0)$ 处不可微.

　　注　(1) 一元函数与多元函数在一点处极限存在、连续、可导或偏导数存在、可微、导函数或偏导数连续之间的联系是有区别的. 要注意掌握它们相互间的联系. 为此,我们列出如下关系图加以说明.

　　对于一元函数,关系图为

　　对于多元函数,关系图为

　　(2) 用全微分定义验证一个偏导数存在的函数的可微性只需检验

$$\lim_{\rho \to 0} \frac{\Delta z - [f_x(x_0, y_0)\Delta x + f_y(x_0, y_0)\Delta y]}{\rho}$$

是否为零即可.

8.2.2　偏导数

　　例 6　求函数 $u = \left(\dfrac{xz}{y}\right)^z$ 的偏导数.

　　解　因为 $u = \left(\dfrac{xz}{y}\right)^z$ 是 x 的幂函数,所以

$$\frac{\partial u}{\partial x} = z\left(\frac{xz}{y}\right)^{z-1} \cdot \frac{z}{y} = \frac{z^2}{y}\left(\frac{xz}{y}\right)^{z-1},$$

又 $u = \left(\dfrac{xz}{y}\right)^z$ 是 y 的幂函数,所以

$$\frac{\partial u}{\partial y} = z\left(\frac{xz}{y}\right)^{z-1} \cdot \left(-\frac{xz}{y^2}\right) = -\frac{z}{y}\left(\frac{xz}{y}\right)^z.$$

又 $u = \left(\dfrac{xz}{y}\right)^z$ 是 z 的幂指函数,因为

$$u = \left(\frac{xz}{y}\right)^z = e^{z\ln\frac{xz}{y}} = e^{z[\ln x + \ln z - \ln y]},$$

所以　　$$\frac{\partial u}{\partial z} = e^{z[\ln x + \ln z - \ln y]}\left(\ln\frac{xz}{y} + z \cdot \frac{1}{z}\right) = \left(\frac{xz}{y}\right)^z\left(\ln\frac{xz}{y} + 1\right).$$

注 计算多元函数偏导数时,首先要弄清对哪一个自变量求偏导数,将其他自变量看成常量,然后按一元函数求导的法则和公式计算.

例 7 已知
$$f(x,y) = \begin{cases} \dfrac{xy(x^2-y^2)}{x^2+y^2}, & x^2+y^2 \neq 0, \\ 0, & x^2+y^2 = 0, \end{cases}$$
求 $f_x(x,y), f_y(x,y)$.

解 当 $x^2+y^2 \neq 0$ 时,
$$f_x(x,y) = \frac{y(3x^2-y^2)(x^2+y^2) - xy(x^2-y^2) \cdot 2x}{(x^2+y^2)^2}$$
$$= \frac{x^4 y + 4x^2 y^3 - y^5}{(x^2+y^2)^2},$$
$$f_y(x,y) = \frac{x(x^2-3y^2)(x^2+y^2) - xy(x^2-y^2) \cdot 2y}{(x^2+y^2)^2}$$
$$= \frac{x^5 - 4x^3 y^2 - xy^4}{(x^2+y^2)^2}.$$

当 $x^2+y^2 = 0$ 时,
$$f_x(0,0) = \lim_{x \to 0} \frac{f(x,0) - f(0,0)}{x} = \lim_{x \to 0} \frac{0}{x} = 0, \text{同理 } f_y(0,0) = 0. \text{所以}$$
$$f_x(x,y) = \begin{cases} \dfrac{x^4 y + 4x^2 y^2 - y^5}{(x^2+y^2)^2}, & x^2+y^2 \neq 0, \\ 0, & x^2+y^2 = 0, \end{cases}$$
$$f_y(x,y) = \begin{cases} \dfrac{x^5 - 4x^3 y^2 - xy^4}{(x^2+y^2)^2}, & x^2+y^2 \neq 0, \\ 0, & x^2+y^2 = 0. \end{cases}$$

注 对于分段函数,求其偏导数必须分两步考虑.先求出每一个分段表达式的偏导数,再用定义求出每一个分段点处的偏导数.一般而言,分段函数的偏导数仍然是一个分段函数.

例 8 设 $f(x,y,z) = (\ln xz)^{y^3} + (y^2-1)\tan\sqrt{\dfrac{xy}{z}}$,求 $f_x(x,1,1)$.

解一 因为
$$f_x(x,y,z) = y^3(\ln xz)^{y^3-1} \cdot \frac{1}{xz} \cdot z + (y^2-1)\sec^2\sqrt{\frac{xy}{z}} \cdot \frac{1}{2}\left(\frac{xy}{z}\right)^{-\frac{1}{2}} \cdot \frac{y}{z}$$
$$= \frac{y^3}{x}(\ln xz)^{y^3-1} + \frac{y^2-1}{2}\sqrt{\frac{z}{xy}}\sec^2\sqrt{\frac{xy}{z}},$$
所以
$$f_x(x,1,1) = \frac{1}{x}.$$

解二 因为

$$f(x,1,1) = \ln x,$$

所以

$$f_x(x,1,1) = \frac{1}{x}.$$

注 求初等函数在给定点 $P_0(x_0,y_0,z_0)$ 处的偏导数时,可先求其偏导函数,再将 (x_0,y_0,z_0) 代入. 也可用 $f_x(x_0,y_0,z_0) = \left[\dfrac{\mathrm{d}}{\mathrm{d}x}f(x,y_0,z_0)\right]_{x=x_0}$, $f_y(x_0,y_0,z_0)$ $= \left[\dfrac{\mathrm{d}}{\mathrm{d}y}f(x_0,y,z_0)\right]_{y=y_0}$, $f_z(x_0,y_0,z_0) = \left[\dfrac{\mathrm{d}}{\mathrm{d}z}f(x_0,y_0,z)\right]_{z=z_0}$ 求之. 一般而言,后种方法比前种方法简单.

例 9 设 $z = y^{x^2} + \arccos \dfrac{x}{\sqrt{x^2+y^2}}$ $(y \neq 0)$,求 $\dfrac{\partial^2 z}{\partial x^2}$.

解 $\dfrac{\partial z}{\partial x} = y^{x^2}\ln|y| \cdot 2x - \dfrac{1}{\sqrt{1-\dfrac{x^2}{x^2+y^2}}} \cdot \dfrac{1}{x^2+y^2}\left(\sqrt{x^2+y^2} - \dfrac{x^2}{\sqrt{x^2+y^2}}\right)$

$= 2x \cdot y^{x^2}\ln|y| - \dfrac{|y|}{x^2+y^2}$ $(y \neq 0)$.

$\dfrac{\partial^2 z}{\partial x^2} = 2y^{x^2}\ln|y|(1+2x^2\ln|y|) + \dfrac{2x|y|}{(x^2+y^2)^2}$ $(y \neq 0)$.

例 10 设 $z = (x^2+y^2)\mathrm{e}^{\frac{x^2+y^2}{xy}}$,求 z_x, z_y 和 $\mathrm{d}z$.

解一 利用公式 $\mathrm{d}z = z_x\mathrm{d}x + z_y\mathrm{d}y$.

用幂指函数求导法,两边取对数,得

$$\ln z = \ln(x^2+y^2) + \frac{x^2+y^2}{xy}.$$

上式两端对 x 求偏导数,得

$$\frac{1}{z}\frac{\partial z}{\partial x} = \frac{2x}{x^2+y^2} + \frac{1}{y} + \left(-\frac{y}{x^2}\right) = \frac{x^4-y^4+2x^3y}{(x^2+y^2)x^2y},$$

故

$$z_x = \frac{x^4-y^4+2x^3y}{x^2y}\mathrm{e}^{\frac{x^2+y^2}{xy}}.$$

利用 x,y 的对称性,即得

$$z_y = \frac{y^4-x^4+2xy^3}{xy^2}\mathrm{e}^{\frac{x^2+y^2}{xy}},$$

所以

$$\mathrm{d}z = \frac{1}{xy}\mathrm{e}^{\frac{x^2+y^2}{xy}}\left[\frac{x^4-y^4+2x^3y}{x}\mathrm{d}x + \frac{y^4-x^4+2xy^3}{y}\mathrm{d}y\right].$$

解二 利用一阶全微分形式不变性,先求出 $\mathrm{d}z$,再写出 z_x 和 z_y.

$\mathrm{d}z = (x^2+y^2)\mathrm{d}\mathrm{e}^{\frac{x^2+y^2}{xy}} + \mathrm{e}^{\frac{x^2+y^2}{xy}}\mathrm{d}(x^2+y^2)$

$= (x^2+y^2)\mathrm{e}^{\frac{x^2+y^2}{xy}}\mathrm{d}\frac{x^2+y^2}{xy} + \mathrm{e}^{\frac{x^2+y^2}{xy}}(2x\mathrm{d}x+2y\mathrm{d}y)$

$$= e^{\frac{x^2+y^2}{xy}}\left[(x^2+y^2)\,\frac{xy\mathrm{d}(x^2+y^2)-(x^2+y^2)\mathrm{d}(xy)}{x^2y^2}+2x\mathrm{d}x+2y\mathrm{d}y\right]$$

$$= e^{\frac{x^2+y^2}{xy}}\left[\frac{x^4-y^4+2x^3y}{x^2y}\mathrm{d}x+\frac{y^4-x^4+2xy^3}{xy^2}\mathrm{d}y\right],$$

从而得

$$z_x=\frac{x^4-y^4+2x^3y}{x^2y}e^{\frac{x^2+y^2}{xy}},$$

$$z_y=\frac{y^4-x^4+2xy^3}{xy^2}e^{\frac{x^2+y^2}{xy}}.$$

注　计算函数的全微分通常有三种方法：(1)用定义直接求全微分(对分段函数的分段点处尤其如此)；(2)利用偏导数求；(3)利用一阶全微分形式的不变性求.

例 11　设 $z=x^2yf(x^2-y^2,xy)$，其中，f 有连续偏导数，求 $\dfrac{\partial z}{\partial x}$.

解　本题 z 的表达式是两个函数之积，求偏导数时，应先用积的求导法则，而在求导过程中若遇复合函数，则需用复合函数求导法则.

令 $u=x^2-y^2,v=xy$，则

$$\frac{\partial z}{\partial x}=2xyf+x^2y\,\frac{\partial}{\partial x}f(x^2-y^2,xy)=2xyf+x^2y\left[\frac{\partial f}{\partial u}\cdot 2x+\frac{\partial f}{\partial v}\cdot y\right]$$

$$=2xyf+2x^3y\frac{\partial f}{\partial u}+x^2y^2\frac{\partial f}{\partial v}.$$

例 12　已知 $z=xf\left(\dfrac{y}{x}\right)+2y\varphi\left(\dfrac{x}{y}\right)$，其中，$f,\varphi$ 均具有二阶连续偏导数，(1) 求 $\dfrac{\partial^2 z}{\partial x\partial y}$，(2) 当 $f=\varphi$，且 $\dfrac{\partial^2 z}{\partial x\partial y}\Big|_{x=a}=-by^2$ 时，求 $f(y)$，其中，a,b 都是大于零的常数.

解　(1) $\dfrac{\partial z}{\partial x}=f\left(\dfrac{y}{x}\right)+xf'\left(\dfrac{y}{x}\right)\cdot\left(\dfrac{-y}{x^2}\right)+2y\varphi'\left(\dfrac{x}{y}\right)\cdot\dfrac{1}{y}$

$$=f\left(\frac{y}{x}\right)-\frac{y}{x}f'\left(\frac{y}{x}\right)+2\varphi'\left(\frac{x}{y}\right),$$

$$\frac{\partial^2 z}{\partial x\partial y}=-\frac{y}{x^2}f''\left(\frac{y}{x}\right)-\frac{2x}{y^2}\varphi''\left(\frac{x}{y}\right).$$

(2) 由 $f=\varphi$，且 $\dfrac{\partial^2 z}{\partial x\partial y}\Big|_{x=a}=-by^2$ 可知，

$$-\frac{y}{a^2}f''\left(\frac{y}{a}\right)-\frac{2a}{y^2}f''\left(\frac{a}{y}\right)=-by^2,$$

令 $y=at$，则

$$t^3f''(t)+2f''\left(\frac{1}{t}\right)=ba^3t^4. \tag{1}$$

在(1) 式中将 t 用 $\dfrac{1}{t}$ 换之，得

$$\frac{1}{t^3}f''\left(\frac{1}{t}\right)+2f''(t)=ba^3\frac{1}{t^4},\tag{2}$$

由(1)式 $-2t^3\times$(2)式得 $\quad -3t^3f''(t)=a^3b\left(t^4-\frac{2}{t}\right),$

故 $$f''(t)=\frac{a^3b}{3}\left(\frac{2}{t^4}-t\right).$$

积分,得 $$f'(t)=\frac{a^3b}{3}\left(-\frac{2}{3t^3}-\frac{t^2}{2}\right)+C_1,$$

$$f(t)=\frac{a^3b}{3}\left(\frac{2}{6t^2}-\frac{t^3}{6}\right)+C_1t+C_2,$$

即 $$f(y)=\frac{a^3b}{9y^2}-\frac{a^3b}{18}y^3+C_1y+C_2.$$

注 多元复合函数的求导法则是本章的重点,必须熟练掌握.求多元复合函数的导数的步骤为:(1)分清变量结构;(2)画出变量关系图;(3)按变量关系图从左至右,串联相乘,并联相加.例如:设 $z=f(x,u,v)$ 可微,$u=u(x,y),v=v(x,y)$ 偏导存在,求 $\frac{\partial z}{\partial x}$.

根据分析变量结构,其复合关系图为

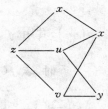

则 $$\frac{\partial z}{\partial x}=\frac{\partial f}{\partial x}+\frac{\partial z}{\partial u}\cdot\frac{\partial u}{\partial x}+\frac{\partial z}{\partial v}\cdot\frac{\partial v}{\partial x}.$$

特别注意:这里 $\frac{\partial z}{\partial x}$ 与 $\frac{\partial f}{\partial x}$ 是不同的.$\frac{\partial z}{\partial x}$ 是把复合函数 $z=f[x,u(x,y),v(x,y)]$ 中的 y 看成不变的,而对 x 求偏导数.$\frac{\partial f}{\partial x}$ 是把 $z=f(x,u,v)$ 中的 u 及 v 看成不变的,而对 x 求偏导数.

在对抽象的多元复合函数求二阶偏导数时,应该特别注意,抽象函数的一阶偏导函数仍然是复合函数,且复合结构与原来的函数相同.请看下例.

例 13 设 $z=f(xe^y,y-x^2)$,其中,f 具有二阶连续偏导数,求 $\frac{\partial^2 z}{\partial x\partial y}$.

解 令 $u=xe^y,v=y-x^2$,则 $z=f(u,v)$.

$$\frac{\partial z}{\partial x} = \frac{\partial z}{\partial u} \cdot \frac{\partial u}{\partial x} + \frac{\partial z}{\partial v} \frac{\partial v}{\partial x} = e^y \frac{\partial z}{\partial u} - 2x \frac{\partial z}{\partial v},$$

$$\frac{\partial^2 z}{\partial x \partial y} = \frac{\partial}{\partial y}\left(e^y \frac{\partial z}{\partial u} - 2x \frac{\partial z}{\partial v}\right) = e^y \frac{\partial z}{\partial u} + e^y \frac{\partial}{\partial y}\left(\frac{\partial z}{\partial u}\right) - 2x \frac{\partial}{\partial y}\left(\frac{\partial z}{\partial v}\right)$$

$$= e^y \frac{\partial z}{\partial u} + e^y\left(\frac{\partial^2 z}{\partial u^2} \cdot \frac{\partial u}{\partial y} + \frac{\partial^2 z}{\partial u \partial v} \frac{\partial v}{\partial y}\right) - 2x\left(\frac{\partial^2 z}{\partial v \partial u} \frac{\partial u}{\partial y} + \frac{\partial^2 z}{\partial v^2} \frac{\partial v}{\partial y}\right)$$

$$= e^y \frac{\partial z}{\partial u} + e^y\left(xe^y \frac{\partial^2 z}{\partial u^2} + \frac{\partial^2 z}{\partial u \partial v}\right) - 2x\left(xe^y \frac{\partial^2 z}{\partial v \partial u} + \frac{\partial^2 z}{\partial v^2}\right)$$

$$= e^y \frac{\partial z}{\partial u} + xe^{2y} \frac{\partial^2 z}{\partial u^2} + e^y(1 - 2x^2) \frac{\partial^2 z}{\partial u \partial v} - 2x \frac{\partial^2 z}{\partial v^2}.$$

注　若令 $f_1 = \dfrac{\partial z}{\partial u}, f_2 = \dfrac{\partial z}{\partial v}, f_{11} = \dfrac{\partial^2 z}{\partial u^2}, f_{22} = \dfrac{\partial^2 z}{\partial v^2}, f_{12} = \dfrac{\partial^2 z}{\partial u \partial v}$，则本例的答案可写成

$$\frac{\partial^2 z}{\partial x \partial y} = e^y f_1 + xe^{2y} f_{11} + e^y(1 - 2x^2) f_{12} - 2x f_{22}.$$

这样的写法在形式上更简单.

例 14　设 $z = 2yf\left(\dfrac{x^2}{y}, 3y\right)$，$f$ 有二阶连续偏导数，求 $\dfrac{\partial^2 z}{\partial y \partial x}$.

分析　本题若先求 $\dfrac{\partial z}{\partial y}$，再求 $\dfrac{\partial^2 z}{\partial y \partial x}$ 显然比较麻烦. 因为，f 具有二阶连续偏导数，

所以 $\dfrac{\partial^2 z}{\partial y \partial x} = \dfrac{\partial^2 z}{\partial x \partial y}$. 因此，本题可先求 $\dfrac{\partial z}{\partial x}$，再求 $\dfrac{\partial^2 z}{\partial x \partial y}$.

解　设 $u = \dfrac{x^2}{y}, v = 3y$，则 $z = 2yf(u, v)$.

$$\frac{\partial z}{\partial x} = 2y\left(f_u \cdot \frac{2x}{y} + f_v \cdot 0\right) = 4x f_u.$$

$$\frac{\partial^2 z}{\partial x \partial y} = \frac{\partial}{\partial y}(4x f_u) = 4x\left[f_{uu}\left(-\frac{x^2}{y^2}\right) + f_{uv} \times 3\right]$$

$$= -\frac{4x^3}{y^2} f_{uu} + 12x f_{uv} = \frac{\partial^2 z}{\partial y \partial x}.$$

8.2.3　隐函数微分法

例 15　设 $z = z(x, y)$ 由方程 $xyz + \sqrt{x^2 + y^2 + z^2} = \sqrt{2}$ 所确定，求 $\dfrac{\partial z}{\partial x}, \dfrac{\partial z}{\partial y}$.

解一　公式法：令 $F(x, y, z) = xyz + \sqrt{x^2 + y^2 + z^2} - \sqrt{2}$，

$$F_x = yz + \frac{x}{\sqrt{x^2 + y^2 + z^2}}, \quad F_y = xz + \frac{y}{\sqrt{x^2 + y^2 + z^2}},$$

$$F_z = xy + \frac{z}{\sqrt{x^2 + y^2 + z^2}}.$$

从而
$$\frac{\partial z}{\partial x} = -\frac{F_x}{F_z} = -\frac{yz\sqrt{x^2+y^2+z^2}+x}{xy\sqrt{x^2+y^2+z^2}+z};$$

$$\frac{\partial z}{\partial y} = -\frac{F_y}{F_z} = -\frac{xz\sqrt{x^2+y^2+z^2}+y}{xy\sqrt{x^2+y^2+z^2}+z}.$$

解二 直接法:方程两边分别对 x,y 求导,注意 z 是 x,y 的函数.

$$yz + xy\frac{\partial z}{\partial x} + \frac{x}{\sqrt{x^2+y^2+z^2}} + \frac{z}{\sqrt{x^2+y^2+z^2}}\frac{\partial z}{\partial x} = 0,$$

$$xz + xy\frac{\partial z}{\partial y} + \frac{y}{\sqrt{x^2+y^2+z^2}} + \frac{z}{\sqrt{x^2+y^2+z^2}}\frac{\partial z}{\partial y} = 0,$$

解得

$$\frac{\partial z}{\partial x} = -\frac{yz\sqrt{x^2+y^2+z^2}+x}{xy\sqrt{x^2+y^2+z^2}+z}, \quad \frac{\partial z}{\partial y} = -\frac{xz\sqrt{x^2+y^2+z^2}+y}{xy\sqrt{x^2+y^2+z^2}+z}.$$

解三 全微分法:利用一阶全微分形式的不变性,方程两边求微分,得

$$yz\,\mathrm{d}x + xz\,\mathrm{d}y + xy\,\mathrm{d}z + \frac{x\,\mathrm{d}x}{\sqrt{x^2+y^2+z^2}} + \frac{y\,\mathrm{d}y}{\sqrt{x^2+y^2+z^2}} + \frac{z\,\mathrm{d}z}{\sqrt{x^2+y^2+z^2}} = 0,$$

解出

$$\mathrm{d}z = -\frac{yz\sqrt{x^2+y^2+z^2}+x}{xy\sqrt{x^2+y^2+z^2}+z}\mathrm{d}x - \frac{xz\sqrt{x^2+y^2+z^2}+y}{xy\sqrt{x^2+y^2+z^2}+z}\mathrm{d}y,$$

所以

$$\frac{\partial z}{\partial x} = -\frac{yz\sqrt{x^2+y^2+z^2}+x}{xy\sqrt{x^2+y^2+z^2}+z}, \quad \frac{\partial z}{\partial y} = -\frac{xz\sqrt{x^2+y^2+z^2}+y}{xy\sqrt{x^2+y^2+z^2}+z}.$$

例 16 设 $z = z(x,y)$ 由方程 $F\left(x+\dfrac{z}{y}, y+\dfrac{z}{x}\right) = 0$ 所确定,其中,F 可微,求 $\dfrac{\partial z}{\partial x}, \dfrac{\partial z}{\partial y}$.

解一 公式法:设 $u = x+\dfrac{z}{y}, v = y+\dfrac{z}{x}$,则原方程为 $F(u,v) = 0$,由复合函数求导法则,得

$$F_x = F_u \cdot u_x + F_v \cdot v_x = F_u - \frac{z}{x^2}F_v,$$

$$F_y = F_u \cdot u_y + F_v \cdot v_y = -\frac{z}{y^2}F_u + F_v,$$

$$F_z = F_u \cdot u_z + F_v \cdot v_z = \frac{1}{y}F_u + \frac{1}{x}F_v,$$

所以

$$\frac{\partial z}{\partial x} = -\frac{F_x}{F_z} = \frac{y}{x} \cdot \frac{zF_v - x^2 F_u}{xF_u + yF_v}, \quad \frac{\partial z}{\partial y} = -\frac{F_y}{F_z} = \frac{x}{y}\frac{zF_u - y^2 F_v}{xF_u + yF_v}.$$

解二　直接法:方程两边分别对 x,y 求偏导数,注意 z 是 x,y 的函数,得

$$F_u\left(1+\frac{1}{y}\frac{\partial z}{\partial x}\right)+F_v\frac{x\frac{\partial z}{\partial x}-z}{x^2}=0,$$

$$F_u\frac{y\frac{\partial z}{\partial y}-z}{y^2}+F_v\left(1+\frac{1}{x}\frac{\partial z}{\partial y}\right)=0.$$

解之,得

$$\frac{\partial z}{\partial x}=\frac{y}{x}\frac{zF_v-x^2F_u}{xF_u+yF_v},\quad \frac{\partial z}{\partial y}=\frac{x}{y}\frac{zF_u-y^2F_v}{xF_u+yF_v}.$$

解三　全微分法:利用一阶全微分形式的不变性,对方程两边求微分,得
$$F_u\mathrm{d}u+F_v\mathrm{d}v=0,$$

又
$$\mathrm{d}u=\mathrm{d}x+\frac{y\mathrm{d}z-z\mathrm{d}y}{y^2},\quad \mathrm{d}v=\mathrm{d}y+\frac{x\mathrm{d}z-z\mathrm{d}x}{x^2}.$$

于是
$$F_u\left(\mathrm{d}x+\frac{y\mathrm{d}z-z\mathrm{d}y}{y^2}\right)+F_v\left(\mathrm{d}y+\frac{x\mathrm{d}z-z\mathrm{d}x}{x^2}\right)=0,$$

则
$$\mathrm{d}z=\frac{y}{x}\frac{zF_v-x^2F_u}{xF_u+yF_v}\mathrm{d}x+\frac{x}{y}\frac{zF_u-y^2F_v}{xF_u+yF_v}\mathrm{d}y,$$

从而有
$$\frac{\partial z}{\partial x}=\frac{y}{x}\frac{zF_v-x^2F_u}{xF_u+yF_v},\frac{\partial z}{\partial x}=\frac{x}{y}\frac{zF_u-y^2F_v}{xF_u+yF_v}.$$

注　从以上两例可以看出,求隐函数的一阶偏导数时,无论 $F(x,y,z)$ 是具体函数,还是抽象函数均可用公式法、直接法和全微分法求解. 公式法是把 x,y,z 看做独立变量,先求出 F_x、F_y、F_z 后,再代入公式 $\frac{\partial z}{\partial x}=-\frac{F_x}{F_z},\frac{\partial z}{\partial y}=-\frac{F_y}{F_z}$ 进行计算;直接法是一个基本的方法,公式法的公式是由直接法推出的,同时要指出,求二阶及二阶以上的隐函数的偏导数通常用直接法简便;全微分法的好处在于不容易错,且一次可求出两个或两个以上的偏导数.

例 17　设 $z=z(x,y)$ 是由方程 $xz+y-z=\mathrm{e}^z$ 确定的隐函数,求 $\frac{\partial^2 z}{\partial x^2}$.

解一　令 $F(x,y,z)=xz+y-z-\mathrm{e}^z$,原方程变为 $F(x,y,z)=0$,由隐函数求偏导数的公式,得

$$\frac{\partial z}{\partial x}=-\frac{F_x}{F_z}=-\frac{z}{x-1-\mathrm{e}^z}=\frac{z}{\mathrm{e}^z-x+1},$$

$$\frac{\partial^2 z}{\partial x^2}=\frac{\partial}{\partial x}\left(\frac{z}{\mathrm{e}^z-x+1}\right)=\frac{(\mathrm{e}^z-x+1)\frac{\partial z}{\partial x}-z\left(\mathrm{e}^z\frac{\partial z}{\partial x}-1\right)}{(\mathrm{e}^z-x+1)^2}$$

$$=\frac{2\mathrm{e}^z-2x-z\mathrm{e}^z+2}{(\mathrm{e}^z-x+1)^3}z.$$

解二 把方程连续对 x 求导两次,得

$$z + x\frac{\partial z}{\partial x} - \frac{\partial z}{\partial x} = e^z\frac{\partial z}{\partial x}, \tag{1}$$

$$\frac{\partial z}{\partial x} + \frac{\partial z}{\partial x} + x\frac{\partial^2 z}{\partial x^2} - \frac{\partial^2 z}{\partial x^2} = e^z\left(\frac{\partial z}{\partial x}\right)^2 + e^z\frac{\partial^2 z}{\partial x^2}. \tag{2}$$

由(1)式得

$$\frac{\partial z}{\partial x} = \frac{z}{e^z - x + 1}, \tag{3}$$

将(3)式代入(2)式,解得

$$\frac{\partial^2 z}{\partial x^2} = \frac{2e^z - 2x - ze^z + 2}{(e^z - x + 1)^3}z.$$

注 从上例可以看出,求隐函数的高阶偏导数有两种方法,在一般情况下,解法二较简便,因为可以避免商的求导运算,尤其是求指定点 (x_0, y_0) 处的高阶偏导数时,无须解出 $\frac{\partial z}{\partial x}, \frac{\partial z}{\partial y}$,立即可得 $\frac{\partial z}{\partial x}\Big|_{\substack{x=x_0\\y=y_0}}, \frac{\partial z}{\partial y}\Big|_{\substack{x=x_0\\y=y_0}}$ 的具体值代入(2)式,解出 $\frac{\partial^2 z}{\partial x^2}\Big|_{\substack{x=x_0\\y=y_0}}$,可使运算大为简化.

例 18 设 $z = z(x, y)$ 由方程 $f(y - x, yz) = 0$ 所确定,其中,f 对各变量具有连续的二阶偏导数,求 $\frac{\partial^2 z}{\partial x^2}$.

解 设 $u = y - x, v = yz$,则方程为 $f(u, v) = 0$,将其两边对 x 求导两次,得

$$f_u \cdot u_x + f_v \cdot v_x = 0,$$

即

$$-f_u + yf_v\frac{\partial z}{\partial x} = 0. \tag{1}$$

$$-\left[f_{uu}\frac{\partial u}{\partial x} + f_{uv}\frac{\partial v}{\partial x}\right] + y\left[f_{vu}\frac{\partial u}{\partial x} + f_{vv}\frac{\partial v}{\partial x}\right]\frac{\partial z}{\partial x} + yf_v\frac{\partial^2 z}{\partial x^2} = 0,$$

即

$$f_{uu} - 2yf_{uv}\frac{\partial z}{\partial x} + y^2 f_{vv}\left(\frac{\partial z}{\partial x}\right)^2 + yf_v\frac{\partial^2 z}{\partial x^2} = 0, \tag{2}$$

由(1)式得

$$\frac{\partial z}{\partial x} = \frac{1}{y}\frac{f_u}{f_v}. \tag{3}$$

将(3)式代入(2)式,解得

$$\frac{\partial^2 z}{\partial x^2} = \frac{-f_{uu}}{yf_v} + 2f_{uv} \cdot f_u \cdot \frac{1}{y(f_v)^2} - \frac{(f_u)^2}{y(f_v)^3} \cdot f_{vv}.$$

对于由方程组所确定的隐函数的求导问题,一般有两种求法:方法一是对每个方程用直接法.这时要分清函数关系,分清哪些变量是因变量,哪些是自变量.而因变量的个数等于方程的个数,自变量的个数等于总变量个数减去方程的个数.方法二是全微分法.这种方法的优点是在微分运算时,可以不必区分变量是自变量还是因变量,运算也比较简单,并且同时可得到所有的一阶偏导数,所以它是求方程组所确定隐函数的偏导数的常用方法.请看下例.

例 19 设 $\begin{cases} x = -u^2 + v + z, \\ y = u + vz, \end{cases}$ 求 $\dfrac{\partial u}{\partial x}, \dfrac{\partial v}{\partial x}, \dfrac{\partial u}{\partial z}$.

解一 直接法：方程组每个方程两边对 x 求偏导数，得

$$\begin{cases} 1 = -2u\dfrac{\partial u}{\partial x} + \dfrac{\partial v}{\partial x}, \\ 0 = \dfrac{\partial u}{\partial x} + z\dfrac{\partial v}{\partial x}, \end{cases}$$

解得

$$\frac{\partial u}{\partial x} = -\frac{z}{1 + 2zu}, \qquad \frac{\partial v}{\partial x} = -\frac{1}{1 + 2zu}.$$

再把原方程组两边对 z 求偏导数，得

$$\begin{cases} 0 = -2u\dfrac{\partial u}{\partial z} + \dfrac{\partial v}{\partial z} + 1, \\ 0 = \dfrac{\partial u}{\partial z} + z\dfrac{\partial v}{\partial z} + v, \end{cases}$$

解得

$$\frac{\partial u}{\partial z} = \frac{z - v}{2uz + 1}.$$

解二 全微分法：对原方程组的每个方程两边微分，得

$$\begin{cases} \mathrm{d}x = -2u\mathrm{d}u + \mathrm{d}v + \mathrm{d}z, \\ \mathrm{d}y = \mathrm{d}u + z\mathrm{d}v + v\mathrm{d}z, \end{cases}$$

$$\begin{cases} 2u\mathrm{d}u - \mathrm{d}v = -\mathrm{d}x + \mathrm{d}z, \\ \mathrm{d}u + z\mathrm{d}v = \mathrm{d}y - v\mathrm{d}z, \end{cases}$$

$$\mathrm{d}u = \frac{-z\mathrm{d}x + \mathrm{d}y + (z - v)\mathrm{d}z}{2zu + 1},$$

解得

$$\mathrm{d}v = \frac{2u\mathrm{d}y + \mathrm{d}x - (1 + 2uv)\mathrm{d}z}{2zu + 1}.$$

所以

$$\frac{\partial u}{\partial x} = \frac{-z}{2zu + 1}, \qquad \frac{\partial v}{\partial x} = \frac{1}{2zu + 1}, \qquad \frac{\partial u}{\partial z} = \frac{z - v}{2zu + 1}.$$

8.2.4 几何应用

例 20 若函数 $F(u, v)$ 可微，且 $F_u(1,2) = 1, F_v(1,2) = 2$，试求曲面 $F(xy, \sqrt{x^2 + z^2}) = 0$ 在点 $(1,1,\sqrt{3})$ 处的切平面方程.

解 设 $u = xy, v = \sqrt{x^2 + z^2}$，有

$$F_x = yF_u + \frac{x}{\sqrt{x^2 + z^2}}F_v, \qquad F_y = xF_u, \qquad F_z = \frac{z}{\sqrt{x^2 + z^2}}F_v.$$

在点 $(1,1,\sqrt{3})$ 处，$u = 1, v = \sqrt{1^2 + (\sqrt{3})^2} = 2$，则

$$F_x(1,1,\sqrt{3}) = F_u(1,2) + \frac{1}{\sqrt{1^2 + (\sqrt{3})^2}}F_v(1,2) = 2,$$

$$F_y(1,1,\sqrt{3}) = F_u(1,2) = 1,$$

$$F_z(1,1,\sqrt{3}) = \frac{\sqrt{3}}{2}F_v(1,2) = \sqrt{3}.$$

所以切平面方程为

$$2(x-1) + (y-1) + \sqrt{3}(z-\sqrt{3}) = 0,$$

即

$$2x + y + \sqrt{3}z - 6 = 0.$$

例 21 证明曲面 $z = ax + f(by + cz)$ 的所有切平面都与定直线平行,其中函数 f 可微,a,b,c 都是常数,且 $a \neq 0$.

证 令 $G(x,y,z) = ax + f(by + cz) - z$,则

$$G_x = a, G_y = bf', \quad G_z = cf' - 1.$$

从而曲面在任一点处的法矢量为 $\boldsymbol{n} = \{a, bf', cf' - 1\}$. 由于

$$\frac{b}{a} \cdot a + (-c) \cdot bf' + b \cdot (cf' - 1) = 0,$$

即

$$\left\{\frac{b}{a}, -c, b\right\} \cdot \boldsymbol{n} = 0,$$

所以,曲面上任何一点的切平面都与方向矢量为 $\left\{\dfrac{b}{a}, -c, b\right\}$ 的直线平行.

例 22 设曲线 l 为

$$\begin{cases} z = f(x,y), \\ \dfrac{x - x_0}{\cos\alpha} = \dfrac{y - y_0}{\sin\alpha}, \end{cases}$$

其中,f 为可微函数,求曲线 l 上点 $M_0(x_0, y_0)$ 的切线与 xOy 平面所成角的正切.

解一 把曲线看做下面两曲面的交线:

$$\begin{cases} F(x,y,z) = z - f(x,y) = 0, \\ G(x,y,z) = \sin\alpha(x - x_0) - (y - y_0)\cos\alpha = 0, \end{cases}$$

则法矢量为

$$\boldsymbol{n}_1 = \{F_x, F_y, F_z\} = \{-f_x, -f_y, 1\},$$

$$\boldsymbol{n}_2 = \{G_x, G_y, G_z\} = \{\sin\alpha, -\cos\alpha, 0\},$$

切矢量

$$\boldsymbol{\tau} = \boldsymbol{n}_1 \times \boldsymbol{n}_2 = \{\cos\alpha, \sin\alpha, f_x\cos\alpha + f_y\sin\alpha\}.$$

而 xOy 平面的法矢量 $\boldsymbol{n} = \{0,0,1\}$,设曲线在点 $M_0(x_0, y_0)$ 的切线与 xOy 平面所成角为 φ,则

$$\tan\varphi = \frac{\boldsymbol{n} \cdot \boldsymbol{\tau}}{\left[|\boldsymbol{\tau}|^2 - (\boldsymbol{n} \cdot \boldsymbol{\tau})^2\right]^{1/2}} = f_x(x_0, y_0)\cos\alpha + f_y(x_0, y_0)\sin\alpha.$$

解二 将曲线 l 化为以 x 为参数的参数方程:

$$\begin{cases} x = x, \\ y = y_0 + (x - x_0)\tan\alpha, \\ z = f(x, y(x)), \end{cases}$$

则
$$y_x = \tan\alpha, \quad z_x = f_x(x,y) + f_y(x,y)\tan\alpha,$$
故曲线 l 在点 $M_0(x_0,y_0)$ 处的切矢量
$$T = \{1, \tan\alpha, f_x(x_0,y_0) + \tan\alpha \cdot f_y(x_0,y_0)\}.$$

而 xOy 平面的法矢量 $n = \{0,0,1\}$，设曲线在点 M_0 的切线与 xOy 平面所成角为 φ，则

$$\tan\varphi = \frac{n \cdot T}{[\,|\,T\,|^2 - (n \cdot T)^2\,]^{1/2}} = \frac{f_x(x_0,y_0) + \tan\alpha f_x(x_0,y_0)}{(1 + \tan^2\alpha)^{1/2}}$$
$$= \cos\alpha f_x(x_0,y_0) + \sin\alpha f_y(x_0,y_0).$$

8.2.5　方向导数与梯度

例 23　求函数 $u = x^2 + y^2 + z^2$ 在椭球面 $\dfrac{x^2}{a^2} + \dfrac{y^2}{b^2} + \dfrac{z^2}{c^2} = 1$ 上点 $M_0(x_0,y_0,z_0)$ 处沿外法线方向的方向导数.

解　设 $F(x,y,z) = \dfrac{x^2}{a^2} + \dfrac{y^2}{b^2} + \dfrac{z^2}{c^2} - 1$，因为

$$F_x = \frac{2x}{a^2}, \quad F_y = \frac{2y}{b^2}, \quad F_z = \frac{2z}{c^2},$$

所以，椭球面在点 M_0 处外法线的方向矢量为

$$n = \left\{ \frac{2x_0}{a^2}, \frac{2y_0}{b^2}, \frac{2z_0}{c^2} \right\}.$$

于是方向余弦为

$$\cos\alpha = \frac{\dfrac{2x_0}{a^2}}{\sqrt{\left(\dfrac{2x_0}{a^2}\right)^2 + \left(\dfrac{2y_0}{b^2}\right)^2 + \left(\dfrac{2z_0}{c^2}\right)^2}} = \frac{x_0}{a^2\sqrt{\dfrac{x_0^2}{a^4} + \dfrac{y_0^2}{b^4} + \dfrac{z_0^2}{c^4}}},$$

$$\cos\beta = \frac{y_0}{b^2\sqrt{\dfrac{x_0^2}{a^4} + \dfrac{y_0^2}{b^4} + \dfrac{z_0^2}{c^4}}}, \quad \cos\gamma = \frac{z_0}{c^2\sqrt{\dfrac{x_0^2}{a^4} + \dfrac{y_0^2}{b^4} + \dfrac{z_0^2}{c^4}}}.$$

又

$$\left.\frac{\partial u}{\partial x}\right|_{M_0} = 2x_0, \quad \left.\frac{\partial u}{\partial y}\right|_{M_0} = 2y_0, \quad \left.\frac{\partial u}{\partial z}\right|_{M_0} = 2z_0,$$

所以

$$\frac{\partial u}{\partial l} = 2x_0\cos\alpha + 2y_0\cos\beta + 2z_0\cos\gamma = \frac{2}{\sqrt{\dfrac{x_0^2}{a^4} + \dfrac{y_0^2}{b^4} + \dfrac{z_0^2}{c^4}}}.$$

例 24　求函数 $u = \dfrac{x^2}{a^2} + \dfrac{y^2}{b^2} + \dfrac{z^2}{c^2}$ 在已知点 $M(x,y,z)$ 处沿此点的矢径 r 的方向导数. 在什么条件下, 此方向导数等于其梯度的大小?

解　在点 M 处有

$$u_x = \frac{2x}{a^2}, \quad u_y = \frac{2y}{b^2}, \quad u_z = \frac{2z}{c^2},$$

$$\boldsymbol{r} = \{x, y, z\}, \quad r = |\boldsymbol{r}| = \sqrt{x^2 + y^2 + z^2}.$$

显然, $\boldsymbol{r}$ 的方向余弦为

$$\cos\alpha = \frac{x}{r}, \quad \cos\beta = \frac{y}{r}, \quad \cos\gamma = \frac{z}{r}.$$

于是

$$\left.\frac{\partial u}{\partial r}\right|_M = u_x\cos\alpha + u_y\cos\beta + u_z\cos\gamma = \frac{2x^2}{ra^2} + \frac{2y^2}{rb^2} + \frac{2z^2}{rc^2} = \frac{2u}{r}.$$

又

$$\mathbf{grad}u = \left\{\frac{2x}{a^2}, \frac{2y}{b^2}, \frac{2z}{c^2}\right\},$$

$$|\mathbf{grad}u| = 2\sqrt{\frac{x^2}{a^4} + \frac{y^2}{b^4} + \frac{z^2}{c^4}}.$$

要 $|\mathbf{grad}u| = \frac{\partial u}{\partial r}$, 只需 $\frac{u}{r} = \sqrt{\frac{x^2}{a^4} + \frac{y^2}{b^4} + \frac{z^2}{c^4}}$, 求得条件 $a = b = c$.

注　因为函数 $z = f(x,y)$ 在点 $M(x,y)$ 处的梯度是一个矢量 $\mathbf{grad}f(x,y) = \left\{\frac{\partial f}{\partial x}, \frac{\partial f}{\partial y}\right\}$, 其方向是该函数在此点处取得最大方向导数的方向, 梯度的模是方向导数的最大值: $|\mathbf{grad}f(x,y)| = \sqrt{\left(\frac{\partial f}{\partial x}\right)^2 + \left(\frac{\partial f}{\partial x}\right)^2}$. 有些时候求方向导数问题时, 也可应用这一结论, 即当方向导数的方向与梯度的方向一致时, 有

$$\frac{\partial z}{\partial l} = |\mathbf{grad}f(x,y)|.$$

8.2.6　多元函数的极值

例 25　求函数 $f(x,y) = x^2 + y^2 - 4x + 4y + 10$ 在区域 $D: x^2 + y^2 \leqslant 18$ 上的最大值和最小值.

解　先求 $f(x,y)$ 在区域 $x^2 + y^2 < 18$ 内的可能极值点. 解方程组

$$\begin{cases} f_x(x,y) = 2x - 4 = 0, \\ f_y(x,y) = 2y + 4 = 0, \end{cases}$$

得驻点 $(2, -2) \in D$.

再求 $f(x,y)$ 在边界 $x^2 + y^2 = 18$ 上的可能极值点.

设 $F(x,y) = x^2 + y^2 - 4x + 4y + 10 + \lambda(x^2 + y^2 - 18)$, 得方程组

$$\begin{cases} F_x(x,y) = 2x - 4 + 2\lambda x = 0, & (1) \\ F_y(x,y) = 2y + 4 + 2\lambda y = 0, & (2) \\ x^2 + y^2 - 18 = 0. & (3) \end{cases}$$

由(1) 式、(2) 式解得

$$\lambda = \frac{2-x}{x} = \frac{-2-y}{y},$$

由此得 $y = -x$,代入(3) 式,可求得驻点 $(3, -3)$,$(-3, 3)$.

因为　　　$f(2, -2) = 2, f(3, -3) = 4, f(-3, 3) = 52,$

所以 $f(x, y)$ 在 D 上的最大值是 52,最小值是 2.

例 26　在周长为 $2p$ 的三角形中,求这样的三角形,使它绕着自己的一边旋转所得旋转体的体积最大.

解　设三角形的三边长分别为 x, y, z,边长为 x 的一边上的高为 h,则此三角形的面积为

$$S = \sqrt{p(p-x)(p-y)(p-z)}, \quad 或 \quad S = \frac{1}{2}xh.$$

又设此三角形绕边长为 x 的边旋转,则它所生成的旋转体的体积为

$$V = \frac{\pi}{3}xh^2 = \frac{4\pi p}{3} \cdot \frac{(p-x)(p-y)(p-z)}{x}.$$

作函数　　　$u = \ln \dfrac{(p-x)(p-y)(p-z)}{x},$

则 u 与 V 同时取最大值.从而问题归结为在条件 $x + y + z = 2p$ 下,求函数

$$u = \ln \frac{(p-x)(p-y)(p-z)}{x} \qquad (x > 0, y > 0, z > 0)$$

的最大值.

令　$F = \ln(p-x) + \ln(p-y) + \ln(p-z) - \ln x + \lambda(x + y + z - 2p),$
则由 $F_x = 0, F_y = 0, F_z = 0$,得

$$\frac{1}{p-x} + \frac{1}{x} = \frac{1}{p-y} = \frac{1}{p-z} = \lambda.$$

从而,$y = z = p - x + \dfrac{1}{p}x^2$,代入 $x + y + z = 2p$ 中,可得

$$x = \frac{1}{2}p, \quad y = z = \frac{3}{4}p.$$

根据题意知,该旋转体的体积必有最大值,且有唯一的驻点,故必在点 $\left(\dfrac{1}{2}p, \dfrac{3}{4}p, \dfrac{3}{4}p\right)$ 处取得最大值,即

$$V_{\max} = V\left(\frac{1}{2}p, \frac{3}{4}p, \frac{3}{4}p\right) = \frac{1}{12}\pi p^3.$$

此时三角形为等腰三角形,旋转体的体积最大.

注　求函数 $f(x, y)$ 在有界闭区域 D 上的最大值和最小值的一般方法如下.

(1) 求出 D 内所有驻点及不可导点;

（2）求出函数在 D 的边界上的最大值和最小值的点（包括端点），这种最值问题可归结为条件极值问题，也可化为一元函数的极值求解.

（3）比较以上各点处的函数值，其中最大者就是 $f(x,y)$ 在 D 上的最大值，最小者就是最小值.

在实际问题中，如果根据问题的性质，知道可微函数 $f(x,y)$ 在区域 D 内一定有最大（小）值，且在 D 内只有唯一驻点，则这个驻点就是所求的最大（小）值点.

8.2.7 变量代换

变量代换是化简微分方程式或求解某些微分方程的一种重要方法，变量代换的过程主要是一个复合函数的微分过程，所以在解决这一类问题时，需要分清是自变量的代换还是函数的代换，然后再选择所需要的复合函数的求导公式来求解.

例 27 设 $u=x-2\sqrt{y}, v=x+2\sqrt{y}(y>0)$，取 u, v 为自变量，变换方程 $\dfrac{\partial^2 z}{\partial x^2}-y\dfrac{\partial^2 z}{\partial y^2}=\dfrac{1}{2}\dfrac{\partial z}{\partial y}$（其中所涉及的函数 z 的二阶偏导数假定都是连续的）.

解一 直接法：以 u, v 为自变量，以 x, y 为中间变量（注意这里直接法与隐函数求导题中的直接法的含义是不同的）.

由假设，$x=\dfrac{u+v}{2}, \sqrt{y}=\dfrac{v-u}{4}$，则

$$\frac{\partial x}{\partial u}=\frac{\partial x}{\partial v}=\frac{1}{2}, \quad \frac{\partial y}{\partial u}=\frac{u-v}{8}, \quad \frac{\partial y}{\partial v}=\frac{v-u}{8}.$$

于是

$$\frac{\partial z}{\partial u}=\frac{\partial z}{\partial x}\cdot\frac{\partial x}{\partial u}+\frac{\partial z}{\partial y}\cdot\frac{\partial y}{\partial u}=\frac{1}{2}\frac{\partial z}{\partial x}+\frac{u-v}{8}\frac{\partial z}{\partial y},$$

$$\frac{\partial z}{\partial v}=\frac{\partial z}{\partial x}\cdot\frac{\partial x}{\partial v}+\frac{\partial z}{\partial y}\cdot\frac{\partial y}{\partial v}=\frac{1}{2}\frac{\partial z}{\partial x}+\frac{v-u}{8}\frac{\partial z}{\partial y},$$

$$\frac{\partial^2 z}{\partial u\partial v}=\frac{\partial}{\partial v}\left(\frac{1}{2}\frac{\partial z}{\partial x}+\frac{u-v}{8}\cdot\frac{\partial z}{\partial y}\right)$$

$$=\frac{1}{2}\frac{\partial}{\partial x}\left(\frac{\partial z}{\partial x}\right)\frac{\partial x}{\partial v}+\frac{1}{2}\frac{\partial}{\partial y}\left(\frac{\partial z}{\partial x}\right)\frac{\partial y}{\partial v}-\frac{1}{8}\frac{\partial z}{\partial y}+\frac{u-v}{8}\left[\frac{\partial}{\partial x}\left(\frac{\partial z}{\partial y}\right)\frac{\partial x}{\partial v}+\frac{\partial}{\partial y}\left(\frac{\partial z}{\partial y}\right)\frac{\partial y}{\partial v}\right]$$

$$=\frac{1}{4}\frac{\partial^2 z}{\partial x^2}-\frac{1}{8}\frac{\partial z}{\partial y}-\frac{y}{4}\frac{\partial^2 z}{\partial y^2},$$

故原方程变换为

$$\frac{\partial^2 z}{\partial u\partial v}=0.$$

解二 反逆法：以 x, y 为自变量，以 u, v 为中间变量.

因为 $u=x-2\sqrt{y}, v=x+2\sqrt{y}$，则

$$\frac{\partial u}{\partial x}=1, \quad \frac{\partial v}{\partial x}=1, \quad \frac{\partial u}{\partial y}=-\frac{1}{\sqrt{y}}, \quad \frac{\partial v}{\partial y}=\frac{1}{\sqrt{y}}.$$

于是
$$\frac{\partial z}{\partial x} = \frac{\partial z}{\partial u} \cdot \frac{\partial u}{\partial x} + \frac{\partial z}{\partial v} \cdot \frac{\partial v}{\partial x} = \frac{\partial z}{\partial u} + \frac{\partial z}{\partial v},$$

$$\frac{\partial z}{\partial y} = \frac{\partial z}{\partial u} \cdot \frac{\partial u}{\partial y} + \frac{\partial z}{\partial v} \cdot \frac{\partial v}{\partial y} = -\frac{1}{\sqrt{y}}\frac{\partial z}{\partial u} + \frac{1}{\sqrt{y}}\frac{\partial z}{\partial v},$$

$$\frac{\partial^2 z}{\partial x^2} = \frac{\partial}{\partial x}\left(\frac{\partial z}{\partial u} + \frac{\partial z}{\partial v}\right) = \frac{\partial}{\partial x}\left(\frac{\partial z}{\partial u}\right) + \frac{\partial}{\partial x}\left(\frac{\partial z}{\partial v}\right),$$

$$= \frac{\partial^2 z}{\partial u^2} \cdot \frac{\partial u}{\partial x} + \frac{\partial^2 z}{\partial u \partial v} \cdot \frac{\partial v}{\partial x} + \frac{\partial^2 z}{\partial v \partial u}\frac{\partial u}{\partial x} + \frac{\partial^2 z}{\partial v^2}\frac{\partial v}{\partial x}$$

$$= \frac{\partial^2 z}{\partial u^2} + 2\frac{\partial^2 z}{\partial u \partial v} + \frac{\partial^2 z}{\partial v^2},$$

$$\frac{\partial^2 z}{\partial y^2} = \frac{\partial}{\partial y}\left(-\frac{1}{\sqrt{y}}\frac{\partial z}{\partial u} + \frac{1}{\sqrt{y}}\frac{\partial z}{\partial v}\right)$$

$$= \frac{1}{2}\frac{1}{\sqrt{y^3}}\frac{\partial z}{\partial u} - \frac{1}{\sqrt{y}}\frac{\partial}{\partial y}\left(\frac{\partial z}{\partial u}\right) - \frac{1}{2}\frac{1}{\sqrt{y^3}}\frac{\partial z}{\partial v} + \frac{1}{\sqrt{y}}\frac{\partial}{\partial y}\left(\frac{\partial z}{\partial v}\right)$$

$$= \frac{1}{2}\frac{1}{\sqrt{y^3}}\frac{\partial z}{\partial u} - \frac{1}{\sqrt{y}}\left(\frac{\partial^2 z}{\partial u^2} \cdot \frac{\partial u}{\partial y} + \frac{\partial^2 z}{\partial u \partial v} \cdot \frac{\partial v}{\partial y}\right) - \frac{1}{2}\frac{1}{\sqrt{y^3}}\frac{\partial z}{\partial v}$$

$$+ \frac{1}{\sqrt{y}}\left(\frac{\partial^2 z}{\partial v \partial u} \cdot \frac{\partial u}{\partial y} + \frac{\partial^2 z}{\partial v^2} \cdot \frac{\partial v}{\partial y}\right)$$

$$= \frac{1}{2}\frac{1}{\sqrt{y^3}}\frac{\partial z}{\partial u} + \frac{1}{y}\frac{\partial^2 z}{\partial u^2} - \frac{2}{y}\frac{\partial^2 z}{\partial u \partial v} - \frac{1}{2}\frac{1}{\sqrt{y^3}}\frac{\partial z}{\partial v} + \frac{1}{y}\frac{\partial^2 z}{\partial v^2}.$$

代入原方程后得
$$\frac{\partial^2 z}{\partial u \partial v} = 0.$$

注　若用变量代换化简的微分方程中仅有一阶偏导数,则除上面介绍的直接法和反逆法外,还可用求微分法. 请读者自己举例.

例 28　设函数 $u = f(r)$,其中 $r = \ln\sqrt{x^2 + y^2 + z^2}$,满足方程
$$\frac{\partial^2 u}{\partial x^2} + \frac{\partial^2 u}{\partial y^2} + \frac{\partial^2 u}{\partial z^2} = (x^2 + y^2 + z^2)^{-\frac{3}{2}},$$

试求 $f(r)$ 的表达式.

解　因为 $\dfrac{\partial r}{\partial x} = \dfrac{x}{x^2 + y^2 + z^2}$,得
$$\frac{\partial u}{\partial x} = \frac{\partial u}{\partial r} \cdot \frac{\partial r}{\partial x} = f'(r)\frac{x}{x^2 + y^2 + z^2},$$

于是
$$\frac{\partial^2 u}{\partial x^2} = \frac{\partial}{\partial x}\left(f'(r)\frac{x}{x^2 + y^2 + z^2}\right) = f''(r)\frac{x^2}{(x^2 + y^2 + z^2)^2} + f'(r)\frac{y^2 + z^2 - x^2}{(x^2 + y^2 + z^2)^2}.$$

又由 x, y, z 的对称性可得

$$\frac{\partial^2 u}{\partial y^2} = f''(r)\,\frac{y^2}{(x^2+y^2+z^2)^2} + f'(r)\,\frac{z^2+x^2-y^2}{(x^2+y^2+z^2)^2},$$

$$\frac{\partial^2 u}{\partial z^2} = f''(r)\,\frac{z^2}{(x^2+y^2+z^2)^2} + f'(r)\,\frac{x^2+y^2-z^2}{(x^2+y^2+z^2)^2}.$$

从而有

$$\frac{\partial^2 u}{\partial x^2} + \frac{\partial^2 u}{\partial y^2} + \frac{\partial^2 u}{\partial z^2} = \frac{f''(r)+f'(r)}{x^2+y^2+z^2} = (x^2+y^2+z^2)^{-\frac{3}{2}},$$

即原方程化为

$$f''(r) + f'(r) = e^{-r}.$$

解方程得

$$f(r) = C_1 + C_2 e^{-r} - r e^{-r} \quad (C_1,C_2\ \text{为任意常数}).$$

8.3 练 习 题

1. 选择题.

(1) 函数 $f(x,y) = \dfrac{\sqrt{x^2+y^2-1}}{\ln(4-x^2-y^2)}$ 的定义域是（   ）.

A. $\{(x,y) \mid 1 \leqslant x^2+y^2 < 4\}$

B. $\{(x,y) \mid 1 \leqslant x^2+y^2 < 4, x^2+y^2 \neq 3\}$

C. $\{(x,y) \mid 1 \leqslant x^2+y^2 \leqslant 4\}$

D. $\{(x,y) \mid 1 \leqslant x^2+y^2 \leqslant 4, x^2+y^2 \neq 3\}$

(2) $\lim\limits_{\substack{x\to 0 \\ y\to 0}}(1-xy)^{\frac{1}{x}} = ($ $)$.

A. 1   B. $\dfrac{1}{e}$ C. e   D. $+\infty$

(3) 已知 $f(x+y,x-y) = x^2-y^2$,则 $f_x(x,y)+f_y(x,y) = ($ $)$.

A. $2x+2y$ B. $2x-2y$ C. $x+y$ D. $x-y$

(4) 在下列函数中,使 $\dfrac{\partial^2 u}{\partial x\partial y} = 2x-y$ 成立的函数是（   ）.

A. $u = x^2 y + \dfrac{1}{2}xy^2 + xy - 5$ B. $u = x^2 y - \dfrac{1}{2}xy^2 + e^x + e^y - 5$

C. $u = x^2 y - \dfrac{1}{2}xy^2 + e^{x+y} - 5$ D. $u = x^2 y - \dfrac{1}{2}xy^2 + xy - 5$

(5) 二元函数 $f(x,y)$ 在点 (x_0,y_0) 处两个偏导数 $f_x(x_0,y_0)$, $f_y(x_0,y_0)$ 存在是 $f(x,y)$ 在该点连续的（   ）.

A. 充分条件而非必要条件   B. 必要条件而非充分条件

C. 充分必要条件   D. 即非充分条件又非必要条件

(6) 设 $f(x+y,xy)=x^2+y^2+xy$,则 $\mathrm{d}f(x,y)=(\qquad)$.

A. $(2x+y)\mathrm{d}x+(x+2y)\mathrm{d}y$ B. $(x+2y)\mathrm{d}x+(2x+y)\mathrm{d}y$

C. $2x\mathrm{d}x-\mathrm{d}y$ D. $2y\mathrm{d}y-\mathrm{d}x$

(7) 函数 $f(x,y)=\begin{cases}\dfrac{xy}{\sqrt{x^2+y^2}} & (x^2+y^2\neq 0),\\[2mm] 0 & (x^2+y^2=0)\end{cases}$ 在点 $(0,0)$ 处$(\qquad)$.

A. 连续且偏导数存在   B. 连续且偏导数不存在

C. 不连续且偏导数存在   D. 不连续且偏导数不存在

(8) 已知函数 $z=f(x,u,v)$,$u=\varphi(x,y)$,$v=\psi(x,y)$ 均有一阶连续偏导数,则 $\dfrac{\partial z}{\partial x}=(\qquad)$.

A. $f_u\cdot\varphi_x+f_v\cdot\psi_x$ B. $f_x+f_u\cdot\varphi_x+f_v\cdot\psi_x$

C. $f_x+f_v\cdot\varphi_x$ D. $f_x\cdot(\varphi_x+\psi_x)$

(9) 由方程 $xy+z=\mathrm{e}^{x+z}$ 确定函数 $z=z(x,y)$,则 $\dfrac{\partial z}{\partial y}=(\qquad)$.

A. $\dfrac{x}{xy+z-1}$ B. $\dfrac{x}{1-xy-z}$

C. $\dfrac{xy-z-1}{x}$ D. $\dfrac{1-xy-z}{x}$

(10) 设函数 $u(x,y)=\varphi(x+y)+\varphi(x-y)+\displaystyle\int_{x-y}^{x+y}\psi(t)\mathrm{d}t$,其中函数 φ 具有二阶导数,ψ 具有一阶导数,则必有$(\qquad)$.

A. $\dfrac{\partial^2 u}{\partial x^2}=-\dfrac{\partial^2 u}{\partial y^2}$ B. $\dfrac{\partial^2 u}{\partial x^2}=\dfrac{\partial^2 u}{\partial y^2}$

C. $\dfrac{\partial^2 u}{\partial x\partial y}=\dfrac{\partial^2 u}{\partial y^2}$ D. $\dfrac{\partial^2 u}{\partial x\partial y}=\dfrac{\partial^2 u}{\partial x^2}$

(11) 设三元方程 $xy-z\ln y+\mathrm{e}^{xz}=1$,根据隐函数存在定理,存在点 $(0,1,1)$ 的一个邻域,在此邻域内该方程$(\qquad)$.

A. 只能确定一个具有连续偏导数的隐函数 $z=z(x,y)$

B. 可确定两个具有连续偏导数的隐函数 $y=y(x,z)$ 和 $z=z(x,y)$

C. 可确定两个具有连续偏导数的隐函数 $x=x(y,z)$ 和 $z=z(x,y)$

D. 可确定两个具有连续偏导数的隐函数 $x=x(y,z)$ 和 $y=y(x,z)$

(12) 已知函数 $f(x,y)$ 在点 $(0,0)$ 的某个邻域内连续,且 $\lim\limits_{\substack{x\to 0\\ y\to 0}}\dfrac{f(x,y)-xy}{(x^2+y^2)^2}=1$,则$(\qquad)$.

A. 点 $(0,0)$ 不是 $f(x,y)$ 的极值点

B. 点 $(0,0)$ 是 $f(x,y)$ 的极大值点

C. 点$(0,0)$ 是 $f(x,y)$ 的极小值点

D. 根据所给条件无法判断$(0,0)$ 是否为 $f(x,y)$ 的极值点

2. 填空题.

(1) 已知 $f\left(x+y,\dfrac{y}{x}\right) = x^2 - y^2$，则 $f(x,y) = $ _____.

(2) 函数 $z = \arcsin(x - y^2) + \ln[\ln(10 - x^2 - 4y^2)]$ 的定义域为 _____.

(3) 设 $u = \dfrac{x}{x^2 + y^2 + z^2}$，则 $\dfrac{\partial u}{\partial x} = $ _____.

(4) 设 $z = \dfrac{x\cos(y-2) - (y-2)\cos x}{1 + \sin x + \sin(y-2)}$，则 $\dfrac{\partial z}{\partial x}\Big|_{(0,2)} = $ _____ ，$\dfrac{\partial z}{\partial y}\Big|_{(0,2)} = $ _____.

(5) 设 $z = x^3 y + \sin^2(xy)$，则 $\dfrac{\partial^2 z}{\partial x \partial y} = $ _____.

(6) 设 $z = \arctan\dfrac{y}{x}$，则 $\dfrac{\partial^2 z}{\partial x \partial y} = $ _____.

(7) 设 $f(x,y,z) = x^5 y^3 + y^5 z^3 + z^5 x^3$，则 $\dfrac{\partial^3 f}{\partial z^2 \partial y}\Big|_{(1,2,3)} = $ _____.

(8) 设 $z = \dfrac{\cos x^2}{y} + (xy)^{\frac{y}{x}}$，则 $\mathrm{d}z = $ _____.

(9) 设 $z = \mathrm{e}^{x+y^2} f(y^2 + \sin x, x + \cos y)$，其中 $f(u,v)$ 具有连续的一阶偏导数，则 $\dfrac{\partial z}{\partial y} = $ _____.

(10) 设 $F(x,y,z) = f(u,v) + g(u,v,w)$，其中，$f,g$ 具有连续的二阶偏导数，且 $u = x, v = xy, w = yz$，则 $\dfrac{\partial F}{\partial z} - \dfrac{\partial^2 F}{\partial y \partial x} = $ _____.

(11) 设 $f(x,y) = \displaystyle\int_0^{xy} \mathrm{e}^{-t^2}\,\mathrm{d}t$，则 $\dfrac{x}{y}\dfrac{\partial^2 f}{\partial x^2} - 2\dfrac{\partial^2 f}{\partial x \partial y} + \dfrac{y}{x}\dfrac{\partial^2 f}{\partial y^2} = $ _____.

(12) 设函数 $f(t,s)$ 具有连续一阶偏导数，而 $u = f(x+y+z, xyz)$，则 $\mathrm{d}u = $ _____.

(13) 设函数 $z = z(x,y)$ 由方程 $x^2 - z\mathrm{e}^y - \ln(z+1) = 0$ 所确定，则 $\mathrm{d}z = $ _____.

(14) 设函数 $z = z(x,y)$ 由方程 $x^2 + y^2\mathrm{e}^z + z^2 = 4z$ 所确定，则 $\dfrac{\partial^2 z}{\partial x^2} = $ _____.

(15) 曲线 $\begin{cases} 2x^2 + 3y^2 + z^2 = 9, \\ 3x^2 + y^2 = z^2, \end{cases}$ 在点$(1,-1,2)$ 处的切线方程为 _____.

(16) 椭球面 $2x^2 + 3y^2 + z^2 = 9$ 上平行于平面 $2x - 3y + 2z + 1 = 0$ 的切平面方程为 _____.

(17) 设 $\boldsymbol{n}$ 是曲面 $2x^2 + 3y^2 + z^2 = 6$ 在点 $P(1,1,1)$ 处的指向外侧的法矢量，则函数 $u = \dfrac{1}{z}\sqrt{6x^2 + 8y^2}$ 在点 P 处沿方向 $\boldsymbol{n}$ 的方向导数为 _____.

(18) 函数 $z = x^4 + y^4 - x^2 - 2xy - y^2$ 的极值为_____.

3. 求下列极限.

(1) $\lim\limits_{\substack{x \to +\infty \\ y \to +\infty}} (x^2 + y^2) \mathrm{e}^{-(x+y)}$;　　(2) $\lim\limits_{\substack{x \to 0 \\ y \to 0}} \dfrac{xy}{\sqrt{x^2 + y^2}}$.

4. 已知 $f(x,y) = \begin{cases} \dfrac{xy(x-y)}{x+y} & (x^2 + y^2 \neq 0) \\ 0 & (x^2 + y^2 = 0), \end{cases}$ 求 $f_{xy}(0,0), f_{yx}(0,0)$.

5. 设 $f(x,y) = |x-y| \varphi(x,y)$,其中,$\varphi(x,y)$ 在点(0,0) 的邻域内连续,问:(1)$\varphi(x,y)$ 在什么条件下偏导数 $f_x(0,0), f_y(0,0)$ 存在;(2)$\varphi(x,y)$ 在什么条件下,$f(x,y)$ 在点(0,0) 处可微.

6. 设函数 $f(x,y)$ 具有连续的一阶偏导数,$f(1,1) = 1, f_1(1,1) = a, f_2(1,1) = b$,又 $\varphi(x) = f\{x, f[x, f(x,x)]\}$,求 $\varphi(1), \varphi'(1)$.

7. 设 $f(x,y,z) = x^2 y z^3$,其中,$z = z(x,y)$ 由方程 $x^2 + y^2 + z^2 - 3xyz = 0$ 所确定,求 $f_x(1,1,1)$.

8. 设 $f(x,y)$ 可微,且 $f(x,x^2) = 1, f_x(x,x^2) = x$,求 $f_y(x,x^2)(x \neq 0)$.

9. 已知函数 $z = f(u)$ 有一阶连续偏导数,而 $u = u(x,y)$ 由方程 $u = \varphi(u) + \int_y^x p(t)\mathrm{d}t$ 确定,其中,$\varphi(u)$ 有连续导数且 $\varphi'(u) \neq 1, p(t)$ 连续,求 $p(x)\dfrac{\partial z}{\partial y} + p(y)\dfrac{\partial z}{\partial x}$.

10. 设 $z(x,y) = \int_0^1 f(t) |xy - t| \mathrm{d}t$,其中,$f(t)$ 在[0,1]上连续,且 $0 \leqslant x, y \leqslant 1$,求 $\dfrac{\partial^2 z}{\partial x \partial y}$.

11. 设 $u = f(x,y,z)$ 有连续偏导数,$y = y(x), z = z(x)$,分别由方程 $\mathrm{e}^{xy} - y = 0$ 和 $\mathrm{e}^z - xz = 0$ 所确定,求 $\dfrac{\mathrm{d}u}{\mathrm{d}x}$.

12. 已知函数 $u = u(x,y)$ 由方程组 $u = f(x,y,z,t), g(y,z,t) = 0, h(z,t) = 0$ 定义,求 $\dfrac{\partial u}{\partial x}, \dfrac{\partial u}{\partial y}$.

13. 设 $u = f(x,y,z)$ 有二阶连续偏导数,若 $l = \{\cos\alpha, \cos\beta, \cos\gamma\}$,求 $\dfrac{\partial^2 u}{\partial l^2}$.

14. 设 $u(x,y)$ 满足方程 $u_{xx} - u_{yy} = 0$ 及条件 $u(x,2x) = x, u_x(x,2x) = x^2$,且 $u(x,y)$ 具有二阶连续偏导数,求 $u_{xx}(x,2x), u_{xy}(x,2x), u_{yy}(x,2x)$.

15. 求函数 $z = x + y + 4\sin x \sin y$ 的极值.

16. 求由方程 $2x^2 + 2y^2 + z^2 + 8yz - z + 8 = 0$ 所确定的函数 $z = z(x,y)$ 的极值.

17. 求二元函数 $z = f(x,y) = x^2y(4-x-y)$ 在由直线 $x+y=6$, x 轴和 y 轴所围成的闭区域 D 上的极值,最大值和最小值.

18. 在旋转椭球面 $2x^2+y^2+z^2=1$ 上,求距离平面 $2x+y-z=6$ 的最近点、最远点、最近距离和最远距离.

19. 求平面 $\dfrac{x}{3}+\dfrac{y}{4}+\dfrac{z}{5}=1$ 和柱面 $x^2+y^2=1$ 的交线上与 xOy 平面距离最短的点.

20. 设曲面方程为 $x^2+y^2-z=0$,在曲面上求一点 M,使 M 处的法线 L 穿过 $M_0\left(4,4,\dfrac{1}{2}\right)$,求出 L 的方程及点 M 处的切平面方程.

21. 求椭球面 $x^2+2y^2+3z^2=21$ 上某点 M 处的切平面 π 的方程,使平面 π 过已知直线

$$L:\frac{x-6}{2}=\frac{y-3}{1}=\frac{2z-1}{-2}.$$

22. 设函数 $z=z(x,y)$ 满足微分方程

$$y\frac{\partial z}{\partial x}-x\frac{\partial z}{\partial y}=0,$$

令 $u=x,v=x^2+y^2$,试用新变量 u,v 作自变量来变换上述方程.

23. 设 $x=\mathrm{e}^u\cos\theta,y=\mathrm{e}^u\sin\theta$,变换方程 $\dfrac{\partial^2 z}{\partial x^2}+\dfrac{\partial^2 z}{\partial y^2}=0$(其中所涉及的函数 z 的二阶偏导数假定都是连续的).

24. 证明下列极限 $\lim\limits_{\substack{x\to 0 \\ y\to 0}}\dfrac{xy^3}{x^2+y^6}$ 不存在.

25. 设 $f(x,y)=\begin{cases}(x^2+y^2)\sin\dfrac{1}{x^2+y^2} & (x^2+y^2\ne 0),\\ 0 & (x^2+y^2=0).\end{cases}$

证明:$f(x,y)$ 在点$(0,0)$ 处连续,可微;但在该点偏导数不连续.

26. 证明:曲面 $xyz=a^3$ $(a>0)$ 上由任何一点的切平面与坐标平面围成的四面体的体积为一定值.

27. 证明:锥面 $z=\sqrt{x^2+y^2}+3$ 的所有切平面都通过锥面之顶点.

28. 证明:由方程

$$f(cx-az,cy-bz)=0$$

(其中,$f(u,v)$ 是变量 u,v 的可微函数;a,b,c 为常量,$af_u+bf_v\ne 0$) 所确定的函数 $z=z(x,y)$ 为方程 $a\dfrac{\partial z}{\partial x}+b\dfrac{\partial z}{\partial y}=c$ 的解.

29. 设函数 $z=z(x,y)$ 是由方程 $\dfrac{x}{z}=\varphi\left(\dfrac{y}{z}\right)$ 所确定,其中,φ 是二阶可微函数,证

明:函数 $z = z(x,y)$ 满足关系式 $\dfrac{\partial^2 z}{\partial x^2} \cdot \dfrac{\partial^2 z}{\partial y^2} - \left(\dfrac{\partial^2 z}{\partial x \partial y}\right)^2 = 0$.

30. 试证:若函数 $f(x,y)$ 的两个偏导数在点 (x_0,y_0) 的某一邻域存在且有界,则 $f(x,y)$ 在点 (x_0,y_0) 处连续.

31. 试证:若 $\dfrac{\partial f}{\partial x}$ 在点 $P_0(x_0,y_0)$ 存在,$\dfrac{\partial f}{\partial y}$ 在点 P_0 处连续,则 $z = f(x,y)$ 在点 P_0 处可微.

8.4　答案与提示

1. (1)B.　(2)A.　(3)C.　(4)B.　(5)D.　(6)C.　(7)A.　(8)B.　(9)A.　(10)B.　(11)D.　(12)A.

2. (1) $f(x,y) = \dfrac{x^2(1-y)}{1+y}$.

(2) $D = \left\{(x,y) \mid \dfrac{x^2}{9} + \dfrac{4y^2}{9} < 1, y^2 - 1 \leqslant x \leqslant y^2 + 1\right\}$.

(3) $\dfrac{\partial u}{\partial x} = \dfrac{y^2 + z^2 - x^2}{(x^2 + y^2 + z^2)^2}$.

(4) 求 $\dfrac{\partial z}{\partial x}, \dfrac{\partial z}{\partial y}$ 比较复杂,但求 $f(x,2), f(0,y)$ 较简单. 由于 $f_x(x,2) = \dfrac{x}{1+\sin x}$, 则 $f_x(x,2) = \dfrac{1 + \sin x - x\cos x}{(1+\sin x)^2}$, 从而 $f_x(0,2) = 1$. 同理,$f_y(0,2) = -1$.

(5) $\dfrac{\partial^2 z}{\partial x \partial y} = 3x^2 + \sin(2xy) + 2xy\cos(2xy)$.

(6) $\dfrac{\partial^2 z}{\partial x \partial y} = \dfrac{y^2 - x^2}{(x^2 + y^2)^2}$.

(7) $\dfrac{\partial^3 f}{\partial^2 z \partial y} = 30y^4 z$, 则 $\dfrac{\partial^3 f}{\partial z^2 \partial y}\bigg|_{(1,2,3)} = 1440$.

(8) $\mathrm{d}z = -\left\{\dfrac{2x \cdot \sin x^2}{y} + \dfrac{y}{x^2}(xy)^{\frac{x}{x}}[\ln(xy) - 1]\right\}\mathrm{d}x$
$- \left\{\dfrac{\cos x^2}{y^2} - \dfrac{1}{x}(xy)^{\frac{x}{x}}[\ln(xy) + 1]\right\}\mathrm{d}y$.

(9) $\dfrac{\partial u}{\partial y} = 2ye^{x^2+y^2}f + e^{x+y^2}(2yf_1 - \sin y f_2)$.

(10) $\dfrac{\partial F}{\partial z} - \dfrac{\partial^2 F}{\partial y \partial x} = zg_w - \{(1+x)(f_v + g_v) + x[f_w + g_w + y(f_w + g_w)] + z(g_{uu} + yg_{uv})\}$.

(11) $-2e^{-x^2y^2}$.

(12) $du = (f_1 + yzf_2)dx + (f_1 + xzf_2)dy + (f_1 + xyf_2)dz$.

(13) $dz = \dfrac{(z+1)(2xdx - ze^y dy)}{1 + e^y(z+1)}$.

(14) $\dfrac{\partial^2 z}{\partial x^2} = \dfrac{2}{4 - y^2 e^z - 2z} + \dfrac{4x^2(y^2 e^z + 2)}{(4 - y^2 e^z - 2z)^3}$.

(15) $\dfrac{x-1}{8} = \dfrac{y+1}{10} = \dfrac{z-2}{7}$.

(16) $2x - 3y + 2z - 9 = 0$ 与 $2x - 3y + 2z + 9 = 0$.

(17) $\left.\dfrac{\partial u}{\partial n}\right|_P = \dfrac{11}{7}$.

(18) 极小值 $z(-1, -1) = -2$ 与 $z(1,1) = -2$.

3. (1) 0,　(2) 0.

4. $f_{xy}(0,0) = -1, f_{yx}(0,0) = 1$.

5. (1) $\varphi(0,0) = 0$,　(2) $\varphi(0,0) = 0$.

6. $\varphi(1) = 1, \varphi'(1) = a + ab + ab^2 + b^3$.

7. $f_x(1,1,1) = -1$.

8. 令 $y = x^2$, 然后将 $f(x, x^2) = 1$ 两边对 x 求导, 可得 $f_y(x, x^2) = -\dfrac{1}{2}$.

9. 因为 $\dfrac{\partial z}{\partial x} = \dfrac{f'(u)p(x)}{1 - \varphi'(u)}, \dfrac{\partial z}{\partial y} = -\dfrac{f'(u)p(y)}{1 - \varphi'(u)}$, 所以 $p(x)\dfrac{\partial z}{\partial y} + p(y)\dfrac{\partial z}{\partial x} = 0$.

10. $\dfrac{\partial^2 z}{\partial x \partial y} = \displaystyle\int_0^{xy} f(t)dt + 2xyf(xy) + \int_1^{xy} f(t)dt$.

11. $\dfrac{du}{dx} = \dfrac{\partial f}{\partial x} + \dfrac{y^2}{1 - xy} \cdot \dfrac{\partial f}{\partial y} + \dfrac{z}{xz - x} \cdot \dfrac{\partial f}{\partial z}$.

12. $\dfrac{\partial u}{\partial x} = f_x, \dfrac{\partial u}{\partial y} = f_y + g_y \cdot \dfrac{f_t h_z - f_z h_t}{g_z h_t - g_t h_z}$.

13. $\dfrac{\partial^2 u}{\partial l^2} = u_{xx}\cos^2\alpha + u_{yy}\cos^2\beta + u_{zz}\cos^2\gamma + 2(u_{xy}\cos\alpha\cos\beta + u_{yz}\cos\beta\cos\gamma + u_{zx}\cos\gamma\cos\alpha)$.

14. $u_{xx}(x, 2x) = -\dfrac{4}{3}x, u_{xy}(x, 2x) = \dfrac{5}{3}x, u_{yy}(x, 2x) = -\dfrac{4}{3}x$.

15. 解方程组 $\begin{cases} \dfrac{\partial z}{\partial x} = 0, \\ \dfrac{\partial z}{\partial y} = 0, \end{cases}$ 得驻点 $P_0(x_0, y_0)$, 其中,

$\begin{cases} x_0 = (-1)^{m+1} \cdot \dfrac{\pi}{12} + (m+n) \cdot \dfrac{\pi}{2} \\ y_0 = (-1)^{m+1} \cdot \dfrac{\pi}{12} + (m-n) \cdot \dfrac{\pi}{2} \end{cases}$　$(m, n = 0, \pm 1, \pm 2, \cdots)$.

当 $m+n$ 为偶数时，$f(x_0, y_0)$ 不是极值；当 $m+n$ 为奇数，m 为奇数且 n 为偶数时，$f(x_0, y_0)$ 为极大值；当 $m+n$ 为奇数，m 为偶数且 n 为奇数时，$f(x_0, y_0)$ 为极小值. 其极值为 $f(x_0, y_0) = m\pi + (-1)^{m+1}\left(\sqrt{3} + \dfrac{\pi}{6}\right) + (-1)^n \cdot 2$.

16. 极小值 $z(0, -2) = 1$，极大值 $z\left(0, \dfrac{16}{7}\right) = -\dfrac{8}{7}$.

17. 极大值 $f(2,1) = 4$，极小值 $f(4,2) = -64$，最大值 $f(2,1) = 4$，最小值 $f(4, 2) = -64$.

18. 最近点 $\left(\dfrac{1}{2}, \dfrac{1}{2}, -\dfrac{1}{2}\right)$，最近距离为 $\dfrac{2}{3}\sqrt{6}$，最远点 $\left(-\dfrac{1}{2}, -\dfrac{1}{2}, \dfrac{1}{2}\right)$，最远距离为 $\dfrac{4}{3}\sqrt{6}$.

19. 交线上与 xOy 平面距离最短的点为 $\left(\dfrac{4}{5}, \dfrac{3}{5}, \dfrac{35}{12}\right)$.

20. $M(1,1,2)$，$L: \dfrac{x-1}{2} = \dfrac{y-1}{2} = \dfrac{z-2}{-1}$，切平面方程为 $2x + 2y - z - 2 = 0$.

21. $x + 2z = 7$ 与 $x + 4y + 6z = 21$.

22. $\dfrac{\partial z}{\partial u} = 0$.

23. $\dfrac{\partial^2 z}{\partial u^2} + \dfrac{\partial^2 z}{\partial \theta^2} = 0$.

24 ~ 31 题证明题从略.

第九章 重 积 分

9.1 主要公式和结论

9.1.1 二重积分

1.定义

$$\iint_D f(x,y)\,d\sigma = \lim_{\lambda \to 0}\sum_{i=1}^{n} f(\xi_i,\eta_i)\Delta\sigma_i,$$

其中,$\Delta\sigma_i$ 是将平面有界闭区域 D 任意划分成 n 个小区域中的第 i 个小区域的面积;$(\xi_i,\eta_i) \in \Delta\sigma_i(i=1,2,\cdots,n)$;$\lambda = \max\limits_{1\leqslant i\leqslant n}\{\Delta\sigma_i$ 的直径$\}$.

2.存在定理

若函数 $f(x,y)$ 在平面有界闭区域 D 上连续,则$\iint_D f(x,y)\,d\sigma$ 存在.

3.几何意义

当 $f(x,y) \geqslant 0$ $((x,y) \in D)$ 时,$\iint_D f(x,y)\,d\sigma$ 表示以区域 D 为底,以曲面 $z=f(x,y)$ 为顶的曲顶柱体体积.

4.基本性质

(1)线性性质.

$$\iint_D [\lambda_1 f(x,y)+\lambda_2 f(x,y)]\,d\sigma = \lambda_1\iint_D f(x,y)\,d\sigma + \lambda_2\iint_D f(x,y)\,d\sigma \quad (\lambda_1,\lambda_2 \in \mathbf{R}).$$

(2)区域可加性性质.若平面有界闭区域 D 可表示为 $D_1 \cup D_2$,且 D_1,D_2 除公共边界外无其他公共点,则

$$\iint_D f(x,y)\,d\sigma = \iint_{D_1} f(x,y)\,d\sigma + \iint_{D_2} f(x,y)\,d\sigma.$$

(3)比较性质.若 $f(x,y) \geqslant g(x,y),(x,y) \in D$,则

$$\iint_D f(x,y)\,d\sigma \geqslant \iint_D g(x,y)\,d\sigma.$$

特别有 $$\iint_D |g(x,y)|\,d\sigma \geqslant \left|\iint_D g(x,y)\,d\sigma\right|.$$

(4)估值定理.若 $M = \max\{f(x,y) \mid (x,y) \in D\}$,

$m = \min\{f(x,y) \mid (x,y) \in D\}$, σ 为平面有界闭区域的面积,则

$$m\sigma \leqslant \iint\limits_D f(x,y)\mathrm{d}\sigma \leqslant M\sigma.$$

(5) 中值定理. 若 $f(x,y)$ 在平面有界闭区域 D 上连续,则必至少存在一点 (ξ,η) $\in D$,使 $\iint\limits_D f(x,y)\mathrm{d}\sigma = f(\xi,\eta)\sigma$,其中,$\sigma$ 为 D 的面积.

特别地,当 $f(x,y) \equiv 1$,$(x,y) \in D$,则

$$\iint\limits_D \mathrm{d}\sigma = \sigma.$$

5. 二重积分的计算

(1) 在直角坐标系中的计算. 此时面积元 $\mathrm{d}\sigma = \mathrm{d}x\mathrm{d}y$.

若 $D:\begin{cases} a \leqslant x \leqslant b, \\ y_1(x) \leqslant y \leqslant y_2(x), \end{cases}$ （x - 型区域,见图 9.1）,

则

$$\iint\limits_D f(x,y)\mathrm{d}\sigma = \int_a^b \mathrm{d}x \int_{y_1(x)}^{y_2(x)} f(x,y)\mathrm{d}y = \int_a^b \left(\int_{y_1(x)}^{y_2(x)} f(x,y)\mathrm{d}y\right)\mathrm{d}x.$$

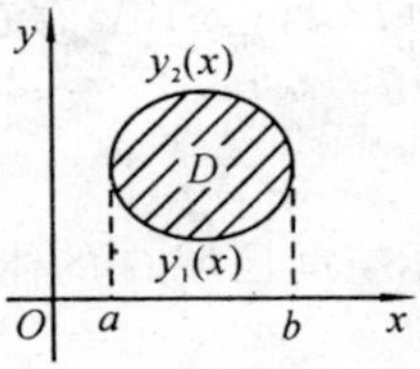

图 9.1 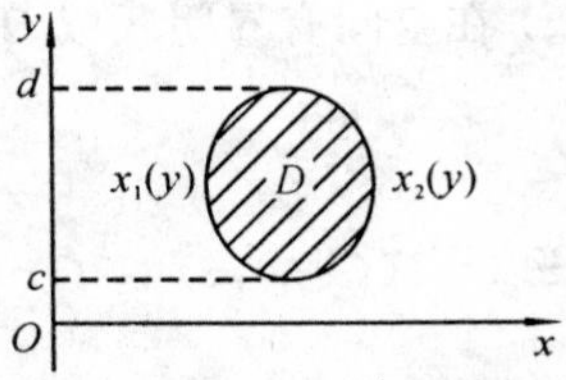　　　　　　图 9.2

若 $D:\begin{cases} c \leqslant y \leqslant d, \\ x_1(y) \leqslant x \leqslant x_2(y), \end{cases}$ （y - 型区域,见图 9.2）,

则

$$\iint\limits_D f(x,y)\mathrm{d}\sigma = \int_c^d \mathrm{d}y \int_{x_1(y)}^{x_2(y)} f(x,y)\mathrm{d}x = \int_c^d \left(\int_{x_1(y)}^{x_2(y)} f(x,y)\mathrm{d}x\right)\mathrm{d}y.$$

(2) 在极坐标系中的计算. 此时面积元 $\mathrm{d}\sigma = r\mathrm{d}r\mathrm{d}\theta$. 若极点 O 在平面有界闭区域 D 外,且

$$D:\begin{cases} \alpha \leqslant \theta \leqslant \beta, \\ r_1(\theta) \leqslant r \leqslant r_2(\theta), \end{cases}$$

则 $\iint\limits_D f(x,y)\mathrm{d}\sigma = \int_\alpha^\beta \mathrm{d}\theta \int_{r_1(\theta)}^{r_2(\theta)} f(r\cos\theta, r\sin\theta)r\mathrm{d}r = \int_\alpha^\beta \left(\int_{r_1(\theta)}^{r_2(\theta)} f(r\cos\theta, r\sin\theta)r\mathrm{d}r\right)\mathrm{d}\theta.$

若极点 O 在 D 内,且

$$D:\begin{cases}0\leqslant\theta\leqslant2\pi,\\0\leqslant r\leqslant r(\theta)\end{cases}$$

则 $\iint\limits_{D}f(x,y)\mathrm{d}\sigma=\int_{0}^{2\pi}\mathrm{d}\theta\int_{0}^{r(\theta)}f(r\cos\theta,r\sin\theta)r\mathrm{d}r=\int_{0}^{2\pi}\left(\int_{0}^{r(\theta)}f(r\cos\theta,r\sin\theta)r\mathrm{d}r\right)\mathrm{d}\theta.$

若极点 O 在 D 的边界上,且

$$D:\begin{cases}\alpha\leqslant\theta\leqslant\beta,\\0\leqslant r\leqslant r(\theta),\end{cases}$$

则 $\iint\limits_{D}f(x,y)\mathrm{d}\sigma=\int_{\alpha}^{\beta}\mathrm{d}\theta\int_{0}^{r(\theta)}f(r\cos\theta,r\sin\theta)r\mathrm{d}r=\int_{\alpha}^{\beta}\left(\int_{0}^{r(\theta)}f(r\cos\theta,r\sin\theta)r\mathrm{d}r\right)\mathrm{d}\theta.$

9.1.2　三重积分

1.定义

三重积分定义类似于二重积分记为

$$\iiint\limits_{\Omega}f(x,y,z)\mathrm{d}V.$$

2.存在定理

若 $f(x,y,z)$ 在空间有界闭区域 Ω 上连续,则 $\iiint\limits_{\Omega}f(x,y,z)\mathrm{d}V$ 存在.

3.几何意义

当 $f(x,y,z)\equiv1((x,y,z)\in\Omega)$ 时,$\iiint\limits_{\Omega}\mathrm{d}V$ 表示空间区域 Ω 的体积.

4.基本性质

三重积分有类似二重积分的性质.

5.三重积分的计算

(1) 在直角坐标系中的计算.此时体积元 $\mathrm{d}V=\mathrm{d}x\mathrm{d}y\mathrm{d}z$.若采用"先一后二"法,即

$$\Omega:\begin{cases}(x,y)\in D,\\z_1(x,y)\leqslant z\leqslant z_2(x,y),\end{cases}$$

其中,D 为 Ω 在 xOy 平面上的投影区域(见图 9.3),且

$$D:\begin{cases}a\leqslant x\leqslant b,\\y_1(x)\leqslant y\leqslant y_2(x),\end{cases}$$

则 $\iiint\limits_{\Omega}f(x,y,z)\mathrm{d}V=\iint\limits_{D}\mathrm{d}x\mathrm{d}y\int_{z_1(x,y)}^{z_2(x,y)}f(x,y,z)\mathrm{d}z=\int_{a}^{b}\mathrm{d}x\int_{y_1(x)}^{y_2(x)}\mathrm{d}y\int_{z_1(x,y)}^{z_2(x,y)}f(x,y,z)\mathrm{d}z$

$$=\int_{a}^{b}\left[\int_{y_1(x)}^{y_2(x)}\left(\int_{z_1(x,y)}^{z_2(x,y)}f(x,y,z)\mathrm{d}z\right)\mathrm{d}y\right]\mathrm{d}x.$$

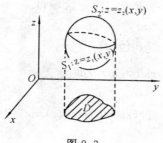

图 9.3

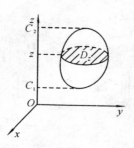

图 9.4

若采用"先二后一"法,即

$$\Omega : \begin{cases} (x,y) \in D_z, \\ C_1 \leqslant z_1 \leqslant C_2, \end{cases}$$

其中,D_z 为平面 $z = z$ 截 Ω 所得截面(见图 9.4),且

$$D_z : \begin{cases} x_1(z) \leqslant x \leqslant x_2(z), \\ y_1(x,z) \leqslant y \leqslant y_2(x,z), \end{cases}$$

则

$$\iiint\limits_{\Omega} f(x,y,z)\mathrm{d}V = \int_{C_1}^{C_2} \mathrm{d}z \iint\limits_{D_z} f(x,y,z)\mathrm{d}x\mathrm{d}y = \int_{C_1}^{C_2} \mathrm{d}z \int_{x_1(z)}^{x_2(z)} \mathrm{d}x \int_{y_1(x,z)}^{y_2(x,z)} f(x,y,z)\mathrm{d}y$$

$$= \int_{C_1}^{C_2} \left[\int_{x_1(z)}^{x_2(z)} \left(\int_{y_1(x,z)}^{y_2(x,z)} f(x,y,z)\mathrm{d}y \right) \mathrm{d}x \right] \mathrm{d}z.$$

(2) 在柱面坐标系中的计算. 此时体积元 $\mathrm{d}V = r\mathrm{d}\theta\mathrm{d}r\mathrm{d}z$. 若采用"先一后二"法,即

$$\Omega : \begin{cases} (r,\theta) \in D, \\ z_1(r\cos\theta, r\sin\theta) \leqslant z \leqslant z_2(r\cos\theta, r\sin\theta), \end{cases}$$

其中,D 为 Ω 在 xOy 平面上的投影区域,且

$$D : \begin{cases} \alpha \leqslant \theta \leqslant \beta, \\ r_1(\theta) \leqslant r \leqslant r_2(\theta), \end{cases}$$

则

$$\iiint\limits_{\Omega} f(x,y,z)\mathrm{d}V = \iint\limits_{D} r\mathrm{d}r\mathrm{d}\theta \int_{z_1(r\cos\theta, r\sin\theta)}^{z_2(r\cos\theta, r\sin\theta)} f(r\cos\theta, r\sin\theta, z)\mathrm{d}z$$

$$= \int_{\alpha}^{\beta} \mathrm{d}\theta \int_{r_1(\theta)}^{r_2(\theta)} r\mathrm{d}r \int_{z_1(r\cos\theta, r\sin\theta)}^{z_2(r\cos\theta, r\sin\theta)} f(r\cos\theta, r\sin\theta, z)\mathrm{d}z$$

$$= \int_{\alpha}^{\beta} \left[\int_{r_1(\theta)}^{r_2(\theta)} \left(\int_{z_1(r\cos\theta, r\sin\theta)}^{z_2(r\cos\theta, r\sin\theta)} f(r\cos\theta, r\sin\theta, z)\mathrm{d}z \right) \mathrm{d}r \right] \mathrm{d}\theta.$$

若采用"先二后一"法,即

$$\Omega : \begin{cases} (r,\theta) \in D_z, \\ C_1 \leqslant z \leqslant C_2, \end{cases}$$

其中,D_z 为平面 $z = z$ 截 Ω 所得截面在 xOy 平面上的投影区域,且

$$D_z: \begin{cases} \alpha(z) \leqslant \theta \leqslant \beta(z), \\ r_1(\theta, z) \leqslant r \leqslant r_2(\theta, z), \end{cases}$$

则

$$\iiint\limits_{\Omega} f(x, y, z)\mathrm{d}V = \int_{C_1}^{C_2} \mathrm{d}z \iint\limits_{D_z} f(r\cos\theta, r\sin\theta, z) r \mathrm{d}r\mathrm{d}\theta$$

$$= \int_{C_1}^{C_2} \mathrm{d}z \int_{\alpha(z)}^{\beta(z)} \mathrm{d}\theta \int_{r_1(\theta, z)}^{r_2(\theta, z)} f(r\cos\theta, r\sin\theta, z) r \mathrm{d}r$$

$$= \int_{C_1}^{C_2} \left[\int_{\alpha(z)}^{\beta(z)} \left(\int_{r_1(\theta, z)}^{r_2(\theta, z)} f(r\cos\theta, r\sin\theta, z) r \mathrm{d}r \right) \mathrm{d}\theta \right] \mathrm{d}z.$$

(3) 在球面坐标系中的计算. 此时体积元 $\mathrm{d}V = r^2 \sin\varphi \mathrm{d}\theta\mathrm{d}\varphi\mathrm{d}r$. 若

$$\Omega: \begin{cases} r_1(\theta, \varphi) \leqslant r \leqslant r_2(\theta, \varphi), \\ \varphi_1(\theta) \leqslant \varphi \leqslant \varphi_2(\theta), \\ \alpha \leqslant \theta \leqslant \beta, \end{cases}$$

则 $$\iiint\limits_{\Omega} f(x, y, z)\mathrm{d}V = \int_\alpha^\beta \mathrm{d}\theta \int_{\varphi_1(\theta)}^{\varphi_2(\theta)} \mathrm{d}\varphi \int_{r_1(\theta, \varphi)}^{r_2(\theta, \varphi)} f(r\sin\varphi\cos\theta, r\sin\varphi\sin\theta, r\cos\varphi) r^2 \sin\varphi \mathrm{d}r$$

$$= \int_\alpha^\beta \left[\int_{\varphi_1(\theta)}^{\varphi_2(\theta)} \sin\varphi \left(\int_{r_1(\theta, \varphi)}^{r_2(\theta, \varphi)} f(r\sin\varphi\cos\theta, r\sin\varphi\sin\theta, r\cos\varphi) r^2 \mathrm{d}r \right) \mathrm{d}\varphi \right] \mathrm{d}\theta.$$

9.1.3　重积分的应用

1. 平面图形的面积

若 D 为平面有界闭区域,则其面积 A 为

$$A = \iint\limits_{D} \mathrm{d}\sigma.$$

2. 空间立体的体积

若 Ω 为某一空间区域,则其体积 V 为

$$V = \iiint\limits_{\Omega} \mathrm{d}V.$$

3. 空间曲面的面积

若空间某一曲面方程为

$$z = f(x, y) \quad ((x, y) \in D),$$

其中,D 为该曲面在 xOy 平面上的投影区域,且 $f(x, y)$ 在 D 上有连续的偏导数,则该曲面的面积 S 为

$$S = \iint\limits_{D} \sqrt{1 + f_x^2 + f_y^2} \mathrm{d}x\mathrm{d}y.$$

4. 物体的质量

(1) 平面薄片的质量. 若薄片的平面区域为 D,密度为 $\rho(x, y)$,则该薄片的质量 M 为

$$M = \iint\limits_{D} \rho(x,y)\,\mathrm{d}\sigma.$$

（2）空间立体的质量. 若该立体占有的空间区域为 Ω，密度为 $\rho(x,y,z)$，则该立体的质量 M 为

$$M = \iiint\limits_{\Omega} \rho(x,y,z)\,\mathrm{d}V.$$

5. 物体的重心

（1）平面薄片的重心. 若薄片的平面区域为 D，密度为 $\rho(x,y)$，则该薄片的重心坐标 $(\overline{x},\overline{y})$ 为

$$\overline{x} = \frac{1}{M}\iint\limits_{D} x\rho(x,y)\,\mathrm{d}\sigma,$$

$$\overline{y} = \frac{1}{M}\iint\limits_{D} y\rho(x,y)\,\mathrm{d}\sigma,$$

其中，M 为该薄片的质量.

（2）空间立体的重心. 若该立体占有的空间区域为 Ω，密度为 $\rho(x,y,z)$，则该立体的重心坐标 $(\overline{x},\overline{y},\overline{z})$ 为

$$\overline{x} = \frac{1}{M}\iiint\limits_{\Omega} x\rho(x,y,z)\,\mathrm{d}V,$$

$$\overline{y} = \frac{1}{M}\iiint\limits_{\Omega} y\rho(x,y,z)\,\mathrm{d}V,$$

$$\overline{z} = \frac{1}{M}\iiint\limits_{\Omega} z\rho(x,y,z)\,\mathrm{d}V,$$

其中，M 为该立体的质量.

6. 物体的转动惯量

（1）平面薄片的转动惯量. 若薄片的平面区域为 D，密度为 $\rho(x,y)$，则该薄片对 x 轴和 y 轴的转动惯量 I_x 和 I_y 分别为

$$I_x = \iint\limits_{D} y^2\rho(x,y)\,\mathrm{d}\sigma,$$

$$I_y = \iint\limits_{D} x^2\rho(x,y)\,\mathrm{d}\sigma.$$

（2）空间立体的转动惯量. 若该立体占有的空间区域为 Ω，密度为 $\rho(x,y,z)$，则该立体对 x 轴、y 轴和 z 轴的转动惯量 I_x、I_y 和 I_z 分别为

$$I_x = \iiint\limits_{\Omega} (y^2 + z^2)\rho(x,y,z)\,\mathrm{d}V,$$

$$I_y = \iiint\limits_{\Omega} (x^2 + z^2)\rho(x,y,z)\,\mathrm{d}V,$$

$$I_z = \iiint\limits_{\Omega} (x^2 + y^2)\rho(x,y,z)\,\mathrm{d}V.$$

9.2　解　题　指　导

（一）二重积分

9.2.1　涉及积分概念与性质的问题

例 1　利用定义计算 $\iint\limits_{D} xy\mathrm{d}\sigma$，其中，$D:\begin{cases}0\leqslant x\leqslant 1,\\0\leqslant y\leqslant 1.\end{cases}$

解　积分区域 D 如图 9.5 所示.

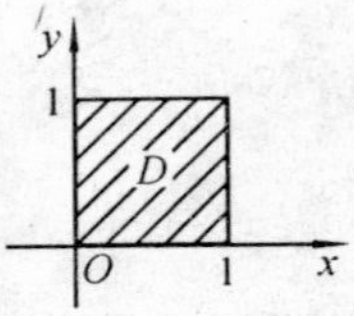

用直线网 $x=\dfrac{i}{n}$，$y=\dfrac{j}{n}(i,j=1,2,\cdots,n-1)$ 分割这个正方

形 D 为 n^2 个小正方形.并取每个小正方形右顶点 $\left(\dfrac{i}{n},\dfrac{j}{n}\right)$ 为其节

点,这时每个小正方形的面积为 $1/n^2$,因而

图 9.5

$$\iint\limits_{D} xy\mathrm{d}\sigma=\lim_{\lambda\to0}\sum_{i=1}^{n}(\xi_i,\eta_i)\Delta\sigma_i=\lim_{n\to\infty}\sum_{i=1}^{n}\sum_{j=1}^{n}\frac{i}{n}\cdot\frac{j}{n}\cdot\frac{1}{n^2}$$

$$=\lim_{n\to\infty}\frac{1}{n^4}\cdot\frac{n^2(1+n)^2}{4}=\frac{1}{4}.$$

例 2　应用中值定理估计二重积分.

$$I=\iint\limits_{|x|+|y|\leqslant10}\frac{1}{100+\cos^2 x+\cos^2 y}\mathrm{d}\sigma\ \text{的值}.$$

解　由于 $f(x,y)=\dfrac{1}{100+\cos^2 x+\cos^2 y}$ 在有界闭区域 $D\{(x,y)\,\big|\,|x|+|y|\leqslant$

$10\}$ 上连续,及 D 的面积 $\sigma=200$ 和 $\dfrac{1}{102}\leqslant f(x,y)\leqslant\dfrac{1}{100}((x,y)\in D)$,

故由中值定理和估值定理,有

$$\iint\limits_{D} f(x,y)\mathrm{d}\sigma=f(\xi,\eta)\sigma=\frac{1}{100+\cos^2\xi+\cos^2\eta}((\xi,\eta)\in D),$$

即　　　　　$$\frac{100}{51}\leqslant\iint\limits_{|x|+|y|\leqslant10}\frac{1}{100+\cos^2 x+\cos^2 y}\mathrm{d}\sigma\leqslant2.$$

例 3　比较积分 $\iint\limits_{D}(x+y)^2\mathrm{d}\sigma$ 和 $\iint\limits_{D}(x+y)^3\mathrm{d}\sigma$ 的大小,其中,$D=\{(x,y)\,|\,(x-2)^2$

$+(y-1)^2=2\}$.

解　D 的圆心为 $(2,1)$,半径为 $\sqrt{2}$,圆心到直线 $x+y=1$ 的距离为 $\sqrt{2}$,故 D 上的

点位于半平面 $x+y\geqslant1$ 内,即由 $x+y\geqslant1$ 可知,$(x+y)^3\geqslant(x+y)^2$.因而

$$\iint\limits_{D}(x+y)^3\mathrm{d}\sigma\geqslant\iint\limits_{D}(x+y)^2\mathrm{d}\sigma.$$

9.2.2 在直角坐标系中计算二重积分

例 4 设 $f(x,y)$ 在区域 D 上连续,试将二重积分 $\iint\limits_{D} f(x,y)\mathrm{d}\sigma$ 分别按 D 的 x- 型

和 y- 型区域化为不同顺序的累次积分.其中:

(1) D: $\begin{cases} y \leqslant x, \\ a \leqslant y, \quad 0 < a < b. \\ x \leqslant b, \end{cases}$

(2) $D = \{(x,y) \,|\, |x|+|y| \leqslant 1\}$.

(3) D 是由直线 $y = x, x = 2$ 及双曲线 $y = \dfrac{1}{x}(x>0)$

所围成的闭区域.

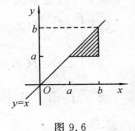

图 9.6

解 (1) 区域 D: $\begin{cases} y \leqslant x, \\ a \leqslant y, \text{如图9.6 所示.} \\ x \leqslant b, \end{cases}$

因而若视 D 为 x- 型区域,则有

$$\iint\limits_{D} f(x,y)\mathrm{d}\sigma = \int_a^b \mathrm{d}x \int_a^x f(x,y)\mathrm{d}y.$$

若视 D 为 y- 型区域,则有

$$\iint\limits_{D} f(x,y)\mathrm{d}\sigma = \int_a^b \mathrm{d}y \int_y^b f(x,y)\mathrm{d}x.$$

(2) 区域 $D = \{(x,y) \,|\, |x|+|y| \leqslant 1\}$,如图 9.7 所示.

若视 D 为 x- 型区域,则有

$$\iint\limits_{D} f(x,y)\mathrm{d}\sigma = \int_{-1}^0 \mathrm{d}x \int_{-(1+x)}^{1+x} f(x,y)\mathrm{d}y + \int_0^1 \mathrm{d}x \int_{x-1}^{1-x} f(x,y)\mathrm{d}y.$$

若视 D 为 y- 型区域,则有

$$\iint\limits_{D} f(x,y)\mathrm{d}\sigma = \int_{-1}^0 \mathrm{d}y \int_{-(1+y)}^{1+y} f(x,y)\mathrm{d}x + \int_0^1 \mathrm{d}y \int_{y-1}^{1-y} f(x,y)\mathrm{d}x.$$

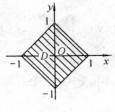

图 9.7

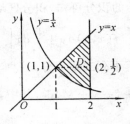

图 9.8

(3) 由直线 $y = x, x = 2$ 及 $y = \dfrac{1}{x}(x > 0)$ 所围成的区域 D 如图 9.8 所示. 若视 D 为 x- 型区域,则有

$$\iint\limits_{D} f(x, y)\mathrm{d}\sigma = \int_1^2 \mathrm{d}x \int_{\frac{1}{x}}^x f(x, y)\mathrm{d}y.$$

若视 D 为 y- 型区域,则有

$$\iint\limits_{D} f(x, y)\mathrm{d}\sigma = \int_{\frac{1}{2}}^1 \mathrm{d}y \int_{\frac{1}{y}}^2 f(x, y)\mathrm{d}x + \int_1^2 \mathrm{d}y \int_y^2 f(x, y)\mathrm{d}x.$$

例5　改变累次积分的顺序:

(1) $\displaystyle\int_0^2 \mathrm{d}x \int_x^{2x} f(x, y)\mathrm{d}y$;　(2) $\displaystyle\int_{-1}^1 \mathrm{d}x \int_{-\sqrt{1-x^2}}^{1-x^2} f(x, y)\mathrm{d}y$;

(3) $\displaystyle\int_0^1 \mathrm{d}x \int_0^{x^2} f(x, y)\mathrm{d}y + \int_1^3 \mathrm{d}x \int_0^{\frac{1}{2}(3-x)} f(x, y)\mathrm{d}x$.

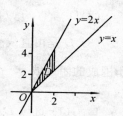

图 9.9

解　(1) 由于 D: $\begin{cases} 0 \leqslant x \leqslant 2, \\ x \leqslant y \leqslant 2x, \end{cases}$ 即积分区域 D 如图 9.9 所示,有

$$\int_0^2 \mathrm{d}x \int_x^{2x} f(x, y)\mathrm{d}y = \int_0^2 \mathrm{d}y \int_{y/2}^y f(x, y)\mathrm{d}x + \int_2^4 \mathrm{d}y \int_{y/2}^2 f(x, y)\mathrm{d}x.$$

(2) 由所给的积分可知,积分区域如图9.10所示. 有

$$\int_{-1}^1 \mathrm{d}x \int_{-\sqrt{1-x^2}}^{1-x^2} f(x, y)\mathrm{d}y = \int_{-1}^0 \mathrm{d}y \int_{-\sqrt{1-y^2}}^{\sqrt{1-y^2}} f(x, y)\mathrm{d}x + \int_0^1 \mathrm{d}y \int_{-\sqrt{1-y}}^{\sqrt{1-y}} f(x, y)\mathrm{d}x.$$

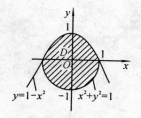

图 9.10

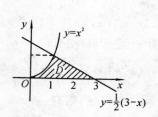

图 9.11

(3) 由所给的积分可知,积分区域如图 9.11 所示,故

$$\int_0^1 \mathrm{d}x \int_0^{x^2} f(x, y)\mathrm{d}y + \int_1^3 \mathrm{d}x \int_0^{\frac{1}{2}(3-x)} f(x, y)\mathrm{d}y = \int_0^1 \mathrm{d}y \int_{\sqrt{y}}^{3-2y} f(x, y)\mathrm{d}x.$$

例6　计算下列二重积分.

(1) $\displaystyle\iint\limits_{D}(x^3 + 3x^2 y + y^3)\mathrm{d}\sigma$,其中,$D = \{(x, y) \mid 0 \leqslant x \leqslant 1, 0 \leqslant y \leqslant 1\}$;

(2) $\displaystyle\iint\limits_{D} \mathrm{e}^{x+y}\mathrm{d}\sigma$,其中,$D = \{(x, y) \mid |x| + |y| \leqslant 1\}$;

(3) $\iint\limits_D \sqrt{x}\,\mathrm{d}\sigma$，其中，$D = \{(x,y)\mid x^2 + y^2 \leqslant x\}$；

(4) $\iint\limits_D \dfrac{\mathrm{d}\sigma}{\sqrt{2a-x}}$，其中，$D$ 是由圆 $(x-a)^2 + (y-a)^2 = a^2$ 和直线 $x = 0, y = 0$ 所围成的闭区域.

解　(1) 积分区域 D 如图 9.12 所示，将 D 按 y- 型区域处理，则有

$$\iint\limits_D (x^3 + 3x^2 y + y^3)\,\mathrm{d}\sigma = \int_0^1 \mathrm{d}y \int_0^1 (x^3 + 3x^2 y + y^3)\,\mathrm{d}x = \int_0^1 \left(\frac{1}{4} + y + y^3\right)\mathrm{d}y = 1.$$

图 9.12

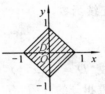

图 9.13

(2) 积分区域 D 如图 9.13 所示，将 D 按 x- 型区域处理，则有

$$\iint\limits_D \mathrm{e}^{x+y}\,\mathrm{d}\sigma = \int_{-1}^0 \mathrm{d}x \int_{-x-1}^{x+1} \mathrm{e}^{x+y}\,\mathrm{d}y + \int_0^1 \mathrm{d}x \int_{x-1}^{-x+1} \mathrm{e}^{x+y}\,\mathrm{d}y$$

$$= \int_{-1}^0 (\mathrm{e}^{2x+1} - \mathrm{e}^{-1})\,\mathrm{d}x + \int_0^1 (\mathrm{e} - \mathrm{e}^{2x-1})\,\mathrm{d}x$$

$$= \left(\frac{1}{2}\mathrm{e}^{2x+1} - \mathrm{e}^{-1}x\right)\Big|_{-1}^0 + \left(\mathrm{e}x - \frac{1}{2}\mathrm{e}^{2x-1}\right)\Big|_0^1 = \mathrm{e} - \mathrm{e}^{-1}.$$

(3) 积分区域 D 如图 9.14 所示，将 D 按 x - 型区域处理，有

$$\iint\limits_D \sqrt{x}\,\mathrm{d}\sigma = \int_0^1 \sqrt{x}\,\mathrm{d}x \int_{-\sqrt{x-x^2}}^{\sqrt{x-x^2}} \mathrm{d}y = 2\int_0^1 x\sqrt{1-x}\,\mathrm{d}x = \frac{8}{15}.$$

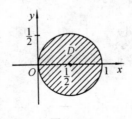

图 9.14

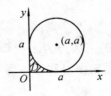

图 9.15

(4) 积分区域 D 如图 9.15 所示，将 D 按 x- 型区域处理，有

$$\iint\limits_D \frac{\mathrm{d}\sigma}{\sqrt{2a-x}} = \int_0^a \frac{\mathrm{d}x}{\sqrt{2a-x}} \int_0^{a-\sqrt{a^2-(x-a)^2}} \mathrm{d}y = \int_0^a \left(\frac{a}{\sqrt{2a-x}} - \sqrt{x}\right)\mathrm{d}x$$

$$= \left(2\sqrt{2} - \frac{8}{3}\right)a^{\frac{3}{2}}.$$

例 7 计算下列二重积分.

(1) $\iint\limits_{D}(|x|+y)\mathrm{d}x\mathrm{d}y$,其中,$D=\{(x,y)\big|\,|x|+|y|\leqslant 1\}$;

(2) $\iint\limits_{D}(x^2+y^2)\mathrm{d}x\mathrm{d}y$,其中,$D$ 是由直线 $x=0,y=0$ 和 $x+y=1$ 所围成的闭区域;

(3) $\iint\limits_{D}x[1+yf(x^2+y^2)]\mathrm{d}x\mathrm{d}y$,其中,$D$ 是由 $y=x^3,y=1$ 和 $x=-1$ 围成的闭区域,f 是 D 上的连续函数;

(4) $\iint\limits_{D}|\sin(x+y)|\mathrm{d}x\mathrm{d}y$,其中,

$$D=\{(x,y)\,|0\leqslant x\leqslant \pi,0\leqslant y\leqslant \pi\}.$$

解 (1) 按二重积分的性质,有

$$\iint\limits_{D}(|x|+y)\mathrm{d}x\mathrm{d}y=\iint\limits_{D}|x|\,\mathrm{d}x\mathrm{d}y+\iint\limits_{D}y\mathrm{d}x\mathrm{d}y.$$

而 D 关于 x 轴对称,第二项二重积分中的被积函数 y 是 y 的奇函数,即有

$$\iint\limits_{D}y\mathrm{d}x\mathrm{d}y=0.$$

又 D 关于 x 轴、y 轴对称,第一项二重积分中的被积函数 $|x|$ 是 x 的偶函数,也是 y 的偶函数,即有

$$\iint\limits_{D}|x|\,\mathrm{d}x\mathrm{d}y=4\iint\limits_{D_1}x\mathrm{d}x\mathrm{d}y,$$

其中,D_1 是 $x=0,y=0$ 和 $x+y=1$ 所围成的闭区域,故二重积分

$$\iint\limits_{D}(|x|+y)\mathrm{d}x\mathrm{d}y=\iint\limits_{D}|x|\,\mathrm{d}x\mathrm{d}y+\iint\limits_{D}y\mathrm{d}x\mathrm{d}y=4\iint\limits_{D_1}x\mathrm{d}x\mathrm{d}y$$

$$=4\int_0^1 x\mathrm{d}x\int_0^{1-x}\mathrm{d}y=4\int_0^1 x(1-x)\mathrm{d}x=\frac{2}{3}.$$

(2) 由于 D 的三条边为 $x=0,y=0,x+y=1$,当 x 换为 y,y 换为 x 时方程不变(称为区域 D 是轮换对称的),即有

$$\iint\limits_{D}x^2\mathrm{d}x\mathrm{d}y=\iint\limits_{D}y^2\mathrm{d}x\mathrm{d}y,$$

故 $\iint\limits_{D}(x^2+y^2)\mathrm{d}x\mathrm{d}y=2\iint\limits_{D}x^2\mathrm{d}x\mathrm{d}y=2\int_0^1 x^2\mathrm{d}x\int_0^{1-x}\mathrm{d}y=\frac{1}{6}.$

(3) 积分区域 D 如图 9.16 所示.在 D 内作一辅助线 $y=-x^3$,将 D 分成 D_1 和 D_2 两个部分.这样,D_1 是关于 y 轴对称,D_2 是关于 x 轴对称,有

$$\iint\limits_{D_1} x \mathrm{d}x\mathrm{d}y = 0, \quad \iint\limits_{D_2} x \mathrm{d}x\mathrm{d}y = 2\int_{-1}^{0} x \mathrm{d}x \int_{0}^{-x^3} \mathrm{d}y = -\frac{2}{5}.$$

又由于 $xyf(x^2 + y^2)$ 既是 x 的奇函数,又是 y 的奇函数,即

$$\iint\limits_{D_1} xyf(x^2 + y^2)\mathrm{d}x\mathrm{d}y = \iint\limits_{D_2} xyf(x^2 + y^2)\mathrm{d}x\mathrm{d}y = 0,$$

故二重积分

$$\iint\limits_{D} x\left[1 + yf(x^2 + y^2)\right]\mathrm{d}x\mathrm{d}y = \iint\limits_{D_1} x[1 + yf(x^2 + y^2)]\mathrm{d}x\mathrm{d}y + \iint\limits_{D_2} x[1 + yf(x^2 + y^2)]\mathrm{d}x\mathrm{d}y$$

$$= \iint\limits_{D_1} x\mathrm{d}x\mathrm{d}y + \iint\limits_{D_1} xyf(x^2 + y^2)\mathrm{d}x\mathrm{d}y + \iint\limits_{D_2} x\mathrm{d}x\mathrm{d}y + \iint\limits_{D_2} xyf(x^2 + y^2)\mathrm{d}x\mathrm{d}y$$

$$= 0 + 0 - \frac{2}{5} + 0 = -\frac{2}{5}.$$

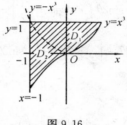

图 9.16

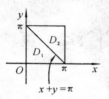

图 9.17

(4) 带有绝对值的被积函数的积分,要注意适当地划分积分区域,以便在积分过程中能去掉绝对值符号. 由于 D 是矩形区域:$0 \leqslant x \leqslant \pi, 0 \leqslant y \leqslant \pi$(见图 9.17),将 D 由直线 $x + y = \pi$ 划分为 D_1 和 D_2. 这样,在 D_1 上积分时绝对值符号可去掉,在 D_2 上积分时要去掉绝对值符号,则在积分前要加上一个"一"号,即

$$\iint\limits_{D} |\sin(x + y)|\mathrm{d}x\mathrm{d}y = \iint\limits_{D_1} |\sin(x + y)|\mathrm{d}x\mathrm{d}y + \iint\limits_{D_2} |\sin(x + y)|\mathrm{d}x\mathrm{d}y$$

$$= \int_0^\pi \mathrm{d}x \int_0^{\pi-x} \sin(x + y)\mathrm{d}y - \int_0^\pi \mathrm{d}x \int_{\pi-x}^\pi \sin(x + y)\mathrm{d}y$$

$$= \int_0^\pi [\cos x - \cos\pi]\mathrm{d}x + \int_0^\pi [\cos(x + \pi) - \cos\pi]\mathrm{d}x = 2\pi.$$

9.2.3　在极坐标系中计算二重积分

例 8　计算下列二重积分.

(1) $\iint\limits_{D} \sin\sqrt{x^2 + y^2}\mathrm{d}x\mathrm{d}y$,其中,$D = \{(x,y) \mid \pi^2 \leqslant x^2 + y^2 \leqslant 4\pi^2\}$;

(2) $\iint\limits_D |xy| \mathrm{d}x\mathrm{d}y$,其中,$D = \{(x,y) \mid 0 \leqslant x^2 + y^2 \leqslant a^2, a > 0\}$;

(3) $\iint\limits_D (x+y)\mathrm{d}x\mathrm{d}y$,其中,$D = \{(x,y) \mid x^2 + y^2 \leqslant x + y\}$;

(4) $\iint\limits_D \ln(1 + x^2 + y^2)\mathrm{d}x\mathrm{d}y$,其中,$D$ 是由圆周 $x^2 + y^2 = 1$ 及坐

标轴所围成的在第一象限内的闭区域.

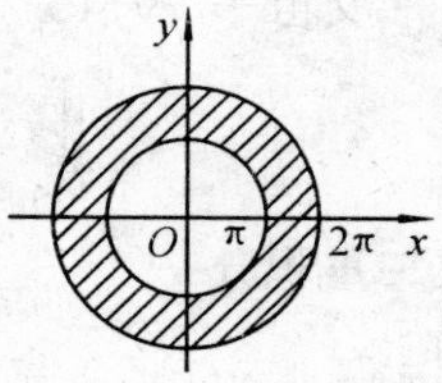

解 (1) 积分区域如图 9.18 所示,由于被积函数含有 $x^2 +$ y^2,因此,积分区域为圆环域. 这样利用极坐标计算会简单些.

图 9.18

$$\iint\limits_D \sin\sqrt{x^2+y^2}\,\mathrm{d}x\mathrm{d}y = \int_0^{2\pi}\mathrm{d}\theta\int_\pi^{2\pi} r\sin r\,\mathrm{d}r = 2\pi(-r\cos r + \sin r)\Big|_\pi^{2\pi} = -6\pi^2.$$

(2) 积分区域 D 是以原点为圆心,半径为 a 的闭圆域,即在极坐标系该圆域 D 为 $\{(r,\theta) \mid 0 \leqslant \theta \leqslant 2\pi, 0 \leqslant r \leqslant a, a > 0\}$,因而

$$\iint\limits_D |xy|\,\mathrm{d}x\mathrm{d}y = \iint\limits_D |r\cos\theta \cdot r\sin\theta|\,r\mathrm{d}r\mathrm{d}\theta = \frac{1}{2}\iint\limits_D |\sin 2\theta|\,r^3\mathrm{d}r\mathrm{d}\theta = \frac{1}{2}\int_0^{2\pi}|\sin 2\theta|\,\mathrm{d}\theta\int_0^a r^3\,\mathrm{d}r$$

$$= \frac{a^4}{8}\int_0^{2\pi}|\sin 2\theta|\,\mathrm{d}\theta = \frac{a^4}{8}\left(\int_0^{\frac{\pi}{2}}\sin 2\theta\mathrm{d}\theta - \int_{\frac{\pi}{2}}^\pi\sin 2\theta\mathrm{d}\theta + \int_\pi^{\frac{3}{2}\pi}\sin 2\theta\mathrm{d}\theta - \int_{\frac{3}{2}\pi}^{2\pi}\sin 2\theta\mathrm{d}\theta\right)$$

$$= \frac{1}{2}a^4.$$

(3) 积分区域如图 9.19 所示,由于该区域 D 为一个闭圆域:$\left(x - \frac{1}{2}\right)^2 + \left(y - \frac{1}{2}\right)^2 \leqslant \frac{1}{2}$,因而将直角坐标化为极坐标时,应为

$$x = \frac{1}{2} + r\cos\theta, \quad y = \frac{1}{2} + r\sin\theta,$$

即

$$\iint\limits_D (x+y)\mathrm{d}x\mathrm{d}y = \int_0^{\frac{1}{\sqrt{2}}} r\mathrm{d}r\int_0^{2\pi}(r\cos\theta + r\sin\theta + 1)\mathrm{d}\theta = \int_0^{\frac{1}{\sqrt{2}}} r(0 + 0 + 2\pi)\mathrm{d}r$$

$$= 2\pi\int_0^{\frac{1}{\sqrt{2}}} r\mathrm{d}r = \frac{\pi}{2}.$$

(4) 积分区域如图 9.20 所示,有

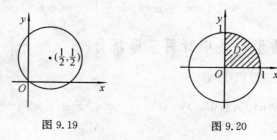

图 9.19　　　　　　　　　　　图 9.20

$$\iint\limits_{D}\ln(1+x^2+y^2)\mathrm{d}x\mathrm{d}y = \int_0^{\frac{\pi}{2}}\mathrm{d}\theta\int_0^1\ln(1+r^2)r\mathrm{d}r = \frac{\pi}{2} \cdot \frac{1}{2}\int_0^1\ln(1+r^2)\mathrm{d}(1+r^2)$$

$$= \frac{\pi}{4}(2\ln2 - 1).$$

例9 计算下列二重积分.

(1) $\iint\limits_{D}\mathrm{e}^{-(x^2+y^2-\pi)}\sin(x^2+y^2)\mathrm{d}x\mathrm{d}y$,其中,$D = \{(x,y) \mid x^2+y^2 \leqslant \pi\}$;

(2) $\iint\limits_{D}(\sqrt{x^2+y^2}+y)\mathrm{d}\sigma$,其中,$D$ 是由圆 $x^2+y^2=4$ 和 $(x+1)^2+y^2=1$ 所围成的闭

区域.

解 (1) 积分区域 D 是一个闭圆域 $x^2+y^2 \leqslant \pi$,作极坐标变换:$x=r\cos\theta,y=r\sin\theta$,
有

$$I = \iint\limits_{D}\mathrm{e}^{-(x^2+y^2-\pi)}\sin(x^2+y^2)\mathrm{d}x\mathrm{d}y = \mathrm{e}^{\pi}\iint\limits_{D}\mathrm{e}^{-(x^2+y^2)}\sin(x^2+y^2)\mathrm{d}x\mathrm{d}y$$

$$= \mathrm{e}^{\pi}\int_0^{2\pi}\mathrm{d}\theta\int_0^{\sqrt{\pi}}r\mathrm{e}^{-r^2}\sin r^2\mathrm{d}r = \frac{\mathrm{e}^{\pi}}{2}\int_0^{2\pi}\mathrm{d}\theta\int_0^{\sqrt{\pi}}\mathrm{e}^{-r^2}\sin r^2 2r\mathrm{d}r.$$

令 $t=r^2$,则

$$I = \frac{1}{2}e^{\pi}\int_0^{2\pi}\mathrm{d}\theta\int_0^{\pi}\mathrm{e}^{-t}\sin t\mathrm{d}t = \pi\mathrm{e}^{\pi}\int_0^{\pi}\mathrm{e}^{-t}\sin t\mathrm{d}t.$$

设 $A = \int_0^{\pi}\mathrm{e}^{-t}\sin t\mathrm{d}t$,则

$$A = -\int_0^{\pi}\sin t\mathrm{d}\mathrm{e}^{-t} = -\int_0^{\pi}\cos t\mathrm{d}\mathrm{e}^{-t} = -\left(\cos t\mathrm{e}^{-t}\Big|_0^{\pi} + \int_0^{\pi}\mathrm{e}^{-t}\sin t\mathrm{d}t\right) = \mathrm{e}^{-\pi}+1-A,$$

即

$$A = \frac{1}{2}(\mathrm{e}^{-\pi}+1),$$

故

$$I = \pi\mathrm{e}^{\pi} \cdot A = \pi\mathrm{e}^{\pi} \cdot \frac{1}{2}(\mathrm{e}^{-\pi}+1) = \frac{\pi}{2}(1+\mathrm{e}^{\pi}).$$

(2) 积分区域如图 9.21 所示,显然,$D = D_{\pm1} + D_{\pm2} + D_{下1} + D_{下2}$,由积分区域的对称性和被积函数的奇偶性,有

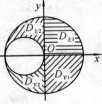

图 9.21

$$\iint\limits_{D}y\mathrm{d}x\mathrm{d}y = 0,$$

且

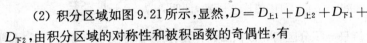

$$\iint\limits_{D}(\sqrt{x^2+y^2}+y)\mathrm{d}x\mathrm{d}y = \iint\limits_{D}\sqrt{x^2+y^2}\,\mathrm{d}x\mathrm{d}y + \iint\limits_{D}y\mathrm{d}x\mathrm{d}y = \iint\limits_{D}\sqrt{x^2+y^2}\,\mathrm{d}x\mathrm{d}y$$

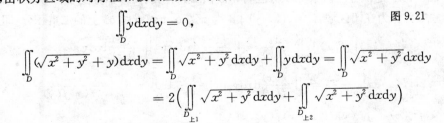

$$= 2\left(\iint\limits_{D_{\pm1}}\sqrt{x^2+y^2}\,\mathrm{d}x\mathrm{d}y + \iint\limits_{D_{\pm2}}\sqrt{x^2+y^2}\,\mathrm{d}x\mathrm{d}y\right)$$

$$= 2\left(\int_0^{\frac{\pi}{2}}\mathrm{d}\theta\int_0^2 r \cdot r\mathrm{d}r + \int_{\frac{\pi}{2}}^{\pi}\mathrm{d}\theta\int_{-2\cos\theta}^2 r \cdot r\mathrm{d}\theta\right)$$

$$= 2\left(\frac{4}{3}\pi + \frac{4}{3}\pi - \frac{16}{9}\right) = \frac{16}{9}(3\pi - 2).$$

9.2.4　证明题

例 10　设函数 $f(x)$ 在区间 $[0,1]$ 上连续,并设 $\int_0^1 f(x)\mathrm{d}x = A$,证 $\int_0^1 \mathrm{d}x \int_x^1 f(x)f(y)\mathrm{d}y = \frac{1}{2}A^2$.

证　由于 $f(x)$ 在 $[0,1]$ 上连续,$F(x) = \int_0^x f(t)\mathrm{d}t$ 必是 $f(x)$ 在区间 $[0,1]$ 上的一个原函数,故有

$$\int_0^1 \mathrm{d}x \int_x^1 f(x)f(y)\mathrm{d}y = \int_0^1 f(x)\left(\int_x^1 f(y)\mathrm{d}y\right)\mathrm{d}x = \int_0^1 f(x)\left(F(y)\Big|_x^1\right)\mathrm{d}x$$

$$= \int_0^1 f(x)(F(1) - F(x))\mathrm{d}x$$

$$= F(1)\int_0^1 f(x)\mathrm{d}x - \int_0^1 f(x)F(x)\mathrm{d}x$$

$$= F(1)(F(1) - F(0)) - \int_0^1 F(x)\mathrm{d}F(x)$$

$$= F^2(1) - F(1)F(0) - \frac{1}{2}F^2(x)\Big|_0^1$$

$$= F^2(1) - F(1)F(0) - \frac{1}{2}(F^2(1) - F^2(0)).$$

而

$$F(0) = \int_0^0 f(t)\mathrm{d}t = 0, \quad F(1) = \int_0^1 f(x)\mathrm{d}x = A,$$

即

$$\int_0^1 \mathrm{d}x \int_x^1 f(x)f(y)\mathrm{d}y = A^2 - \frac{1}{2}A^2 = \frac{1}{2}A^2.$$

例 11　设 $f(x)$ 是区间 $[a,b]$ 上的正值连续函数,证明:$\int_a^b f(x)\mathrm{d}x \int_a^b \dfrac{\mathrm{d}x}{f(x)} \geqslant (b-a)^2$.

证　由于定积分之值只与积分区间和被积函数有关,而与积分变量符号无关,故不等式的左边可化为在闭区域:$D = \{(x,y) \mid a \leqslant x \leqslant b, a \leqslant y \leqslant b\}$ 上的二重积分,即

$$\int_a^b f(x)\mathrm{d}x \int_a^b \frac{\mathrm{d}x}{f(x)} = \iint\limits_D \frac{f(x)}{f(y)}\mathrm{d}x\mathrm{d}y = \iint\limits_D \frac{f(y)}{f(x)}\mathrm{d}x\mathrm{d}y.$$

因而　$2\int_a^b f(x)\mathrm{d}x \int_a^b \dfrac{\mathrm{d}x}{f(x)} = \iint\limits_D \dfrac{f(x)}{f(y)}\mathrm{d}x\mathrm{d}y + \iint\limits_D \dfrac{f(y)}{f(x)}\mathrm{d}x\mathrm{d}y = \iint\limits_D \dfrac{f^2(x) + f^2(y)}{f(x)f(y)}\mathrm{d}x\mathrm{d}y.$

又 $f^2(x) + f^2(y) \geqslant 2f(x)f(y)$,即

$$2\int_a^b f(x)\mathrm{d}x \int_a^b \frac{\mathrm{d}x}{f(x)} \geqslant 2\iint\limits_D \mathrm{d}x\mathrm{d}y = 2(b-a)^2,$$

故
$$\int_a^b f(x)\mathrm{d}x\int_a^b \frac{\mathrm{d}x}{f(x)} \geqslant (b-a)^2.$$

例 12 设 $f(x)$ 为连续函数,n 为大于 1 的自然数,证明:$\int_a^b \mathrm{d}x\int_a^x (x-y)^{n-2}f(y)\mathrm{d}y = \frac{1}{n-1}\int_a^b (b-y)^{n-1}f(y)\mathrm{d}y.$

证 该题证明关键在于改变积分顺序,将积分区域由 x - 型换为 y - 型.
$$\int_a^b \mathrm{d}x\int_a^x (x-y)^{n-2}f(y)\mathrm{d}y = \int_a^b \mathrm{d}y\int_y^b (x-y)^{n-2}f(y)\mathrm{d}x = \int_a^b f(y)\mathrm{d}y\int_y^b (x-y)^{n-2}\mathrm{d}x$$
$$= \int_a^b f(y)\frac{(x-y)^{n-1}}{n-1}\Big|_y^b \mathrm{d}y = \frac{1}{n-1}\int_a^b (b-y)^{n-1}f(y)\mathrm{d}y.$$

(二) 三重积分

9.2.5 在直角坐标系中计算三重积分

例 13 计算下列三重积分.

(1) $\iiint\limits_\Omega e^{|z|}\mathrm{d}V$,其中,$\Omega:x^2+y^2+z^2\leqslant 1$;

(2) $\iiint\limits_\Omega \frac{\mathrm{d}V}{(1+x+y+z)^3}$,其中,$\Omega$ 是由平面 $x+y+z=1$ 和三个坐标面所围成的闭区域;

(3) $\iiint\limits_\Omega xy^2z^3\mathrm{d}V$,其中,$\Omega$ 是由曲面 $z=xy$ 与平面 $y=x,x=1$ 和 $z=0$ 所围成的闭区域;

(4) $\iiint\limits_\Omega (x+y+z)\mathrm{d}V$,其中,$\Omega$ 是由平面 $x+y+z=1$ 和三个坐标面所围成的闭区域.

解 (1) 积分区域是一个球域,而被积函数只含有变量 z,因而采用"先二后一"法,其中平面 $z=z$ 截 Ω 所得截面在 xOy 平面上的投影区域,即
$$D_z = \{(x,y)\mid x^2+y^2\leqslant 1-z^2, -1\leqslant z\leqslant 1\},$$
故
$$\iiint\limits_\Omega e^{|z|}\mathrm{d}V = \int_{-1}^1 e^{|z|}\mathrm{d}z\iint\limits_{D_z}\mathrm{d}x\mathrm{d}y = \int_{-1}^1 e^{|z|}\mathrm{d}z\iint\limits_{x^2+y^2\leqslant 1-z^2}\mathrm{d}x\mathrm{d}y = 2\int_0^1 e^z\pi(1-z^2)\mathrm{d}z$$
$$= 2\pi\int_0^1 e^z(1-z^2)\mathrm{d}z = 2\pi.$$

(2) 积分区域如图 9.22 所示.同样采用"先二后一"法,有
$$\iiint\limits_\Omega \frac{\mathrm{d}V}{(1+x+y+z)^3} = \int_0^1 \mathrm{d}z\int_0^{1-z}\mathrm{d}x\int_0^{1-x-z}\frac{\mathrm{d}y}{(1+x+y+z)^3}$$
$$= \frac{1}{2}\int_0^1 \mathrm{d}z\int_0^{1-z}\left[\frac{1}{(1+x+z)^2}-\frac{1}{4}\right]\mathrm{d}x$$

$$= \frac{1}{2}\int_0^1\left[\frac{1}{1+z}-\frac{1}{z}-\frac{1}{4}(1-z)\right]\mathrm{d}z$$

$$= \frac{1}{2}\left[\ln(1+z)-\frac{3}{4}z+\frac{1}{8}z^2\right]\Big|_0^1 = \frac{1}{2}\left(\ln2-\frac{5}{8}\right).$$

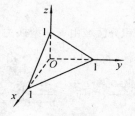

图 9.22

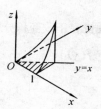

图 9.23

(3) 积分区域如图 9.23 所示,采用"先二后一"法,有

$$\iiint_\Omega xy^2z^3\mathrm{d}V = \int_0^1 x\mathrm{d}x\int_0^x y^2\mathrm{d}y\int_0^{xy} z^3\mathrm{d}z = \int_0^1 x\mathrm{d}x\int_0^x y^2\left(\frac{1}{4}z^4\right)\Big|_0^{xy}\mathrm{d}y$$

$$= \frac{1}{4}\int_0^1 x^5\mathrm{d}x\int_0^x y^6\mathrm{d}y = \frac{1}{28}\int_0^1 x^{12}\mathrm{d}x = \frac{1}{364}.$$

(4) 由于积分区域 Ω 的变量具有轮换对称性,故

$$\iiint_\Omega (x+y+z)\mathrm{d}V = \iiint_\Omega x\mathrm{d}V + \iiint_\Omega y\mathrm{d}V + \iiint_\Omega z\mathrm{d}V = 3\iiint_\Omega x\mathrm{d}x\mathrm{d}y\mathrm{d}z$$

$$= 3\int_0^1 x\mathrm{d}x\int_0^{1-x}\mathrm{d}y\int_0^{1-x-y}\mathrm{d}z = 3\int_0^1 x\mathrm{d}x\int_0^{1-x}(1-x-y)\mathrm{d}y$$

$$= 3\int_0^1 \frac{x}{2}(1-x)^2\mathrm{d}x = \frac{1}{8}.$$

9.2.6 在柱面坐标系中计算三重积分

例 14 计算下列三重积分.

(1) $\iiint_\Omega z\mathrm{d}V$,其中,$\Omega$ 是由上半球面:$z=\sqrt{2-x^2-y^2}$ 和抛物面 $z=x^2+y^2$ 所围成的闭区域;

(2) $\iiint_\Omega (x^2+y^2+z)\mathrm{d}V$,其中,$\Omega$ 是由抛物面 $z=x^2+y^2$ 与圆柱面 $x^2+y^2=1$ 及三个坐标面所围成且位于第一卦限中的闭区域;

(3) $\iiint_\Omega \sqrt{x^2+y^2}\mathrm{d}V$,其中,$\Omega$ 是由圆锥面 $z^2=x^2+y^2$ 和平面 $z=1$ 所围成的闭区域.

解 (1) 积分区域是由上半球面和抛物线所围成的,用"先一后二"法.确定 z 及 r 的变化范围:由 $\sqrt{2-x^2-y^2}=x^2+y^2$,可得

$$r^2 = \sqrt{2 - r^2}.$$

由 $r^4 - r^2 - 2 = 0$, 可得 $r = 1$, 故

$$\iiint\limits_{\Omega} z \mathrm{d}V = \int_0^{2\pi} \mathrm{d}\theta \int_0^1 r \mathrm{d}r \int_{r^2}^{\sqrt{2-r^2}} z \mathrm{d}z = 2\pi \int_0^1 \frac{1}{2} r(2 - r^2 - r^4) \mathrm{d}r = \frac{7}{12}\pi.$$

(2) 积分区域 Ω 如图 9.24 所示, Ω 在 xOy 平面上的投影区域 D 为 $0 \leqslant \theta \leqslant \frac{\pi}{2}, 0 \leqslant r$ $\leqslant 1$. 而 z 轴的上、下两界面方程分别为 $z = 0$ 和 $z = r^2$. 因而

$$\iiint\limits_{\Omega} (x^2 + y^2 + z) \mathrm{d}V = \int_0^{\frac{\pi}{2}} \mathrm{d}\theta \int_0^1 r \mathrm{d}r \int_0^{r^2} (r^2 + z) \mathrm{d}z = \frac{\pi}{2} \int_0^1 r(r^4 + \frac{1}{2} r^4) \mathrm{d}r = \frac{\pi}{8}.$$

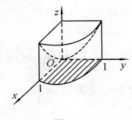 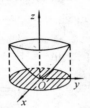

图 9.24　　　　　　　　图 9.25

(3) 积分区域 Ω 如图 9.25 所示. Ω 在 xOy 平面上的投影为 $x^2 + y^2 \leqslant 1$, 即 $0 \leqslant r \leqslant 1$, $0 \leqslant \theta \leqslant 2\pi$, 而 Ω 的上、下界面方程分别为 $z = 1$ 和 $z = r$. 因此

$$\iiint\limits_{\Omega} \sqrt{x^2 + y^2} \mathrm{d}V = \int_0^{2\pi} \mathrm{d}\theta \int_0^1 r \mathrm{d}r \int_r^1 r \mathrm{d}z = 2\pi \int_0^1 r^2(1 - r) \mathrm{d}r = \frac{\pi}{6}.$$

9.2.7　在球面坐标系中计算三重积分

例 15　计算下列三重积分.

(1) $\iiint\limits_{\Omega} (x^2 + y^2 + z^2) \mathrm{d}V$, 其中, Ω 是由球面 $x^2 + y^2 + z^2 = 4$ 所围成的闭区域;

(2) $\iiint\limits_{\Omega} z \mathrm{d}V$, 其中, Ω 是由球面 $x^2 + y^2 + (z-a)^2 = a^2$ 和上半圆锥面 $z^2 = x^2 + y^2$ 所围成的闭区域;

(3) $\iiint\limits_{\Omega} (\sqrt{x^2 + y^2} + 2z) \mathrm{d}V$, 其中, Ω 是由 $a^2 \leqslant x^2 + y^2 + z^2 \leqslant 4a^2$ 及 $z \geqslant \sqrt{x^2 + y^2}$ ($a > 0$) 所确定.

解　(1) 积分区域是一个球面, 用球面坐标变换为

$$x = r\sin\varphi\cos\theta, \quad y = r\sin\varphi\sin\theta, \quad z = r\cos\varphi,$$

则

$$\iiint\limits_{\Omega} (x^2 + y^2 + z^2) \mathrm{d}V = \int_0^{2\pi} \mathrm{d}\theta \int_0^{\pi} \sin\varphi \mathrm{d}\varphi \int_0^2 r^2 \cdot r^2 \mathrm{d}r = 2\pi \int_0^{\pi} \sin\varphi \left(\frac{2^5}{5}\right) \mathrm{d}\varphi = \frac{128}{5}\pi.$$

(2) 积分区域如图 9.26 所示,其三个变量的变化范围:$0 \leqslant \theta \leqslant 2\pi, 0 \leqslant \varphi \leqslant \dfrac{\pi}{4}, 0 \leqslant r \leqslant 2a\cos\varphi$,因而

$$\iiint\limits_{\Omega} z \mathrm{d}V = \int_0^{2\pi} \mathrm{d}\theta \int_0^{\frac{\pi}{4}} \sin\varphi \cos\varphi \, \mathrm{d}\varphi \int_0^{2a\cos\varphi} r^3 \mathrm{d}r$$

$$= 2\pi \int_0^{\frac{\pi}{4}} \frac{1}{4} (2a\cos\varphi)^4 \sin\varphi \cos\varphi \, \mathrm{d}\varphi$$

$$= 8\pi a^4 \int_0^{\frac{\pi}{4}} \sin\varphi \cos^5 \varphi \mathrm{d}\varphi = \frac{7}{6}\pi a^4.$$

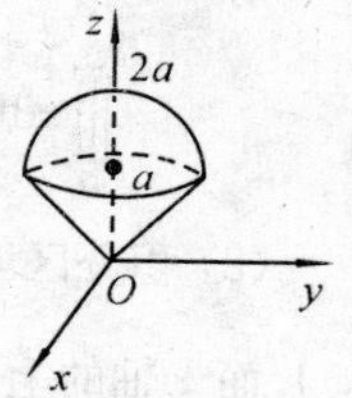

图 9.26

(3) 积分区域为两个球面之间与一个圆锥面所围成的区域,其三个变量变化范围:$0 \leqslant \theta \leqslant 2\pi, 0 \leqslant \varphi \leqslant \dfrac{\pi}{4}, a \leqslant r \leqslant 2a$,因此

$$\iiint\limits_{\Omega} (\sqrt{x^2 + y^2} + 2z) \mathrm{d}V = \int_0^{2\pi} \mathrm{d}\theta \int_0^{\frac{\pi}{4}} \sin\varphi \mathrm{d}\varphi \int_a^{2a} (r\sin\varphi + 2r\cos\varphi) r^2 \mathrm{d}r = \frac{15}{16}(2+\pi)\pi a^4.$$

（三）重积分的应用

例 16 求下列区域面积.

(1) 由心脏线 $r = a(1 + \cos\theta)$ 和圆 $r = a\cos\theta$ 所围成的平面区域;

(2) 由柱面 $x^2 + y^2 = a^2$ 和 $x^2 + z^2 = a^2 (a > 0)$ 所围成立体的表面.

解 (1) 所求区域如图 9.27 所示,由于对称性,只需求出 x 轴上半部 D 的面积再乘以 2 即可,而所求的区域 $D: 0 \leqslant \theta \leqslant \pi, r_1(\theta) \leqslant r \leqslant a(1 + \cos\theta)$,其中,

$$r_1(\theta) = \begin{cases} a\cos\theta & \left(0 \leqslant \theta \leqslant \dfrac{\pi}{2}\right), \\ 0 & \left(\dfrac{\pi}{2} \leqslant \theta \leqslant \pi\right). \end{cases}$$

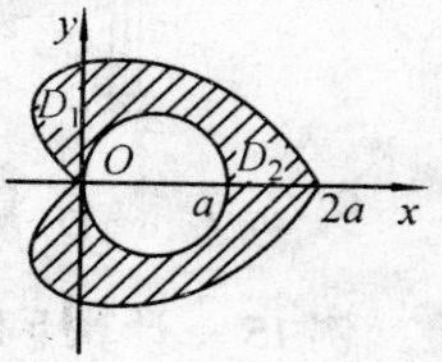

将 D 划分为两个区域 D_1 和 D_2:

图 9.27

$$D_1 : 0 \leqslant \theta \leqslant \frac{\pi}{2}, a\cos\theta \leqslant r \leqslant a(1 + \cos\theta),$$

$$D_2 : \frac{\pi}{2} \leqslant \theta \leqslant \pi, 0 \leqslant r \leqslant a(1 + \cos\theta),$$

故所求区域 D 的面积 S 为

$$S = 2\left(\iint\limits_{D_1} r\mathrm{d}\theta\mathrm{d}r + \iint\limits_{D_2} r\mathrm{d}\theta\mathrm{d}r \right) = 2\left(\int_0^{\frac{\pi}{2}} \mathrm{d}\theta \int_{a\cos\theta}^{a(1+\cos\theta)} r\mathrm{d}r + \int_{\frac{\pi}{2}}^{\pi} \mathrm{d}\theta \int_0^{a(1+\cos\theta)} r\mathrm{d}r \right)$$

$$= \int_0^{\frac{\pi}{2}} [a^2(1 + \cos\theta)^2 - a^2\cos^2\theta] \mathrm{d}\theta + \int_{\frac{\pi}{2}}^{\pi} a^2(1 + \cos\theta)^2 \mathrm{d}\theta$$

$$= a^2 \int_0^{\frac{\pi}{2}} (1 + 2\cos\theta) \mathrm{d}\theta + a^2 \int_{\frac{\pi}{2}}^{\pi} (1 + \cos\theta)^2 \mathrm{d}\theta = \frac{\pi}{2}a^2 + \frac{3\pi}{4}a^2 = \frac{5}{4}\pi a^2.$$

(2) 由对称性可知,所求的曲面 $S = 16S_1$,其中,S_1 如图 9.28

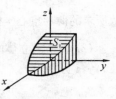

所示,该曲面块的方程为

$$z = \sqrt{a^2 - x^2},$$

它在 xOy 平面上的投影区域 D 是圆域 $x^2 + y^2 \leqslant a^2$ 的四分之一,

而 $z_x = -\dfrac{x}{z}, z_y = 0$,因而

图 9.28

$$S = 16\iint\limits_{D}\sqrt{1 + \frac{x^2}{z^2}}\,\mathrm{d}x\mathrm{d}y = 16\iint\limits_{D}\sqrt{1 + \frac{x^2}{a^2 - x^2}}\,\mathrm{d}x\mathrm{d}y = 16a\iint\limits_{D}\frac{\mathrm{d}x\mathrm{d}y}{\sqrt{a^2 - x^2}}$$

$$= 16a\int_0^a\frac{\mathrm{d}x}{\sqrt{a^2 - x^2}}\int_0^{\sqrt{a^2 - x^2}}\mathrm{d}y = 16a^2.$$

例 17　求下列曲面所围成立体的体积.

(1) 球面 $z = \sqrt{5 - x^2 - y^2}$ 和抛物面 $x^2 + y^2 = 4z$;

(2) 曲面 $z = xy$ 和平面 $z = 0$ 及 $x + y = 1$.

解　(1) 所围的立体在 xOy 平面上的投影区域是一个圆,用柱面坐标计算相对容易.

这时有

$$0 \leqslant \theta \leqslant 2\pi, \quad 0 \leqslant r \leqslant 2, \quad \frac{r^2}{4} \leqslant z \leqslant \sqrt{5 - r^2},$$

故所求的体积

$$V = \iiint\limits_{\Omega}\mathrm{d}V = \int_0^{2\pi}\mathrm{d}\theta\int_0^2 r\mathrm{d}r\int_{r^2/4}^{\sqrt{5 - r^2}}\mathrm{d}z = 2\pi\int_0^2 r\Big(\sqrt{5 - r^2} - \frac{r^2}{4}\Big)\mathrm{d}r$$

$$= 2\pi\int_0^2 r\sqrt{5 - r^2}\,\mathrm{d}r - \frac{\pi}{2}\int_0^2 r^3\mathrm{d}r = \frac{2}{3}\pi(5\sqrt{5} - 4).$$

(2) 用直角坐标的“先一后二”法来计算. 这时有

$$0 \leqslant x \leqslant 1, \quad 0 \leqslant y \leqslant 1 - x, \quad 0 \leqslant z \leqslant xy,$$

故所求的体积

$$V = \iiint\limits_{\Omega}\mathrm{d}V = \int_0^1\mathrm{d}x\int_0^{1 - x}\mathrm{d}y\int_0^{xy}\mathrm{d}z = \int_0^1\mathrm{d}x\int_0^{1 - x}(xy)\mathrm{d}y = \frac{1}{2}\int_0^1 x(1 - x)^2\,\mathrm{d}x = \frac{1}{24}.$$

例 18　求下列物体的重心坐标:

(1) 均匀密度的半椭圆 $\dfrac{x^2}{a^2} + \dfrac{y^2}{b^2} \leqslant 1, y \geqslant 0$ 的平面薄片;

(2) 密度为 1 且由 $z = x^2 + y^2, x + y = a$ 及三个坐标面所围成的立体.

解　(1) 设该平面薄片的重心坐标为 $(\bar{x}, \bar{y})$,由对称性可知 $\bar{x} = 0$,而

$$\bar{y} = \frac{1}{M}\iint\limits_{D}y\rho\mathrm{d}x\mathrm{d}y = \frac{\displaystyle\iint\limits_{D}\rho y\mathrm{d}x\mathrm{d}y}{\displaystyle\iint\limits_{D}\rho\mathrm{d}x\mathrm{d}y} = \frac{1}{ab\pi}\iint\limits_{D}y\mathrm{d}x\mathrm{d}y = \frac{2}{ab\pi}\int_0^{\pi}\mathrm{d}\theta\int_0^1 ab^2 r^2\sin\theta\mathrm{d}r = \frac{4b}{3\pi},$$

故所求的薄片重心坐标为 $\left(0, \dfrac{4b}{3\pi}\right)$.

(2) 设所求立体的重心坐标为 $(\bar{x}, \bar{y}, \bar{z})$,用直角坐标的"先一后二"法来计算其质量 M 及 $\bar{x}, \bar{y}, \bar{z}$ 分别为

$$M = \int_0^a \mathrm{d}x \int_0^{a-x} \mathrm{d}y \int_0^{x^2+y^2} \mathrm{d}z = \int_0^a \mathrm{d}x \int_0^{a-x} (x^2+y^2)\mathrm{d}y$$

$$= \int_0^a \left[x^2(a-x) + \frac{1}{3}(a-x)^3 \right] \mathrm{d}x = \frac{a^4}{6}.$$

$$\bar{x} = \frac{1}{M}\iiint\limits_{\Omega} x\,\mathrm{d}V = \frac{6}{a^4}\int_0^a x\,\mathrm{d}x \int_0^{a-x} \mathrm{d}y \int_0^{x^2+y^2} \mathrm{d}z = \frac{6}{a^4}\int_0^a x\left[x^2(a-x) - \frac{1}{3}(a-x^3) \right]\mathrm{d}x$$

$$= \frac{6}{a^4} \cdot \frac{1}{15}a^5 = \frac{2}{5}a.$$

由 Ω 关于 $y=x$ 对称,可知 $\bar{y} = \bar{x}$.

$$\bar{z} = \frac{1}{M}\iiint\limits_{\Omega} z\,\mathrm{d}V = \frac{6}{a^4}\int_0^a \mathrm{d}x \int_0^{a-x} \mathrm{d}y \int_0^{x^2+y^2} z\,\mathrm{d}z = \frac{3}{a^4}\int_0^a \mathrm{d}x \int_0^{a-x} (x^2+y^2)^2\,\mathrm{d}y$$

$$= \frac{3}{a^4}\int_0^a \mathrm{d}x \int_0^{a-x} (x^4 + 2x^2y^2 + y^4)\,\mathrm{d}y$$

$$= \frac{3}{a^4}\int_0^a \left[x^4(a-x) + \frac{2}{3}x^2(a-x)^3 + \frac{1}{5}(a-x)^5 \right]\mathrm{d}x = \frac{3}{a^4} \cdot \frac{7}{90}a^6 = \frac{7}{30}a^2,$$

故所求的立体重心坐标为 $\left(\dfrac{2}{5}a, \dfrac{2}{5}a, \dfrac{7}{30}a^2 \right)$.

例 19 求下列物体的转动惯量.

(1) 半径为 a、密度 ρ 均匀的半圆薄片对其直径边的转动惯量;

(2) 边长为 a、密度 ρ 均匀的立方体关于其任一棱边的转动惯量.

解 (1) 取坐标系如图 9.29 所示,则半圆薄片的区域:

$$x^2 + y^2 \leqslant a^2, \quad y \geqslant 0.$$

而对其直径边的转动惯量可以理解为对 x 轴的转动惯量 I_x,即

$$I_x = \iint\limits_{D} \rho y^2 \,\mathrm{d}x\mathrm{d}y = \rho \iint\limits_{D} r(r\sin\theta)^2 \,\mathrm{d}r\mathrm{d}\theta = \rho \int_0^\pi \mathrm{d}\theta \int_0^a r^3 \sin^2\theta \,\mathrm{d}r = \frac{1}{4}a^2 \cdot \frac{\pi}{2}a^2\rho = \frac{1}{4}Ma^2,$$

其中,$M = \dfrac{\pi}{2}a^2\rho$ 为该薄片的质量.

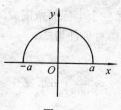

图 9.29

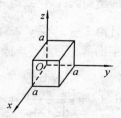

图 9.30

(2) 如图 9.30 所示，建立坐标系，则所求的转动惯量为

$$I_z = \rho\iiint_\Omega (x^2 + y^2)\mathrm{d}V = \rho\iiint_\Omega (x^2+y^2)\mathrm{d}x\mathrm{d}y\mathrm{d}z = \rho\int_0^a\mathrm{d}x\int_0^a\mathrm{d}y\int_0^a(x^2+y^2)\mathrm{d}z$$

$$= a\rho\int_0^a\mathrm{d}x\int_0^a(x^2+y^2)\mathrm{d}y = a\rho\int_0^a\left(ax^2+\frac{a^3}{3}\right)\mathrm{d}x = \frac{2}{3}\rho a^5 = \frac{2}{3}Ma^2,$$

其中，$M = \rho a^3$ 为该立体的质量.

例 20 求均匀柱体 $x^2+y^2\leqslant a^2, 0\leqslant z\leqslant h$，对于点 $P(0,0,c)(c>h)$ 处的单位质量 $(m=1)$ 的引力.

解 由均匀柱体的对称性知，$F_x = F_y = 0$，

$$F_z = \iiint_\Omega k\rho\frac{z-c}{[x^2+y^2+(z-c)^2]^{3/2}}\mathrm{d}V = k\rho\int_0^{2\pi}\mathrm{d}\theta\int_0^a r\mathrm{d}r\int_0^h\frac{z-c}{[r^2+(z-c)^2]^{3/2}}\mathrm{d}z$$

$$= 2k\rho\pi\int_0^a r\left[\frac{1}{\sqrt{r^2+c^2}} - \frac{1}{\sqrt{r^2+(c-h)^2}}\right]\mathrm{d}r$$

$$= 2k\rho\pi[\sqrt{a^2+c^2} - \sqrt{a^2+(c-h)^2} - h],$$

故所求的引力 $\boldsymbol{F}$ 为

$$\boldsymbol{F} = 2k\rho\pi\left[\sqrt{a^2+c^2} - \sqrt{a^2+(c-h)^2} - h\right]\boldsymbol{k}.$$

9.3 练 习 题

1. 选择题.

(1) 若积分区域 D 由 x 轴、y 轴及直线 $x+y=1$ 所围成，则有（　　）.

A. $\iint_D (x+y)^2\mathrm{d}\sigma = \iint_D (x+y)^3\mathrm{d}\sigma$　　　B. $\iint_D (x+y)^2\mathrm{d}\sigma \geqslant \iint_D (x+y)^3\mathrm{d}\sigma$

C. $\iint_D (x+y)^2\mathrm{d}\sigma \leqslant \iint_D (x+y)^3\mathrm{d}\sigma$　　　D. 上述三种都不是

(2) 设 $I_1 = \iint_{D_1}(x^2+y^2)^3\mathrm{d}\sigma, D_1: -1\leqslant x\leqslant 1, -2\leqslant y\leqslant 2, I_2 = \iint_{D_2}(x^2+y^2)^3\mathrm{d}\sigma, D_2:$

$0\leqslant x\leqslant 1, 0\leqslant y\leqslant 2$，则有（　　）.

A. $I_1 = I_2$　　　　　　　　　B. $I_1 = 2I_2$

C. $I_1 = 3I_2$　　　　　　　　　D. $I_1 = 4I_2$

(3) 设二重积分为 $\int_0^2\mathrm{d}y\int_{y^2}^{2y}f(x,y)\mathrm{d}x$，通过交换积分次序后可变为（　　）.

A. $\int_0^4\mathrm{d}x\int_{x/2}^{\sqrt{x}}f(x,y)\mathrm{d}y$　　　　B. $\int_0^4\mathrm{d}x\int_{\sqrt{x}}^{x/2}f(x,y)\mathrm{d}y$

C. $\int_0^2\mathrm{d}x\int_{x^2}^{2x}f(x,y)\mathrm{d}y$　　　　D. $\int_0^2\mathrm{d}x\int_{2x}^{x^2}f(x,y)\mathrm{d}y$

(4) 设 $D = \{(x,y) \mid x^2 + y^2 \leqslant 1\}$,则 $\iint\limits_{D} x \mathrm{d}\sigma$ 和 $\iint\limits_{D} y \mathrm{d}\sigma$ 分别为(　　).

A. 1 和 1　　　　　　B. 2 和 3　　　　　　C. 0 和 0　　　　　　D. 3 和 3

(5) 心脏线 $r = a(1 + \cos\theta)(a > 0)$ 所围成的面积为(　　).

A. $\dfrac{5}{4}\pi a^2$　　　　　　B. $\dfrac{2}{3}\pi a^2$　　　　　　C. $\dfrac{4}{5}\pi a^2$　　　　　　D. $\dfrac{3}{2}\pi a^2$

(6) 二重积分 $\iint\limits_{D} f(x,y)\mathrm{d}\sigma$(其中,$D$ 是由 $a^2 \leqslant x^2 + y^2 \leqslant b^2$,$y \geqslant 0(b > a)$ 所围成的闭区域) 可化为(　　).

A. $\displaystyle\int_{a}^{b} \mathrm{d}r \int_{0}^{\pi} f(r\cos\theta, r\sin\theta) \mathrm{d}\theta$　　　　　B. $\displaystyle\int_{a}^{b} \mathrm{d}r \int_{0}^{\pi} rf(r\cos\theta, r\sin\theta) \mathrm{d}\theta$

C. $\displaystyle\int_{0}^{\pi} \mathrm{d}\theta \int_{a}^{b} f(r\cos\theta, r\sin\theta) \mathrm{d}r$　　　　　D. $\displaystyle\int_{0}^{\pi} \mathrm{d}\theta \int_{a}^{b} f(r,\theta) r \mathrm{d}\theta$

(7) 三重积分 $I = \iiint\limits_{\Omega} z \mathrm{d}V$,其中,$\Omega$ 是由 $z = x^2 + y^2$ 和平面 $z = 4$ 所围成的闭区域,则 I 可化为(　　).

A. $\displaystyle\int_{0}^{2\pi} \mathrm{d}\theta \int_{0}^{2} r \mathrm{d}r \int_{r^2}^{4} z \mathrm{d}z$　　　　　B. $\displaystyle\int_{0}^{2\pi} \mathrm{d}\theta \int_{0}^{1} r \mathrm{d}r \int_{r}^{4} z \mathrm{d}z$

C. $\displaystyle\int_{0}^{2\pi} \mathrm{d}\theta \int_{0}^{2} \mathrm{d}r \int_{r^2}^{2} rz \mathrm{d}z$　　　　　D. $\displaystyle\int_{0}^{2\pi} \mathrm{d}\theta \int_{0}^{2} \mathrm{d}r \int_{r^2}^{4} z \mathrm{d}z$

(8) 三重积分 $I = \iiint\limits_{\Omega} \mathrm{d}V$,其中,$\Omega$ 是球体 $x^2 + y^2 + z^2 \leqslant a^2$,则 I 可化为(　　).

A. $\displaystyle\int_{0}^{2\pi} \mathrm{d}\theta \int_{0}^{\pi} \mathrm{d}\varphi \int_{0}^{a} \mathrm{d}r$　　　　　B. $\displaystyle\int_{0}^{2\pi} \mathrm{d}\theta \int_{0}^{\pi} \sin\varphi \mathrm{d}\varphi \int_{0}^{a} r^2 \mathrm{d}r$

C. $\displaystyle\int_{0}^{\pi} \mathrm{d}\theta \int_{0}^{\pi} r^2 \sin\varphi \mathrm{d}\varphi \int_{0}^{a} \mathrm{d}r$　　　　　D. $\displaystyle\int_{0}^{\pi} \mathrm{d}\theta \int_{0}^{\pi} \sin\varphi \mathrm{d}\varphi \int_{0}^{a} r^2 \mathrm{d}r$

2. 填空题.

(1) 设 $f(x,y)$ 在 $D = \{(x,y) \mid x^2 + y^2 \leqslant R^2, R > 0\}$ 上是连续可微的,则 $\iint\limits_{D} f'(x^2 + y^2)\mathrm{d}\sigma = $ _____.

(2) 设 D 是由 $y = x$ 和 $x = 4$,$y = 2$ 所围成的闭区域,则二重积分 $\iint\limits_{D} f(x,y)\mathrm{d}\sigma$ 化为先对 y 后对 x 的二次积分为_____.

(3) 将积分 $\displaystyle\int_{-1}^{1} \mathrm{d}x \int_{0}^{\sqrt{1-x^2}} f(\sqrt{x^2 + y^2})\mathrm{d}\sigma$ 化为极坐标下累计积分为_____.

(4) 设 D 是由 $x = 0$,$x + y = 1$,$x - y = 1$ 所围成的三角形闭区域,则 $\iint\limits_{D} \sin^3 y \mathrm{d}\sigma$ 的值为_____.

(5) 积分 $\int_{-3}^{3} \mathrm{d}x \int_{-\sqrt{9-x^2}}^{\sqrt{9-x^2}} \mathrm{d}y \int_{\sqrt{x^2+y^2}}^{3} \mathrm{d}z$ 在柱面坐标系下的三次积分为_____或_____.

3. 计算下列二重积分.

(1) $\iint\limits_{D} \cos(x+y)\mathrm{d}\sigma$, 其中, D 是由 $x=0, y=\pi$ 和 $y=x$ 所围成的闭区域;

(2) $\iint\limits_{D}(xy)^2\mathrm{d}\sigma$, 其中, D 是由 $x^2+y^2=1$ 所围成的闭区域;

(3) $\iint\limits_{D}f(x,y)\mathrm{d}\sigma$, 其中, $f(x,y)=\min(x,y)$, D 是由 $x=0, x=3, y=0, y=1$ 所围成的闭区域;

(4) $\iint\limits_{D}\sin\sqrt{x^2+y^2}\,\mathrm{d}\sigma$, 其中, D 是由 $4\pi^2\leqslant x^2+y^2\leqslant 9\pi^2$ 所围成的区域.

4. 设 $f(x,y)$ 是所给闭区域上的连续函数, 交换下列二次积分的次序.

(1) $\int_{1}^{2}\mathrm{d}y\int_{\sqrt{2y-y^2}}^{\sqrt{4-y^2}}f(x,y)\mathrm{d}x$;   (2) $\int_{0}^{2\pi}\mathrm{d}x\int_{0}^{|\sin x|}f(x,y)\mathrm{d}y$;

(3) $\int_{\frac{1}{4}}^{\frac{1}{2}}\mathrm{d}y\int_{\frac{1}{2}}^{\sqrt{y}}f(x,y)\mathrm{d}x+\int_{\frac{1}{2}}^{1}\mathrm{d}y\int_{y}^{\sqrt{y}}f(x,y)\mathrm{d}x$.

5. 设 $f(x)$ 在 $[a,b]$ 上连续, 利用二重积分证明:
$$\left(\int_{a}^{b}f(x)\mathrm{d}x\right)^2\leqslant(b-a)\int_{a}^{b}(f(x))^2\mathrm{d}x.$$

6. 计算下列三重积分.

(1) $\iiint\limits_{\Omega}z\mathrm{d}V$, 其中, Ω 是由 $x^2+y^2+z^2\leqslant 2$ 及 $z\geqslant x^2+y^2$ 所围成的区域;

(2) $\iiint\limits_{\Omega}(x^2+y^2)\mathrm{d}V$, 其中, Ω 是由曲面 $x^2+y^2=2z$ 及 $z=8$ 所围成的闭区域;

(3) $\iiint\limits_{\Omega}xyz\mathrm{d}V$, 其中, Ω 是由 $x^2+y^2+z^2=1$ 及三个坐标面所围成的位于第一卦限内的闭区域.

(4) $\iiint\limits_{\Omega}x\mathrm{d}V$, 其中, Ω 为三个坐标面及平面 $x+2y+z=1$ 所围成的闭区域.

7. 设 $f(x),g(x)$ 在 $[a,b]$ 上连续, 利用二重积分的性质证明:
$$\left(\int_{a}^{b}f(x)g(x)\mathrm{d}x\right)^2\leqslant\int_{a}^{b}f^2(x)\mathrm{d}x\int_{a}^{b}g^2(x)\mathrm{d}x.$$

8. 应用积分中值定理估计二重积分 $I=\iint\limits_{D}\dfrac{\mathrm{d}\sigma}{100+\cos^2 x+\cos^2 y}$ 的值, 其中, $D=\{(x,y)\mid |x|+|y|\leqslant 10\}$.

9. 求半径为 R 的球的表面积 S.

10. 求下列平面图形的面积 S.

(1) 平面图形由 $y = x + \dfrac{1}{x}, x = 2$ 和 $y = 2$ 所围成；

(2) 平面图形由抛物线 $y^2 = 4Rx$,直线 $x + y = 3R$ 及 x 轴所围成($R > 0$).

11. 求下列立体的体积 V.

(1) 立体由平面 $2x - 3y + z = 6, x = 2, y = 3$ 及三个坐标面所围成；

(2) 半径为 R 的球体.

12. 设 $f(x)$ 为连续函数,证明：

$$\iiint\limits_{\Omega} f(x)\mathrm{d}V = \pi \int_{-1}^{1} f(u)(1 - u^2)\mathrm{d}u, \text{其中}, \Omega: x^2 + y^2 + z^2 \leqslant 1.$$

13. 求一半径为 R 的均匀半球体的质量和重心(设 $\rho = 1$).

14. 设一均匀物体(密度 $\rho = 1$)Ω 是由曲面 $x^2 + y^2 - z^2 = 1$ 及平面 $z = 0, z = 1$ 所围成,求 Ω 关于 z 轴的转动惯量.

15. 求均匀薄片 $x^2 + y^2 \leqslant R^2, z = 0$ 对于轴上一点 $(0, 0, c)(c > 0)$ 处的单位质量的引力 $\boldsymbol{F}$.

9.4 　答案与提示

1. (1) B.　 (2)D.　 (3)A.　 (4)C.　 (5) D.　 (6)B.　 (7)A.　 (8)B.

2. (1) $\pi(f(R^2) - f(0))$,　 (2)$\int_2^4 \mathrm{d}x \int_2^x f(x, y)\mathrm{d}y$,　 (3) $\int_0^\pi \mathrm{d}\theta \int_0^1 f(r)r\mathrm{d}r$,　 (4)0,

(5) $\int_0^{2\pi} \mathrm{d}\theta \int_0^3 r\mathrm{d}r \int_r^3 \mathrm{d}z$ 或 $\int_0^{2\pi} \mathrm{d}\theta \int_0^3 \mathrm{d}z \int_0^z r\mathrm{d}r.$

3. (1) -2,(2) $\dfrac{\pi}{24}$,(3) $\dfrac{4}{3}$(提示:利用 y - 型区域并将 D 分成 $D_1: y = x, y = 1, x = 0$ 和 $D_2: y = x, y = 0, x = 3$ 和 $y = 1$.这样在 D_1 时 $f(x, y) = \min(x, y) = x$,在 D_2 时 $f(x, y) = \min(x, y) = y)$,(4) $10\pi^2$.

4. (1) $\int_0^1 \mathrm{d}x \int_{1+\sqrt{1-x^2}}^{\sqrt{4-x^2}} f(x, y)\mathrm{d}y + \int_1^{\sqrt{3}} \mathrm{d}x \int_1^{\sqrt{4-x^2}} f(x, y)\mathrm{d}y$,

(2) $\int_0^1 \mathrm{d}y \int_{\arcsin y}^{\pi - \arcsin y} f(x, y)\mathrm{d}x + \int_0^1 \mathrm{d}y \int_{\pi + \arcsin y}^{2\pi - \arcsin y} f(x, y)\mathrm{d}x$,

(3) $\int_{\frac{1}{2}}^1 \mathrm{d}x \int_{x^2}^x f(x, y)\mathrm{d}y.$

6. (1) $\dfrac{7}{12}\pi$,(2) $\dfrac{1024}{3}\pi$,(3) $\dfrac{1}{48}$,(4) $\dfrac{1}{48}.$

8. $\dfrac{200}{102} \leqslant I \leqslant 2.$

9. $S = 4\pi R^2$.

10. (1) $S = \ln2 - \dfrac{1}{2}$, (2) $S = \dfrac{10}{3}R^2$.

11. (1) $V = 51$, (2) $V = \dfrac{4}{3}\pi R^3$.

13. 质量 $M = \dfrac{2}{3}\pi R^3$，重心坐标 $\left(0,0,\dfrac{3}{8}R\right)$.

14. $I_2 = \dfrac{14}{15}\pi$.

15. $F = \left\{0,0,2k\pi\rho\left(1 - \dfrac{c}{\sqrt{R^2+c^2}}\right)\right\}$（提示：由对称性有 $F_x = F_y = 0$, $F_z =$

$k\rho \displaystyle\iint_{x^2+y^2\leqslant R^2} \dfrac{c}{(x^2+y^2+c^2)^{3/2}}\mathrm{d}x\mathrm{d}y$）.

第十章　曲线积分与曲面积分

10.1　主要公式和结论

10.1.1　第一型(对弧长)曲线积分

1.定义 $\displaystyle\int_L f(M)\,\mathrm{d}s = \lim_{\lambda\to 0}\sum_{i=1}^{n} f(M_i)\Delta s_i$，其中，$\Delta s_i$ 是曲线 L 上第 i 个小弧段的长；

M_i 是第 i 个小弧段上任意一点；λ 为所有小弧段长度的最大者，即 $\lambda = \max\limits_{1\leqslant i\leqslant n}\{\Delta s_i\}$.

2.存在性　若 $f(M)$ 在 L 上连续，则 $\displaystyle\int_L f(M)\,\mathrm{d}s$ 存在.

3.性质

(1) $\displaystyle\int_L \mathrm{d}s = s$，其中，$s$ 为曲线 L 的长.

(2) $\displaystyle\int_L [\alpha f(M)\pm\beta g(M)]\,\mathrm{d}s = \alpha\int_L f(M)\,\mathrm{d}s \pm \beta\int_L g(M)\,\mathrm{d}s.$

(3) $\displaystyle\int_{L_1+L_2} f(M)\,\mathrm{d}s = \int_{L_1} f(M)\,\mathrm{d}s + \int_{L_2} f(M)\,\mathrm{d}s.$

(4) 若 $f(M)\leqslant g(M)(M\in L)$，则 $\displaystyle\int_L f(M)\,\mathrm{d}s \leqslant \int_L g(M)\,\mathrm{d}s.$

(5) $\displaystyle\int_L f(M)\,\mathrm{d}s = f(P)s$，

其中，$P\in L$ 的一点；s 为 L 的长.

　　注　当 M 是二维或者三维空间中的点时，以上积分分别为平面曲线积分和空间曲线积分.

4.计算公式

设 $L:\boldsymbol{r}(t) = \{x(t),y(t),z(t)\}(\alpha\leqslant t\leqslant\beta)$，则

$$\int_L f(x,y,z)\,\mathrm{d}s = \int_\alpha^\beta f[x(t),y(t),z(t)]\mid \boldsymbol{r}'(t)\mid \mathrm{d}t.$$

特别，当 $z(t)\equiv 0$ 时，即 $L:\boldsymbol{r}(t) = \{x(t),y(t)\}(\alpha\leqslant t\leqslant\beta)$，

$$\int_L f(x,y)\,\mathrm{d}s = \int_\alpha^\beta f[x(t),y(t)]\sqrt{[x'(t)]^2 + [y'(t)]^2}\,\mathrm{d}t.$$

当 $L: y = y(x)(a \leqslant x \leqslant b)$ 时,

$$\int_L f(x,y)\mathrm{d}s = \int_a^b f[x,y(x)]\sqrt{1 + y'^2(x)}\,\mathrm{d}x.$$

注　将第一型曲线积分转化为定积分计算时,其积分上限不得小于积分下限.

10.1.2　第二型(对坐标)曲线积分

1.定义　设 L 是一有向曲线,$\boldsymbol{F} = \{P,Q,R\}$,$\mathrm{d}r = \{\mathrm{d}x,\mathrm{d}y,\mathrm{d}z\}$,$\int_L \boldsymbol{F} \cdot \mathrm{d}r = \int_L P\mathrm{d}x$

$+ Q\mathrm{d}y + R\mathrm{d}z = \lim\limits_{\lambda \to 0} \sum\limits_{i=1}^n [P(M_i)\Delta x_i + Q(M_i)\Delta y_i + R(M_i)\Delta z_i]$,其中,$M_i$ 是第 i 个小弧段上任意一点;$\Delta x_i = x_i - x_{i-1}$;$\Delta y_i = y_i - y_{i-1}$;$\Delta z_i = z_i - z_{i-1}(i = 1,2,\cdots,n)$.

2.存在性　若 $\boldsymbol{F}(M)$ 在 L 上连续,则 $\int_L \boldsymbol{F} \cdot \mathrm{d}r$ 存在.

3.性质

$(1) \int_L P\mathrm{d}x + Q\mathrm{d}y + R\mathrm{d}z = \int_L P\mathrm{d}x + \int_L Q\mathrm{d}y + \int_L R\mathrm{d}z$;

$(2) \int_L [\alpha \boldsymbol{F}(M) \pm \beta \boldsymbol{G}(M)] \cdot \mathrm{d}r = \alpha \int_L \boldsymbol{F} \cdot \mathrm{d}r \pm \beta \int_L \boldsymbol{G} \cdot \mathrm{d}r$;

$(3) \int_{L_1+L_2} \boldsymbol{F} \cdot \mathrm{d}r = \int_{L_1} \boldsymbol{F} \cdot \mathrm{d}r + \int_{L_2} \boldsymbol{F} \cdot \mathrm{d}r$;

$(4) \int_L \boldsymbol{F} \cdot \mathrm{d}r = -\int_{-L} \boldsymbol{F} \cdot \mathrm{d}r$,

其中,$-L$ 表示与 L 反向的曲线段.

注　当 $z(t) \equiv 0$ 时,以上讨论的情形变为 xOy 平面内的第二型曲线积分.

4.计算公式

设 $L: r(t) = \{x(t),y(t),z(t)\}$,$t = \alpha$ 对应 L 的起点,$t = \beta$ 对应 L 的终点,则

$$
\begin{aligned}
\int_L \boldsymbol{F} \cdot \mathrm{d}r &= \int_L P\mathrm{d}x + Q\mathrm{d}y + R\mathrm{d}z \\
&= \int_\alpha^\beta \{P[x(t),y(t),z(t)]x'(t) + Q[x(t),y(t),z(t)]y'(t) \\
&\quad + R[x(t),y(t),z(t)]z'(t)\}\mathrm{d}t \\
&= \int_\alpha^\beta \boldsymbol{F}[x(t),y(t),z(t)] \cdot r'(t)\mathrm{d}t.
\end{aligned}
$$

特别,当 $z(t) \equiv 0$ 时,

$$\int_L P\mathrm{d}x + Q\mathrm{d}y = \int_\alpha^\beta \{P[x(t),y(t)]x'(t) + Q[x(t),y(t)]y'(t)\}\mathrm{d}t.$$

注　将第二型曲线转化为参数 t 的定积分时,其积分下限为曲线起点所对应的参数值(α),上限为曲线终点所对应的参数值(β).

5. 格林(Green) 公式

设平面闭区域 D 的边界是分段光滑曲线 L,函数 $P(x,y),Q(x,y)$ 在 D 上有一阶连续偏导数,则有

$$\oint_L P(x,y)\mathrm{d}x + Q(x,y)\mathrm{d}y = \iint_D \left(\frac{\partial Q}{\partial x} - \frac{\partial P}{\partial y} \right)\mathrm{d}x\mathrm{d}y,$$

其中,L 是 D 的取正向的边界曲线.

6. 平面曲线积分与路径无关的条件

设 D 是平面单连通域,函数 $P(x,y),Q(x,y)$ 在 D 内有连续的一阶偏导数,则以下四个条件等价.

(1) $\int_L P\mathrm{d}x + Q\mathrm{d}y$ 与路径无关,只与 L 的起点和终点有关.

(2) 沿 D 中任一分段光滑闭合曲线有

$$\oint_L P\mathrm{d}x + Q\mathrm{d}y = 0.$$

(3) 在 D 内满足 $\dfrac{\partial Q}{\partial x} = \dfrac{\partial P}{\partial y}$.

(4) 在 D 内存在 $u(x,y)$,使 $\mathrm{d}u = P\mathrm{d}x + Q\mathrm{d}y$,

且

$$u(x,y) = \int_{(x_0,y_0)}^{(x,y)} P\mathrm{d}x + Q\mathrm{d}y = \int_{x_0}^x P(x,y_0)\mathrm{d}x + \int_{y_0}^y Q(x,y)\mathrm{d}y$$

$$= \int_{x_0}^x P(x,y)\mathrm{d}x + \int_{y_0}^y Q(x_0,y)\mathrm{d}y,$$

其中,(x_0,y_0) 为 D 内任一点.

7. 两类曲线积分之间的联系

$$\int_P P\mathrm{d}x + Q\mathrm{d}y + R\mathrm{d}z = \int_P (P\cos\alpha + Q\cos\beta + R\cos\gamma)\mathrm{d}s$$

其中,$\{\cos\alpha,\cos\beta,\cos\gamma\}$ 为有向曲线 P 在点 (x,y,z) 处的单位切线矢量.

10.1.3　第一型(对面积)曲面积分

1. 定义 $\displaystyle\iint_S f(x,y,z)\mathrm{d}S = \lim_{\lambda \to 0} \sum_{i=1}^n f(\xi_i,\eta_i,\zeta_i)\Delta S_i,$

其中,ΔS_i 是第 i 块小曲面的面积;(ξ_i,η_i,ζ_i) 为第 i 块小曲面上任意一点;$\lambda = \max\limits_{1\leqslant i\leqslant n}\{$第 i 块小曲面的直径$\}$.

2. 存在性 若 $f(x,y,z)$ 在 S 上连续,则 $\displaystyle\iint_S f(x,y,z)\mathrm{d}S$ 存在.

3. 性质

(1) $\displaystyle\iint_S \mathrm{d}S = S,$

其中,S 为曲面 S 的面积.

$(2) \iint\limits_{S} [\alpha f(M) \pm \beta g(M)] \mathrm{d}S = \alpha \iint\limits_{S} f(M) \mathrm{d}S \pm \beta \iint\limits_{S} g(M) \mathrm{d}S.$

$(3) \iint\limits_{S_1 + S_2} f(M) \mathrm{d}S = \iint\limits_{S_1} f(M) \mathrm{d}S + \iint\limits_{S_2} f(M) \mathrm{d}S.$

(4) 若 $f(M) \leqslant g(M) (M \in S)$,则 $\iint\limits_{S} f(M) \mathrm{d}S \leqslant \iint\limits_{S} g(M) \mathrm{d}S.$

$(5) \iint\limits_{S} f(M) \mathrm{d}S = f(P) S,$

其中,$P \in S$ 的一点;S 为曲面 S 的面积.

注　当 S 为 xOy 平面内的一平面区域时,此处积分就是二重积分.

4. 计算公式

$$\iint\limits_{S} f(x,y,z) \mathrm{d}S = \begin{cases} \iint\limits_{D_{xy}} f[x,y,z(x,y)] \sqrt{1 + z_x^2 + z_y^2} \, \mathrm{d}x \mathrm{d}y & (S: z = z(x,y), (x,y) \in D_{xy}), \\[2mm] \iint\limits_{D_{yz}} f[x(y,z),y,z] \sqrt{1 + x_y^2 + x_z^2} \, \mathrm{d}y \mathrm{d}z & (S: x = x(y,z), (y,z) \in D_{yz}), \\[2mm] \iint\limits_{D_{zx}} f[x,y(z,x),z] \sqrt{1 + y_z^2 + y_x^2} \, \mathrm{d}z \mathrm{d}x & (S: y = y(z,x), (z,x) \in D_{zx}). \end{cases}$$

10.1.4　第二型(对坐标)曲面积分

1. 定义　设 S 是分片光滑的有向曲面,$\boldsymbol{F}(M) = \{P(M), Q(M), R(M)\}$ 在 S 上有界,$\boldsymbol{n}^0(M) \mathrm{d}S = \{\mathrm{d}y\mathrm{d}z, \mathrm{d}z\mathrm{d}x, \mathrm{d}x\mathrm{d}y\}$,

$$\iint\limits_{S} P \mathrm{d}y\mathrm{d}z + Q\mathrm{d}z\mathrm{d}x + R\mathrm{d}x\mathrm{d}y = \iint\limits_{S} \boldsymbol{F}(M) \cdot \boldsymbol{n}^0(M) \mathrm{d}S$$

$$= \lim_{\lambda \to 0} \sum_{i=1}^{n} \boldsymbol{F}(M_i) \cdot \boldsymbol{n}^0(M_i) \Delta S_i,$$

其中,M_i 为第 i 块小曲面上任意一点;$\boldsymbol{n}^0(M_i)$ 为 M_i 点处曲面的单位法矢量;ΔS_i 为第 i 块小曲面的面积.

2. 存在性　若 $\boldsymbol{F}(M)$ 在 S 上连续,则 $\iint\limits_{S} \boldsymbol{F} \cdot \boldsymbol{n}^0 \mathrm{d}S$ 存在.

3. 性质

$(1) \iint\limits_{S} P \mathrm{d}y\mathrm{d}z + Q\mathrm{d}z\mathrm{d}x + R\mathrm{d}x\mathrm{d}y = \iint\limits_{S} P \mathrm{d}y\mathrm{d}z + \iint\limits_{S} Q\mathrm{d}z\mathrm{d}x + \iint\limits_{S} R\mathrm{d}x\mathrm{d}y.$

$(2) \iint\limits_{S} (\alpha \boldsymbol{F} \pm \beta \boldsymbol{G}) \cdot \boldsymbol{n}^0 \mathrm{d}S = \alpha \iint\limits_{S} \boldsymbol{F} \cdot \boldsymbol{n}^0 \mathrm{d}S \pm \beta \iint\limits_{S} \boldsymbol{G} \cdot \boldsymbol{n}^0 \mathrm{d}S.$

(3) $\iint\limits_{S_1+S_2} \boldsymbol{F} \cdot \boldsymbol{n}^0 \mathrm{d}S = \iint\limits_{S_1} \boldsymbol{F} \cdot \boldsymbol{n}^0 \mathrm{d}S + \iint\limits_{S_2} \boldsymbol{F} \cdot \boldsymbol{n}^0 \mathrm{d}S.$

(4) $\iint\limits_{S} \boldsymbol{F} \cdot \boldsymbol{n}^0 \mathrm{d}S = -\iint\limits_{-S} \boldsymbol{F} \cdot \boldsymbol{n}^0 \mathrm{d}S,$

其中，$-S$ 表示 S 的负(另一)侧.

4. 计算公式

(1) $\iint\limits_{S} R(x,y,z)\mathrm{d}x\mathrm{d}y = \pm \iint\limits_{D_{xy}} R[x,y,z(x,y)]\mathrm{d}x\mathrm{d}y$

$$(S: z = z(x,y), (x,y) \in D_{xy}).$$

(2) $\iint\limits_{S} Q(x,y,z)\mathrm{d}z\mathrm{d}x = \pm \iint\limits_{D_{zx}} Q[x,y(z,x),z]\mathrm{d}z\mathrm{d}x$

$$(S: y = y(z,x), (z,x) \in D_{zx}]).$$

(3) $\iint\limits_{S} P(x,y,z)\mathrm{d}y\mathrm{d}z = \pm \iint\limits_{Dyz} P[x(y,z),y,z]\mathrm{d}y\mathrm{d}z$

$$(S: x = x(y,z), (y,z) \in D_{yz}),$$

其中,正(负)号视曲面 S 取上(下)侧、右(左)侧、前(后)侧而定.

5. 两类曲面积分的联系与区别

(1) 联系

$$\iint\limits_{S} P\mathrm{d}y\mathrm{d}z + Q\mathrm{d}z\mathrm{d}x + R\mathrm{d}x\mathrm{d}y = \iint\limits_{S}(P\cos\alpha + Q\cos\beta + R\cos\gamma)\mathrm{d}S,$$

其中,α,β,γ 是有向曲面 S 上点 $M(x,y,z)$ 处法矢量的方向角.曲面的侧与法矢量的方向一致.

(2) 区别.在第一型曲面积分中,$\mathrm{d}S$ 为曲面面积微元,取值非负,它与曲面的方向(侧)无关;在第二型曲面积分中,积分微元 $\mathrm{d}x\mathrm{d}y,\mathrm{d}y\mathrm{d}z,\mathrm{d}z\mathrm{d}x$ 是曲面S 的面积微元 $\mathrm{d}S$ 分别在 xOy 平面、yOz 平面、zOx 平面上的投影值, 即 $\mathrm{d}x\mathrm{d}y = \mathrm{d}S\cos\gamma, \mathrm{d}y\mathrm{d}z = \mathrm{d}S\cos\alpha, \mathrm{d}z\mathrm{d}x = \mathrm{d}S\cos\beta$.其值与 S 所取侧有关,取值可正、可负,也可为 0.

6. 高斯(Gauss) 公式

设空间闭区域 Ω 曲面由分片光滑的闭曲面Σ 所围成,P,Q,R 在 Ω 上具有一阶连续偏导数,则

$$\iiint\limits_{\Omega}\left(\frac{\partial P}{\partial x} + \frac{\partial Q}{\partial y} + \frac{\partial R}{\partial z}\right)\mathrm{d}V = \oiint\limits_{\Sigma} P\mathrm{d}y\mathrm{d}z + Q\mathrm{d}z\mathrm{d}x + R\mathrm{d}x\mathrm{d}y$$

$$= \oiint\limits_{\Sigma}(P\cos\alpha + Q\cos\beta + R\cos\gamma)\mathrm{d}S.$$

这里,Σ 取 Ω 的整个边界曲面的外侧.

注　在第二型曲面积分的计算中,高斯公式是常用的形式,若所给曲面非封闭,则要适当加补有向曲面使其变为封闭曲面才能利用高斯公式,具体注意事项见后面的例子说明.

10.2　解题指导

10.2.1　对弧长的曲线积分

例 1　计算 $\oint_L e^{\sqrt{x^2+y^2}}\,\mathrm{d}s$,其中,$L$(见图 10.1) 为圆周 $x^2+y^2=a^2$,直线 $y=x$ 及 x 轴在第一象限内所围成的扇形的整个边界

解　$\oint_L e^{\sqrt{x^2+y^2}}\,\mathrm{d}s = \int_{L_1} e^{\sqrt{x^2+y^2}}\,\mathrm{d}s + \int_{L_2} e^{\sqrt{x^2+y^2}}\,\mathrm{d}s + \int_{L_3} e^{\sqrt{x^2+y^2}}\,\mathrm{d}s,$

$L_1: y=0\ (0\leqslant x\leqslant a),\mathrm{d}s=\sqrt{1+0^2}\,\mathrm{d}x=\mathrm{d}x,$

$L_2: y=x\ \left(0\leqslant x\leqslant \dfrac{\sqrt{2}}{2}a\right),\mathrm{d}s=\sqrt{1+1^2}\,\mathrm{d}x=\sqrt{2}\,\mathrm{d}x,$

$$L_3:\begin{cases} x=a\cos t \\ y=a\sin t \end{cases}\left(0\leqslant t\leqslant \frac{\pi}{4}\right),$$

$$\mathrm{d}s=\sqrt{a^2\sin^2 t+a^2\cos^2 t}\,\mathrm{d}t=a\,\mathrm{d}t,$$

故

$$\oint_L e^{\sqrt{x^2+y^2}}\,\mathrm{d}s=\int_0^a e^x\,\mathrm{d}x+\int_0^{\frac{\sqrt{2}}{2}a} e^{\sqrt{2}x}\sqrt{2}\,\mathrm{d}x+\int_0^{\frac{\pi}{4}} e^a a\,\mathrm{d}t=e^a\left(2+\frac{\pi}{4}a\right)-2.$$

例 2　设 L 为椭圆 $\dfrac{x^2}{4}+\dfrac{y^2}{3}=1$,其周长记为 a,求 $\oint_L(2xy+3x^2+4y^2)\,\mathrm{d}s.$

解　$\oint_L(2xy+3x^2+4y^2)\,\mathrm{d}s=\oint_L 2xy\,\mathrm{d}s+\oint_L(3x^2+4y^2)\,\mathrm{d}s,$

因 $\dfrac{x^2}{4}+\dfrac{y^2}{3}=1$,其图形关于 y 轴对称,$2xy$ 为 x 的奇函数.

由对称性可知,　　　　　　　$\oint_L 2xy\,\mathrm{d}s=0,$

$$\oint_L(3x^2+4y^2)\,\mathrm{d}s=\oint_L 12\,\mathrm{d}s=12\oint_L \mathrm{d}s=12a,$$

故　　　　　　　　　　　$\oint_L(2xy+3x^2+4y^2)\,\mathrm{d}s=12a.$

例 3 $\int_\rho x^2 y \, \mathrm{d}s$，其中，$\rho$(见图 10.2) 为折线 $ABCD$，

这里 A、B、C、D 依次为点 $(0,0,0)$，$(0,0,2)$，$(1,0,2)$，$(1,3,2)$.

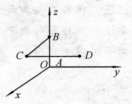

图 10.2

解 $\overline{AB}: x=0, y=0, z=t \quad (0 \leqslant t \leqslant 2)$.

$\mathrm{d}s = \sqrt{0+0+1}\,\mathrm{d}t = \mathrm{d}t$.

$\overline{BC}: x=t, y=0, z=2 \ (0 \leqslant t \leqslant 1)$.

$\mathrm{d}s = \sqrt{1+0+0}\,\mathrm{d}t = \mathrm{d}t$.

$\overline{CD}: x=1, y=t, z=2 \ (0 \leqslant t \leqslant 3)$.

$\mathrm{d}s = \sqrt{0+1+0}\,\mathrm{d}t = \mathrm{d}t$,

故
$$\int_\rho x^2 y \, \mathrm{d}s = \int_0^2 0\,\mathrm{d}t + \int_0^1 0\,\mathrm{d}t + \int_0^3 2t\,\mathrm{d}t = t^2 \Big|_0^3 = 9.$$

例 4 计算曲线积分 $\int_\rho (x^2+y^2+z^2)\,\mathrm{d}s$，其中，$\rho$ 是球面 $x^2+y^2+z^2 = \dfrac{9}{2}$ 与平面 $x+z=1$ 的交线.

解一 以 x 为参数，则 ρ 的参数方程为

$$\begin{cases} x = x, \\ y = \pm\sqrt{2}\sqrt{2,-\left(x-\dfrac{1}{2}\right)^2}, & \left(-\sqrt{2}+\dfrac{1}{2} \leqslant x \leqslant \sqrt{2}+\dfrac{1}{2}\right). \\ z = 1-x, \end{cases}$$

$$\frac{\mathrm{d}y}{\mathrm{d}x} = \frac{1-2x}{y}, \quad \frac{\mathrm{d}z}{\mathrm{d}x} = -1,$$

$$\mathrm{d}s = \sqrt{1 + \left(\frac{\mathrm{d}y}{\mathrm{d}x}\right)^2 + \left(\frac{\mathrm{d}z}{\mathrm{d}x}\right)^2}\,\mathrm{d}x = \frac{2\sqrt{2}}{\sqrt{4 - 2\left(x-\dfrac{1}{2}\right)^2}}\,\mathrm{d}x,$$

故
$$\int_\rho (x^2+y^2+z^2)\,\mathrm{d}s = 2\int_{-\sqrt{2}+\frac{1}{2}}^{\sqrt{2}+\frac{1}{2}} \frac{9}{2} \times \frac{2\sqrt{2}}{\sqrt{4 - 2\left(x-\dfrac{1}{2}\right)^2}}\,\mathrm{d}x$$

$$= 2\int_{-\sqrt{2}+\frac{1}{2}}^{\sqrt{2}+\frac{1}{2}} 9\,\frac{1}{\sqrt{4 - 2\left(x-\dfrac{1}{2}\right)^2}}\,\mathrm{d}\left[\sqrt{2}\left(x-\dfrac{1}{2}\right)\right] = 18\pi.$$

解二 将曲线 ρ 的方程表示为

$$\begin{cases} \dfrac{\left(x-\dfrac{1}{2}\right)^2}{2} + \dfrac{y^2}{4} = 1, \\ z + x = 1. \end{cases}$$

写成参数方程,为

$$\begin{cases} x = \sqrt{2}\cos\theta + \dfrac{1}{2}, \\ y = 2\sin\theta, \\ z = 1/2 - \sqrt{2}\cos\theta \quad (0 \leqslant \theta \leqslant 2\pi). \end{cases}$$

$$\mathrm{d}s = \sqrt{(-\sqrt{2}\sin\theta)^2 + (2\cos\theta)^2 + (\sqrt{2}\sin\theta)^2}\,\mathrm{d}\theta = 2\mathrm{d}\theta,$$

故

$$\int_{\rho}(x^2 + y^2 + z^2)\mathrm{d}s = \int_0^{2\pi}\frac{9}{2} \times 2\mathrm{d}\theta = 18\pi.$$

例5 计算 $\displaystyle\int_L \frac{\mathrm{d}s}{(x^2 + y^2)^{\frac{3}{2}}}$,其中,$L$ 是平面双曲螺线 $r\theta = 1$ 上从 $\theta = \sqrt{3}$ 到 $\theta = 2\sqrt{2}$ 的一段.

解 因为 L 的极坐标方程为 $r = \dfrac{1}{\theta}$,所以 L 的参数方程为

$$\begin{cases} x = r(\theta)\cos\theta = \dfrac{1}{\theta}\cos\theta, \\ y = r(\theta)\sin\theta = \dfrac{1}{\theta}\sin\theta \quad (\sqrt{3} \leqslant \theta \leqslant 2\sqrt{2}). \end{cases}$$

$$\mathrm{d}s = \sqrt{r^2(\theta) + r'^2(\theta)}\,\mathrm{d}\theta = \sqrt{\frac{1}{\theta^2} + \left(-\frac{1}{\theta^2}\right)^2}\,\mathrm{d}\theta = \frac{\sqrt{1+\theta^2}}{\theta^2}\,\mathrm{d}\theta,$$

故

$$\int_L \frac{\mathrm{d}s}{(x^2+y^2)^{\frac{3}{2}}} = \int_{\sqrt{3}}^{2\sqrt{2}} \frac{1}{\left[\left(\dfrac{\cos\theta}{\theta}\right)^2 + \left(\dfrac{\sin\theta}{\theta}\right)^2\right]^{\frac{3}{2}}} \frac{\sqrt{1+\theta^2}}{\theta^2}\,\mathrm{d}\theta$$

$$= \int_{\sqrt{3}}^{2\sqrt{2}} \theta\sqrt{1+\theta^2}\,\mathrm{d}\theta = \frac{1}{3}(1+\theta^2)^{\frac{3}{2}}\Big|_{\sqrt{3}}^{2\sqrt{2}} = \frac{19}{3}.$$

10.2.2 对坐标的曲线积分

例6 计算曲线积分 $\displaystyle\int_L xy\,\mathrm{d}x$,其中,$L$ 是抛物线 $y^2 = x$ 上从 $A(1,-1)$ 到 $B(1,1)$ 的弧段.

解一 如图 10.3 所示,

$$\int_L xy\,\mathrm{d}x = \int_{\widehat{AO}} xy\,\mathrm{d}x + \int_{\widehat{OB}} xy\,\mathrm{d}x.$$

$\widehat{AO}:y = -\sqrt{x}$,点 A 对应 $x = 1$,点 O 对应 $x = 0$,

$$\int_{\widehat{AO}} xy\,\mathrm{d}x = \int_1^0 x(-\sqrt{x})\mathrm{d}x = \int_0^1 x^{\frac{3}{2}}\,\mathrm{d}x = \frac{2}{5}.$$

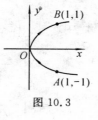

图 10.3

$\widehat{OB}:y = \sqrt{x}$,点 O 对应 $x = 0$,点 B 对应 $x = 1$,

$$\int_{\widehat{OB}} xy\,\mathrm{d}x = \int_0^1 x\sqrt{x}\,\mathrm{d}x = \frac{2}{5},$$

故

$$\int_L xy\,\mathrm{d}x = \int_{\widehat{AO}} xy\,\mathrm{d}x + \int_{\widehat{OB}} xy\,\mathrm{d}x = \frac{2}{5} + \frac{2}{5} = \frac{4}{5}.$$

解二　化成对 y 的定积分来计算. 由 $x = y^2$ 得

$$\mathrm{d}x = 2y\mathrm{d}y,$$

点 A 对应 $y = -1$,点 B 对应 $y = 1$,故

$$\int_L xy\,\mathrm{d}x = \int_{-1}^1 y^2 \cdot y \cdot 2y\mathrm{d}y = 4\int_0^1 y^4 \mathrm{d}y = \frac{4}{5}.$$

例 7　用不同方法计算对坐标的曲线积分:

$$\int_L y\mathrm{d}x + x\mathrm{d}y,$$

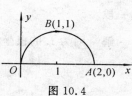

图 10.4

其中,L 是圆 $x^2 + y^2 = 2x$ ($y \geqslant 0$) 上从原点 $O(0,0)$ 到 $A(2,0)$ 的一段弧(见图 10.4).

解一　$\widehat{OA}$ 的方程为

$$y = \sqrt{2x - x^2}, \quad \mathrm{d}y = \frac{1-x}{\sqrt{2x - x^2}}\mathrm{d}x,$$

故 $\displaystyle\int_L y\mathrm{d}x + x\mathrm{d}y = \int_0^2 \left[\sqrt{2x - x^2} + \frac{x(1-x)}{\sqrt{2x - x^2}}\right]\mathrm{d}x = \int_0^2 \sqrt{2x - x^2}\,\mathrm{d}x + \int_0^2 \frac{x(1-x)}{\sqrt{2x - x^2}}\mathrm{d}x$

$$= x\sqrt{2x - x^2}\,\Big|_0^2 - \int_0^2 \frac{x(1-x)}{\sqrt{2x - x^2}}\mathrm{d}x + \int_0^2 \frac{x(1-x)}{\sqrt{2x - x^2}}\mathrm{d}x = 0.$$

解二　$\displaystyle\int_L y\mathrm{d}x + x\mathrm{d}y = \int_{\widehat{OB}} y\mathrm{d}x + x\mathrm{d}y + \int_{\widehat{BA}} y\mathrm{d}x + x\mathrm{d}y,$

$\widehat{OB}$ 的方程为　$x = 1 - \sqrt{1 - y^2}, \quad \mathrm{d}x = \dfrac{y}{\sqrt{1 - y^2}}\mathrm{d}y.$

$\widehat{BA}$ 的方程为　$x = 1 + \sqrt{1 - y^2}, \quad \mathrm{d}x = -\dfrac{y}{\sqrt{1 - y^2}}\mathrm{d}y.$

$\displaystyle\int_L y\mathrm{d}x + x\mathrm{d}y = \int_0^1 \left(\frac{y^2}{\sqrt{1 - y^2}} + 1 - \sqrt{1 - y^2}\right)\mathrm{d}y + \int_1^0 \left(-\frac{y^2}{\sqrt{1 - y^2}} + 1 + \sqrt{1 - y^2}\right)\mathrm{d}y$

$$= 2\int_0^1 \frac{y^2}{\sqrt{1 - y^2}}\mathrm{d}y - 2\int_0^1 \sqrt{1 - y^2}\,\mathrm{d}y$$

$$= 2\int_0^1 \frac{y^2}{\sqrt{1 - y^2}}\mathrm{d}y - 2y\sqrt{1 - y^2}\,\Big|_0^1 + 2\int_0^1 \frac{-y^2}{\sqrt{1 - y^2}}\mathrm{d}y$$

$$= -2y\sqrt{1 - y^2}\,\Big|_0^1 = 0.$$

解三　$\overset{\frown}{OA}$ 的参数方程为

$$x = 1 + \cos\theta, \quad y = \sin\theta.$$

其中，θ 从 π 到 0，

$$dx = -\sin\theta d\theta, \quad dy = \cos\theta d\theta,$$

故

$$\int_L y dx + x dy = \int_\pi^0 [-\sin^2\theta + (1+\cos\theta)\cos\theta] d\theta = \int_0^\pi [1 - \cos\theta - 2\cos^2\theta] d\theta$$

$$= \int_0^\pi [-\cos\theta - \cos 2\theta] d\theta$$

$$= \left[-\sin\theta - \frac{1}{2}\sin 2\theta \right]_0^\pi = 0.$$

解四　利用格林公式.

$$P = y, \quad Q = x, \quad \frac{\partial Q}{\partial x} - \frac{\partial P}{\partial y} = 1 - 1 = 0.$$

$$\oint_{L+\overline{AO}} y dx + x dy = -\iint_D 0 dx dy = 0.$$

$$\int_{\overline{AO}} y dx + x dy = \int_2^0 0 dx = 0.$$

$$\int_L y dx + x dy = \oint_{L+\overline{AO}} - \int_{\overline{AO}} = 0 - 0 = 0.$$

解五　利用曲线积分与路径无关的性质，有

$$\frac{\partial Q}{\partial x} = \frac{\partial P}{\partial y} = 1,$$

故

$$\int_L y dx + x dy = \int_{(0,0)}^{(2,0)} y dx + x dy = \int_0^2 0 dx = 0.$$

解六　利用全微分定义，有 $d(xy) = y dx + x dy$.

$$\int_L y dx + x dy = \int_{(0,0)}^{(2,0)} d(xy) = xy \Big|_{(0,0)}^{(2,0)} = 0.$$

注　比较以上六种解法，前三种只是使用曲线不同形式的方程上的差异，都是对曲线积分直接进行计算，而后三种解法则是利用格林公式、曲线积分与路径无关条件和全微分进行计算的. 显然，计算对坐标的曲线积分时，如果有 $\dfrac{\partial Q}{\partial x} = \dfrac{\partial P}{\partial y}$，则解法五、解法六最简便；当 $\dfrac{\partial Q}{\partial x} \neq \dfrac{\partial P}{\partial y}$ 且积分曲线不封闭时，也可先用"补路封闭法"进行计算，然后再减去补路上的积分，但要注意，P,Q 必须在补路后的封闭曲线所围的区域内有一阶连续的偏导数.

例 8　计算 $\int_L (x^2 + y^2) dx + (x^2 - y^2) dy$，其中，$L$ 为 $y = 1 - |1 - x|$ 上从 $x = 0$ 到 $x = 2$ 的一段.

解一 $L: y = 1 - |1 - x| = \begin{cases} x & (0 \leqslant x \leqslant 1), \\ 2 - x & (1 \leqslant x \leqslant 2), \end{cases}$ 如图

10.5 所示.

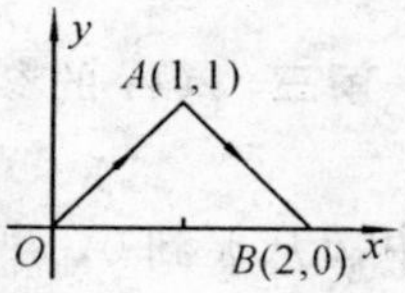

$$\int_L (x^2 + y^2)\mathrm{d}x + (x^2 - y^2)\mathrm{d}y$$

$$= \int_{\overline{OA}} (x^2 + y^2)\mathrm{d}x + (x^2 - y^2)\mathrm{d}y + \int_{\overline{AB}} (x^2 + y^2)\mathrm{d}x + (x^2 - y^2)\mathrm{d}y$$

图 10.5

对于 $\overline{OA}: y = x$, 从 $x = 0$ 到 $x = 1$, 有

$$\int_{\overline{OA}} (x^2 + y^2)\mathrm{d}x + (x^2 - y^2)\mathrm{d}y = \int_0^1 (x^2 + x^2)\mathrm{d}x = \frac{2}{3}.$$

对于 $\overline{AB}$：$y = 2 - x$, 从 $x = 1$ 到 $x = 2$, 有

$$\int_{\overline{AB}} (x^2 + y^2)\mathrm{d}x + (x^2 - y^2)\mathrm{d}y = \int_1^2 \{[x^2 + (2-x)^2] + [x^2 - (2-x)^2](-1)\}\mathrm{d}x$$

$$= 2\int_1^2 (x - 2)^2 \mathrm{d}x = \frac{2}{3},$$

故 $$\int_L (x^2 + y^2)\mathrm{d}x + (x^2 - y^2)\mathrm{d}y = \frac{4}{3}.$$

解二   用格林公式, 添加有向线段 $\overline{BO}$, 使其可组成封闭曲线 $\overset{\frown}{OABO}$,

$$\int_L (x^2 + y^2)\mathrm{d}x + (x^2 - y^2)\mathrm{d}y = \left(\oint_{\overset{\frown}{OABO}} - \int_{\overline{BO}} \right) (x^2 + y^2)\mathrm{d}x + (x^2 - y^2)\mathrm{d}y$$

$$\oint_{\overset{\frown}{OABO}} (x^2 + y^2)\mathrm{d}x + (x^2 - y^2)\mathrm{d}y = -\oint_{\overset{\frown}{OBAO}} (x^2 + y^2)\mathrm{d}x + (x^2 - y^2)\mathrm{d}y$$

$$= -2 \iint_D (x - y)\mathrm{d}x\mathrm{d}y = -\int_0^1 \mathrm{d}y \int_y^{2-y} 2(x - y)\mathrm{d}x = -\frac{4}{3},$$

$$\int_{\overline{BO}} (x^2 + y^2)\mathrm{d}x + (x^2 - y^2)\mathrm{d}y = \int_2^0 x^2 \mathrm{d}x = -\frac{8}{3},$$

故 $$\int_L (x^2 + y^2)\mathrm{d}x + (x^2 - y^2)\mathrm{d}y = -\frac{4}{3} - \left(-\frac{8}{3} \right) = \frac{4}{3}.$$

例 9   设 C_1 为包含坐标原点在内的任意正向平面光滑简单封闭曲线, 求
$$\oint_{C_1} \frac{x\mathrm{d}y - y\mathrm{d}x}{x^2 + y^2}.$$

解 $P(x, y) = \frac{-y}{x^2 + y^2}$, $Q(x, y) = \frac{x}{x^2 + y^2}$ 在原点 $(0, 0)$ 无定义, 故不满足格林公式的条件, 使用格林公式, 只有将 $(0, 0)$ 从定义域中除去. 因此, 以原点为圆心, 半径为 $\varepsilon (\varepsilon > 0)$ 作一全部位于 C_1 内部的小圆 $C_2: x^2 + y^2 = \varepsilon^2$, 其方向为顺时针方向（见

图10.6),此时,三段 $P(x,y)$、$Q(x,y)$ 在以 $C = C_1 + C_2$ 为边界曲线所围区域内满足格林公式条件.且有

$$\frac{\partial Q}{\partial x} = \frac{y^2 - x^2}{(x^2 + y^2)^2} = \frac{\partial P}{\partial y},$$

故

$$\oint_C = \oint_{C_1} + \oint_{C_2} = 0,$$

即

$$\oint_{C_1} = -\oint_{C_2} = \oint_{-C_2},$$

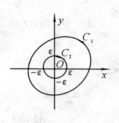

图 10.6

其中,$-C_2$ 为逆时针方向.其参数方程为

$$\begin{cases} x = \varepsilon\cos\theta, \\ y = \varepsilon\sin\theta, \end{cases} \quad (0 \leqslant \theta \leqslant 2\pi).$$

故

$$\int_{C_1} \frac{x\mathrm{d}y - y\mathrm{d}x}{x^2 + y^2} = \int_{-C_2} \frac{x\mathrm{d}y - y\mathrm{d}x}{x^2 + y^2} = \int_0^{2\pi} \frac{\varepsilon\cos\theta \cdot \varepsilon\cos\theta - \varepsilon\sin\theta(-\varepsilon\sin\theta)}{\varepsilon^2} \mathrm{d}\theta$$

$$= \int_0^{2\pi} \mathrm{d}\theta = 2\pi.$$

例 10　设 $I = \int_{A(0,0)}^{B(1,1)} [f'_{(x)} + 2f(x) + \mathrm{e}^x] y\mathrm{d}x + f'(x)\mathrm{d}y$ 与路径无关,且 $f(0) = f'(0) = 0$,试确定 $f(x)$ 并计算 I 的值.

解　设 $P = [f'(x) + 2f(x) + \mathrm{e}^x]y$,　$Q = f'(x)$.

由所给曲线积分与路径无关的充要条件

$$\frac{\partial P}{\partial y} = \frac{\partial Q}{\partial x}.$$

可得二阶线性非齐次微分方程

$$\begin{cases} f''(x) - f'(x) - 2f(x) = \mathrm{e}^x, \\ f(0) = f'(0) = 0. \end{cases}$$

解微分方程可得

$$f(x) = \frac{1}{3}\mathrm{e}^{2x} + \frac{1}{6}\mathrm{e}^{-x} - \frac{1}{2}\mathrm{e}^x.$$

取点 $C(1,0)$,并取积分路径为 ACB,如图 10.7 所示,故

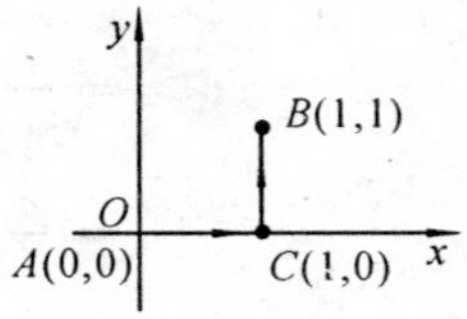

$$I = \int_{\overline{AC}} + \int_{\overline{CB}} = \int_0^1 0\mathrm{d}x + \int_0^1 \left(\frac{2}{3}\mathrm{e}^2 - \frac{1}{6}\mathrm{e}^{-1} - \frac{1}{2}\mathrm{e}\right)\mathrm{d}y$$

$$= \frac{2}{3}\mathrm{e}^2 - \frac{1}{6}\mathrm{e}^{-1} - \frac{1}{2}\mathrm{e}.$$

图 10.7

例 11　设 $f(u)$ 为连续函数,且 L 为分段光滑简单闭曲线,试证:曲线积分

$$\oint_L f(x^2 + y^2)(x\mathrm{d}x + y\mathrm{d}y) = 0.$$

证　因 $f(u)$ 连续,故 $\int_{u_0}^{u} f(t)\mathrm{d}t$ 存在,且有

$$\mathrm{d}\left(\int_{u_0}^{u} f(t)\mathrm{d}t\right) = f(u)\mathrm{d}u.$$

令 $u = x^2 + y^2$,$\mathrm{d}u = 2(x\mathrm{d}x + y\mathrm{d}y)$,

$$\mathrm{d}\left(\frac{1}{2}\int_{u_0}^{u} f(t)\mathrm{d}t\right) = \frac{1}{2}f(u)\mathrm{d}u = f(x^2 + y^2)(x\mathrm{d}x + y\mathrm{d}y),$$

$f(x^2 + y^2)(x\mathrm{d}x + y\mathrm{d}y)$ 为全微分,且 L 为分段光滑闭曲线,

故
$$\oint_{L} f(x^2 + y^2)(x\mathrm{d}x + y\mathrm{d}y) = 0.$$

例 12　设函数 $f(x)$ 在 $(-\infty, +\infty)$ 内具有一阶连续导数,L 是上半平面 $(y > 0)$ 内有向分段光滑曲线,其起点为 (a,b),终点为 (c,d). 记

$$I = \int_{L} \frac{1}{y}[1 + y^2 f(xy)]\mathrm{d}x + \frac{x}{y^2}[y^2 f(xy) - 1]\mathrm{d}y.$$

(1) 证明曲线积分 I 与路径 L 无关;

(2) 当 $ab = cd$ 时,求 I 的值.

证　(1) $P(x,y) = \dfrac{1}{y}[1 + y^2 f(xy)]$,

$$Q(x,y) = \frac{x}{y^2}[y^2 f(xy) - 1].$$

$$\frac{\partial P}{\partial y} = f(xy) - \frac{1}{y^2} + xyf'(xy) = \frac{\partial Q}{\partial x}.$$

在上半平面内处处成立,所以在上半平面内曲线积分与路径无关.

(2) **解一**　由于 I 与路径无关,故可取积分路径 L 为由点 (a,b) 到点 (c,b) 再到点 (c,d) 的折线段.

$$I = \int_{a}^{c} \frac{1}{b}[1 + b^2 f(bx)]\mathrm{d}x + \int_{b}^{d} \frac{c}{y^2}[y^2 f(cy) - 1]\mathrm{d}y$$

$$= \frac{c-a}{b} + \int_{a}^{c} bf(bx)\mathrm{d}x + \int_{b}^{d} cf(cy)\mathrm{d}y + \frac{c}{d} - \frac{c}{b}$$

$$= \frac{c}{d} - \frac{a}{b} + \int_{ab}^{bc} f(t)\mathrm{d}t + \int_{bc}^{cd} f(t)\mathrm{d}t$$

$$= \frac{c}{d} - \frac{a}{b} + \int_{ab}^{cd} f(t)\mathrm{d}t = \frac{c}{d} - \frac{a}{b}.$$

解二　$$I = \int_{L} \frac{\mathrm{d}x}{y} - \frac{x}{y^2}\mathrm{d}y + \int_{L} yf(xy)\mathrm{d}x + xf(xy)\mathrm{d}y.$$

$$\int_{L} \frac{\mathrm{d}x}{y} - \frac{x\mathrm{d}y}{y^2} = \int_{L} \mathrm{d}\left(\frac{x}{y}\right) = \frac{x}{y}\Big|_{(a,b)}^{(c,d)} = \frac{c}{d} - \frac{a}{b}.$$

设 $F(x)$ 是 $f(x)$ 的一个原函数,则

$$\int_L yf(xy)\mathrm{d}x + xf(xy)\mathrm{d}y = \int_L f(xy)\mathrm{d}xy = F(cd) - F(ab) = 0,$$

故
$$I = \frac{c}{d} - \frac{a}{b}.$$

例 13　已知平面区域 $D = \{(x,y) \mid 0 \leqslant x \leqslant \pi, 0 \leqslant y \leqslant \pi\}$，$L$ 为 D 的正向边界，试证：

(1) $\oint_L x\mathrm{e}^{\sin y}\mathrm{d}y - y\mathrm{e}^{-\sin x}\mathrm{d}x = \oint_L x\mathrm{e}^{-\sin y}\mathrm{d}y - y\mathrm{e}^{\sin x}\mathrm{d}x$；

(2) $\oint_L x\mathrm{e}^{\sin y}\mathrm{d}y - y\mathrm{e}^{-\sin x}\mathrm{d}x \geqslant 2\pi^2$.

证一　(1) 左边 $= \displaystyle\int_0^\pi \pi\mathrm{e}^{\sin y}\mathrm{d}y - \int_\pi^0 \pi\mathrm{e}^{-\sin x}\mathrm{d}x = \pi\int_0^\pi (\mathrm{e}^{\sin x} + \mathrm{e}^{-\sin x})\mathrm{d}x$.

右边 $= \displaystyle\int_0^\pi \pi\mathrm{e}^{-\sin y}\mathrm{d}y - \int_\pi^0 \pi\mathrm{e}^{\sin x}\mathrm{d}x = \pi\int_0^\pi (\mathrm{e}^{-\sin x} + \mathrm{e}^{\sin x})\mathrm{d}x$,

故
$$\oint_L x\mathrm{e}^{\sin y}\mathrm{d}y - y\mathrm{e}^{-\sin x}\mathrm{d}x = \oint_L x\mathrm{e}^{-\sin y}\mathrm{d}y - y\mathrm{e}^{\sin x}\mathrm{d}x.$$

(2) 由于 $\mathrm{e}^{\sin x} + \mathrm{e}^{-\sin x} \geqslant 2$，故
$$\oint_L x\mathrm{e}^{\sin y}\mathrm{d}y - y\mathrm{e}^{-\sin x}\mathrm{d}x = \pi\int_0^\pi (\mathrm{e}^{\sin x} + \mathrm{e}^{-\sin x})\mathrm{d}x \geqslant 2\pi^2.$$

证二　(1) 根据格林公式，有
$$\oint_L x\mathrm{e}^{\sin y}\mathrm{d}y - y\mathrm{e}^{-\sin x}\mathrm{d}x = \iint_D (\mathrm{e}^{\sin y} + \mathrm{e}^{-\sin x})\mathrm{d}x\mathrm{d}y,$$

$$\oint_L x\mathrm{e}^{-\sin y}\mathrm{d}y - y\mathrm{e}^{\sin x}\mathrm{d}x = \iint_D (\mathrm{e}^{-\sin y} + \mathrm{e}^{\sin x})\mathrm{d}x\mathrm{d}y.$$

D 关于 $y = x$ 对称，有
$$\iint_D (\mathrm{e}^{\sin y} + \mathrm{e}^{-\sin x})\mathrm{d}x\mathrm{d}y = \iint_D (\mathrm{e}^{-\sin y} + \mathrm{e}^{\sin x})\mathrm{d}x\mathrm{d}y,$$

故
$$\oint_L x\mathrm{e}^{\sin y}\mathrm{d}y - y\mathrm{e}^{-\sin x}\mathrm{d}x = \oint_L x\mathrm{e}^{-\sin y}\mathrm{d}y - y\mathrm{e}^{\sin x}\mathrm{d}x.$$

(2) 由(1)知，
$$\oint_L x\mathrm{e}^{\sin y}\mathrm{d}y - y\mathrm{e}^{-\sin x}\mathrm{d}x = \iint_D (\mathrm{e}^{\sin y} + \mathrm{e}^{-\sin x})\mathrm{d}x\mathrm{d}y = \iint_D (\mathrm{e}^{\sin x} + \mathrm{e}^{-\sin x})\mathrm{d}x\mathrm{d}y \geqslant 2\iint_D \mathrm{d}x\mathrm{d}y$$
$$= 2\pi^2.$$

例 14　设函数 $\varphi(y)$ 具有连续导数，在围绕原点的任意分段光滑简单闭曲线 L 上，曲线积分 $\displaystyle\oint_L \frac{\varphi(y)\mathrm{d}x + 2xy\mathrm{d}y}{2x^2 + y^4}$ 的值恒为同一常数.

(1) 证明：对于右半平面 $x > 0$ 内的任意分段光滑简单闭曲线 C，有
$$\oint_C \frac{\varphi(y)\mathrm{d}x + 2xy\mathrm{d}y}{2x^2 + y^4} = 0;$$

(2) 求函数 $\varphi(y)$ 的表达式.

证 (1) 如图 10.8 所示,设 C 是右半平面 $x>0$ 内的任一分段光滑简单闭曲线,在 C 上任取两点 M,N,作围绕原点

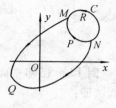

图 10.8

的闭曲线 $\overparen{MQNRM}$ 和另一围绕原点的闭曲线 $\overparen{MQNPM}$,由题设,有

$$\oint_C \frac{\varphi(y)\mathrm{d}x - 2xy\mathrm{d}y}{2x^2+y^4} = \oint_{\overparen{MQNRM}} \frac{\varphi(y)\mathrm{d}x - 2xy\mathrm{d}y}{2x^2+y^2}$$
$$-\oint_{\overparen{MQNRM}} \frac{\varphi(y)\mathrm{d}x - 2xy\mathrm{d}y}{2x^2+y^2} = 0.$$

解 (2) $P(x,y) = \dfrac{\varphi(y)}{2x^2+y^4}$, $Q(x,y) = \dfrac{2xy}{2x^2+y^4}$.

$P(x,y)$,$Q(x,y)$ 在单连通区域 $x>0$ 内具有一阶连续偏导数,且由(1)知,曲线

积分 $\displaystyle\int_L \frac{\varphi(y)\mathrm{d}x - 2xy\mathrm{d}y}{2x^2+y^4}$ 在该区域内与路径无关,故当 $x>0$ 时,总有 $\dfrac{\partial P}{\partial y} = \dfrac{\partial Q}{\partial x}$,即

$$\frac{-4x^2y + 2y^5}{(2x^2+y^4)^2} = \frac{2x^2\varphi'(y) + \varphi'(y)y^4 - 4\varphi(y)y^3}{(2x^2+y^4)^2},$$

故

$$\begin{cases} \varphi'(y) = -2y, & (1) \\ \varphi'(y)y^4 - 4\varphi(y)y^3 = 2y^5. & (2) \end{cases}$$

由(1)式得

$$\varphi(y) = -y^2 + C,$$

代入(2)式得

$$2y^5 - 4Cy^3 = 2y^5,$$

故 $C=0$,从而

$$\varphi(y) = -y^2.$$

注 此题(1)结论还可推广为:在 xOy 平面内使原点 $(0,0)$ 在其外部的任一分段光滑的解闭曲线 C 上,该积分值仍为 0.

例 15 计算 $\displaystyle\oint_P y\mathrm{d}x + z\mathrm{d}y + x\mathrm{d}z$,其中,$L$ 为圆周 $\begin{cases} x^2+y^2+z^2=4, \\ x+y=2; \end{cases}$ 方向为从 x 轴正向看去为逆时针方向.

解 将曲线 P: $\begin{cases} x^2+y^2+z^2=4, \\ x+y=2, \end{cases}$ 化为参数方程:

$$\begin{cases} (y-1)^2 + \left(\dfrac{z}{\sqrt{2}}\right)^2 = 1, \\ x = 2-y, \end{cases} \Rightarrow \begin{cases} x = 1-\cos\theta, \\ y = 1+\cos\theta, \quad 0 \leqslant \theta \leqslant 2\pi, \\ z = \sqrt{2}\sin\theta, \end{cases}$$

故 $\displaystyle\oint_P y\mathrm{d}x + z\mathrm{d}y + x\mathrm{d}z = \int_0^{2\pi}\left[(1+\cos\theta)\sin\theta + \sqrt{2}\sin\theta(-\sin\theta)\right.$

$$+ (1 - \cos\theta)\sqrt{2}\cos\theta]d\theta$$

$$= \int_0^{2\pi} (\sin\theta + \sqrt{2}\cos\theta + \sin\theta \cos\theta - \sqrt{2})d\theta = -2\sqrt{2}\pi.$$

10.2.3　对面积的曲面积分

例 16　计算曲面积分$\iint\limits_S 3z dS$,其中,S为抛物面$z = 2 - (x^2 + y^2)$在xOy平面上方的部分.

$$dS = \sqrt{1 + z_x^2 + z_y^2}dxdy = \sqrt{1 + (-2x)^2 + (-2y)^2}dxdy$$
$$= \sqrt{1 + 4x^2 + 4y^2}dxdy,$$

S在xOy面上的投影区域为$D_{xy}: x^2 + y^2 \leqslant 2$,故

$$\iint\limits_S 3zds = \iint\limits_{D_{xy}} 3[2 - (x^2 + y^2)]\sqrt{1 + 4x^2 + 4y^2}dxdy = 3\int_0^{2\pi}d\theta\int_0^{\sqrt{2}}(2 - r^2)\sqrt{1 + 4r^2}rdr$$

$$= 6\pi \cdot \frac{1}{32}\int_0^{\sqrt{2}}[9 - (1 + 4r^2)]\sqrt{1 + 4r^2}d(1 + 4r^2) = \frac{111}{10}\pi.$$

例 17　计算$\iint\limits_S (2xy - 2x^2 - x + z)dS$,其中,$S$为平面$2x + 2y + z = 6$在第一卦限中的部分,如图 10.9 所示.

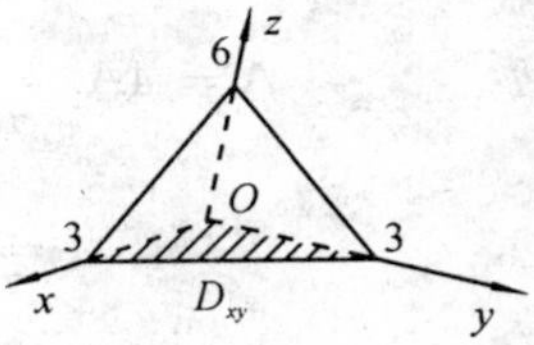

解　$z = 6 - 2x - 2y$,

$$dS = \sqrt{1 + (-2)^2 + (-2)^2}dxdy = 3dxdy,$$

图 10.9

故

$$\iint\limits_S (2xy - 2x^2 - x + z)dS = \iint\limits_{D_{xy}} (2xy - 2x^2 - x + 6 - 2x - 2y)3dxdy$$

$$= 3\int_0^3 dx\int_0^{3-x}(6 - 3x - 2x^2 + 2xy - 2y)dy$$

$$= 3\int_0^3 (3x^3 - 7x^2 + 9)dx = -\frac{27}{4}.$$

例 18　计算$\iint\limits_S (xy + yz + xz)dS$,其中,$S$是锥面$z = \sqrt{x^2 + y^2}$被柱面$x^2 + y^2 = 2ax$所截得的部分.

解

$$z = \sqrt{x^2 + y^2},$$

$$dS = \sqrt{1 + \frac{x^2}{x^2 + y^2} + \frac{y^2}{x^2 + y^2}}dxdy = \sqrt{2}dxdy,$$

$$D_{xy}: x^2 + y^2 \leqslant 2ax,$$

故　　$\displaystyle\iint_S (xy + yz + zx)\mathrm{d}S = \sqrt{2}\iint_{D_{xy}}\left[xy + (x+y)\sqrt{x^2+y^2}\right]\mathrm{d}x\mathrm{d}y$

$$= \sqrt{2}\int_{-\frac{\pi}{2}}^{\frac{\pi}{2}}\mathrm{d}\theta\int_0^{2a\cos\theta}\left[r^2\sin\theta\cos\theta + r^2(\sin\theta+\cos\theta)\right]r\mathrm{d}r$$

$$= \frac{64}{15}\sqrt{2}a^4,$$

例 19　设 $y = f(x) \geqslant 0$　$(a \leqslant x \leqslant b)$ 是单调曲线,将此曲线绕 x 轴旋转一周所得旋转曲面为 S,试用曲面积分求面积的方法证明曲面 S 的面积为 $A = 2\pi\int_a^b f(x)\mathrm{d}S$　$(\mathrm{d}S = \sqrt{1 + [f'(x)]^2}\mathrm{d}x)$.

证　由对称性,只需计算在第一卦限内曲面 S 的面积 A_1,从而有 $A = 4A_1$.

S 的方程为 $z = \sqrt{f(x) - y^2}$,它在 xOy 平面上的投影区域为

$$D_{xy}:\begin{cases} a \leqslant x \leqslant b, \\ 0 \leqslant y \leqslant f(x). \end{cases}$$

$$\mathrm{d}S = \sqrt{1 + z_x^2 + z_y^2}\,\mathrm{d}x\mathrm{d}y = \frac{f(x)\sqrt{1 + f'^2(x)}}{\sqrt{f^2(x) - y^2}}\mathrm{d}x\mathrm{d}y,$$

故　　$\displaystyle A = 4A_1 = 4\iint_S \mathrm{d}S = 4\iint_{D_{xy}}\frac{f(x)\sqrt{1 + f'^2(x)}}{\sqrt{f^2(x)}}\mathrm{d}x\mathrm{d}y,$

$$= 4\int_a^b f(x)\sqrt{1 + f'^2(x)}\mathrm{d}x\int_0^{f(x)}\frac{1}{\sqrt{f^2(x) - y^2}}\mathrm{d}y$$

$$= 2\pi\int_a^b f(x)\sqrt{1 + f'^2(x)}\mathrm{d}x = 2\pi\int_a^b f(x)\mathrm{d}S.$$

10.2.4　对坐标的曲面积分

例 20　计算曲面积分 $I = \displaystyle\iint_S x^2\mathrm{d}y\mathrm{d}z + y^2\mathrm{d}z\mathrm{d}x + z^2\mathrm{d}x\mathrm{d}y$,其中,$S$(见图 10.10)为所示三角形 ABC 的上侧.

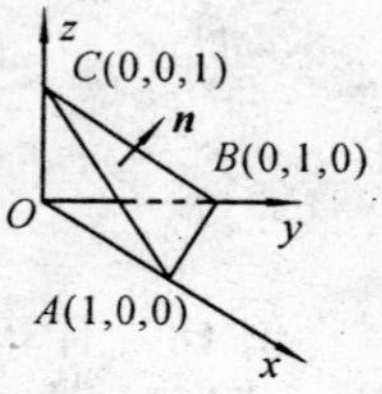

解　曲面 S 的方程为 $x + y + z = 1$,

S 在 xOy 平面上的投影区域为

$$D_{xy}:x + y = 1\quad (x = 0, y = 0).$$

S 的法矢量(上侧) 为

图 10.10

$$\boldsymbol{n} = \{-z_x, -z_y, 1\} = \{1, 1, 1\},$$

$$\cos\alpha = \cos\beta = \cos\gamma = \frac{\sqrt{3}}{3}\quad (\text{法矢量的方向余弦}).$$

$$\mathrm{d}S = \sqrt{1 + z_x^2 + z_y^2}\mathrm{d}x\mathrm{d}y = \sqrt{3}\mathrm{d}x\mathrm{d}y,$$

故 $\qquad I = \iint\limits_{S} (x^2\cos\alpha + y^2\cos\beta + z^2\cos\gamma)\,\mathrm{d}S = \iint\limits_{S} \dfrac{x^2 + y^2 + z^2}{\sqrt{3}}\,\mathrm{d}S$

$$= \int_{0}^{1}\mathrm{d}x\int_{0}^{1-x}(1 + 2x^2 + 2y^2 + 2xy - 2x - 2y)\,\mathrm{d}y = \dfrac{1}{4}.$$

例 21　计算曲面积分 $I = \iint\limits_{S}(z^2 + x)\mathrm{d}y\mathrm{d}z - z\mathrm{d}x\mathrm{d}y$，其中，

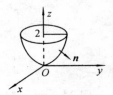

S 是旋转抛物面 $z = \dfrac{1}{2}(x^2 + y^2)$ 介于平面 $z = 0$ 及 $z = 2$ 之

间的部分的下侧，如图 10.11 所示.

解一　$z_x = x, z_y = y, S$ 的法矢量 $\boldsymbol{n} = \{x, y, -1\}$.

S 在 xOy 面上的投影区域为

图 10.11

$$D_{xy}: x^2 + y^2 \leqslant 2^2,$$

故 $\qquad \iint\limits_{S}(z^2 + x)\mathrm{d}y\mathrm{d}z - z\mathrm{d}x\mathrm{d}y = \iint\limits_{S}[(z^2 + x)\cos\alpha - z\cos\gamma]\mathrm{d}S$

$$= \iint\limits_{D_{xy}}\left\{\left[\dfrac{1}{4}(x^2 + y^2)^2 + x\right]\cdot x - \dfrac{1}{2}(x^2 + y^2)\cdot(-1)\right\}\mathrm{d}x\mathrm{d}y$$

$$= \iint\limits_{D_{xy}}\dfrac{1}{4}x(x^2 + y^2)^2\mathrm{d}x\mathrm{d}y + \iint\limits_{D_{xy}}\left[x^2 + \dfrac{1}{2}(x^2 + y^2)\right]\mathrm{d}x\mathrm{d}y.$$

由 D_{xy} 的对称性和 $\dfrac{1}{4}x(x^2 + y^2)^2$ 是 x 的奇函数，有

$$\iint\limits_{D_{xy}}\dfrac{1}{4}x(x^2 + y^2)^2\mathrm{d}x\mathrm{d}y = 0,$$

故 $\qquad I = \iint\limits_{D_{xy}}\left[x^2 + \dfrac{1}{2}(x^2 + y^2)\right]\mathrm{d}x\mathrm{d}y = \int_{0}^{2\pi}\mathrm{d}\theta\int_{0}^{2}\left(r^2\cos^2\theta + \dfrac{1}{2}r^2\right)r\mathrm{d}r = 8\pi.$

解二　用高斯公式，补平面 $S_1: z = 2$，取上侧，有

$$\iint\limits_{S}(z^2 + x)\mathrm{d}y\mathrm{d}z - z\mathrm{d}x\mathrm{d}y + \iint\limits_{S_1}(z^2 + x)\mathrm{d}y\mathrm{d}z - z\mathrm{d}x\mathrm{d}y = \iiint\limits_{\Omega}(1-1)\mathrm{d}V = 0.$$

$$\iint\limits_{S}(z^2 + x)\mathrm{d}y\mathrm{d}z - z\mathrm{d}x\mathrm{d}y = -\iint\limits_{S_1}(z^2 + x)\mathrm{d}y\mathrm{d}z - z\mathrm{d}x\mathrm{d}y,$$

$$\iint\limits_{S_1}(z^2 + x)\mathrm{d}y\mathrm{d}z = 0,$$

故 $\qquad I = -\iint\limits_{S_1}(-z)\mathrm{d}x\mathrm{d}y.$

S_1 在 xOy 面上投影区域为 $D_{xy}: x^2 + y^2 \leqslant 2^2.$

$$I = 2\iint\limits_{D_{xy}}\mathrm{d}x\mathrm{d}y = 2 \times 4\pi = 8\pi.$$

例 22　计算曲面积分 $I = \iint\limits_S x\,\mathrm{d}y\mathrm{d}z + y\,\mathrm{d}z\mathrm{d}x + z\,\mathrm{d}x\mathrm{d}y$，其中，$S$ 是锥面 $z = \sqrt{x^2 + y^2}$ 与半球面 $z = \sqrt{R^2 - x^2 - y^2}$ 围成的空间区域 Ω 的外侧.

解　由高斯公式，有

$$I = \iint\limits_S x\,\mathrm{d}y\mathrm{d}z + y\,\mathrm{d}z\mathrm{d}x + z\,\mathrm{d}x\mathrm{d}y = \iiint\limits_\Omega (1+1+1)\mathrm{d}V = \iiint\limits_\Omega 3\mathrm{d}V$$

$$= 3\int_0^{2\pi} \mathrm{d}\theta \int_0^{\frac{\pi}{4}} \mathrm{d}\varphi \int_0^R r^2 \sin\varphi\,\mathrm{d}r = \pi R^3 (2 - \sqrt{2}).$$

例 23　计算曲面积分 $I = \oiint\limits_S (x^2 - yz)\mathrm{d}y\mathrm{d}z + (y^2 - xz)\mathrm{d}z\mathrm{d}x + (z^2 - xy)\mathrm{d}x\mathrm{d}y$，其中，$S$ 为球面 $(x-a)^2 + (y-b)^2 + (z-c)^2 = R^2$ 的外侧部分.

解　由高斯公式，有

$$I = \oiint\limits_S (x^2 - yz)\mathrm{d}y\mathrm{d}z + (y^2 - xz)\mathrm{d}z\mathrm{d}x + (z^2 - xy)\mathrm{d}x\mathrm{d}y$$

$$= \iiint\limits_\Omega 2(x + y + z)\mathrm{d}V.$$

由重心公式　　$\displaystyle \overline{x} = \frac{\iiint\limits_\Omega x\,\mathrm{d}V}{\iiint\limits_\Omega \mathrm{d}V}, \quad \overline{y} = \frac{\iiint\limits_\Omega y\,\mathrm{d}V}{\iiint\limits_\Omega \mathrm{d}V}, \quad \overline{z} = \frac{\iiint\limits_\Omega z\,\mathrm{d}V}{\iiint\limits_\Omega \mathrm{d}V},$

$$\iiint\limits_\Omega \mathrm{d}V = \frac{4}{3}\pi R^3, \quad \overline{x} = a, \quad \overline{y} = b, \quad \overline{z} = c,$$

故　　　　　　　　　　　$$I = \frac{8}{3}\pi R^3 (a + b + c).$$

例 24　计算曲面积分 $I = \oiint\limits_S x^3\,\mathrm{d}y\mathrm{d}z + y^2\,\mathrm{d}z\mathrm{d}x + z\,\mathrm{d}x\mathrm{d}y$，其中，$S$ 为球面 $x^2 + y^2 + z^2 = R^2$ 的外侧部分.

解　由球面的对称性可知，

$$\oiint\limits_S x^3\,\mathrm{d}y\mathrm{d}z = \frac{1}{3}\oiint\limits_S x^3\,\mathrm{d}y\mathrm{d}z + y^3\,\mathrm{d}z\mathrm{d}x + z^3\,\mathrm{d}x\mathrm{d}y,$$

$$\oiint\limits_S y^2\,\mathrm{d}z\mathrm{d}x = \frac{1}{3}\oiint\limits_S x^2\,\mathrm{d}y\mathrm{d}z + y^2\,\mathrm{d}z\mathrm{d}x + z^2\,\mathrm{d}x\mathrm{d}y,$$

$$\oiint\limits_S z\,\mathrm{d}x\mathrm{d}y = \frac{1}{3}\oiint\limits_S x\,\mathrm{d}y\mathrm{d}z + y\,\mathrm{d}z\mathrm{d}x + z\,\mathrm{d}x\mathrm{d}y.$$

由高斯公式，有

$$\oiint\limits_S x^3\,\mathrm{d}y\mathrm{d}z + y^3\,\mathrm{d}z\mathrm{d}x + z^3\,\mathrm{d}x\mathrm{d}y = 3\iiint\limits_\Omega (x^2 + y^2 + z^2)\mathrm{d}V$$

$$= 3 \int_0^{2\pi} \mathrm{d}\theta \int_0^{\pi} \mathrm{d}\varphi \int_0^R r^4 \sin\varphi \mathrm{d}r = 3 \times \frac{4}{5}\pi R^5.$$

$$\oiint\limits_S x^2 \mathrm{d}y\mathrm{d}z + y^2 \mathrm{d}z\mathrm{d}x + z^2 \mathrm{d}x\mathrm{d}y = 2\iiint\limits_\Omega (x+y+z)\mathrm{d}V = 0.$$

$$\oiint\limits_S x\mathrm{d}y\mathrm{d}z + y\mathrm{d}z\mathrm{d}x + z\mathrm{d}x\mathrm{d}y = 3\iiint\limits_\Omega \mathrm{d}V = 3 \times \frac{4}{3}\pi R^3,$$

故
$$I = 4\pi\left(\frac{R^3}{3} + \frac{R^5}{5}\right).$$

10.3 练 习 题

1. 填空题.

(1) $\int_L \mathrm{e}^{\sqrt{x^2+y^2}} \mathrm{d}s = $ _____ ,其中,L 由圆周 $x^2+y^2=a^2$,直线 $y=x$ 及 x 轴在第一象限所围成区域的边界.

(2) 设平面曲线 L 为下半圆周,$y = -\sqrt{1-x^2}$,则曲线积分 $\int_L (x^2+y^2)\mathrm{d}s = $ _____ .

(3) 设 L 是由原点沿抛物线 $y=x^2$ 到点 $A(1,1)$,再由点 A 沿直线 $y=x$ 到原点的封闭曲线,则曲线积分 $\oint_L \arctan\frac{y}{x}\mathrm{d}y - \mathrm{d}x = $ _____ .

(4) 设 L 是由点 $A(2,-2)$ 到点 $B(-2,2)$ 的直线段,则 $\int_L \cos y\mathrm{d}x - \sin x\mathrm{d}y = $ _____ .

(5) 设 S 为球面 $x^2+y^2+z^2=R^2$ $(R>0)$,则曲面积分 $\iint\limits_S z^2\mathrm{d}S = $ _____ .

(6) $\iint\limits_S |y|\sqrt{z}\mathrm{d}S = $ _____ ,其中,S 为曲面 $z = x^2+y^2$ $(z \leqslant 1)$.

(7) 设 S 是下半球面 $z = -\sqrt{1-(x^2+y^2)}$ 的下侧,则曲面积分 $\iint\limits_S (x^2+y^2)\mathrm{d}x\mathrm{d}y = $ _____ .

(8) 设 S 是锥面 $z = \sqrt{x^2+y^2}$ 与半球面 $z = \sqrt{R^2-x^2-y^2}$ 围成空间区域,边界曲面的外侧,则 $\iint\limits_S x\mathrm{d}y\mathrm{d}z + y\mathrm{d}z\mathrm{d}x + z\mathrm{d}x\mathrm{d}y = $ _____ .

2. 单项选择题.

(1) 设 $I = \int_s \frac{1}{\sqrt{x^2+y^2}}\mathrm{d}s$,其中,$s$ 为下半圆周 $y = -\sqrt{R^2-x^2}$,则 I 的值为

( ).

    A. 2π B. -2π C. π D. $-\pi$

(2) 已知曲线积分 $\int_{AB} F(x,y)(y\,\mathrm{d}x + x\,\mathrm{d}y)$ 与积分路径无关,则 $F(x,y)$ 必满足条件( ).

    A. $xF_\eta = yF_x$ B. $xF_y = -yF_x$

    C. $xF_x = yF_y$ D. $xF_x = -yF_y$

(3) 已知 $\dfrac{(x+ay)\mathrm{d}x + y\mathrm{d}y}{(x+y)^2}$ 为某函数的全微分,则 $a = ($).

    A. -1 B. 0 C. 1 D. 2

(4) 设 $\mathrm{d}u = (2x\cos y - y^2\sin x)\mathrm{d}x + (2y\cos x - x^2\sin y)\mathrm{d}y$,则二元函数 $u(x,y)$ 的表达式为( ).

    A. $(x^2 + y^2)(\cos x + \cos y) + C$

    B. $(x^2 + y^2) + C$

    C. $x^2\cos y + y^2\cos x + C$

    D. $x^2\sin y + y^2\sin x + C$

(5) 设 L 为圆周 $x^2 + y^2 = R^2$ 的逆时针方向,$I = \oint_L xy^2\,\mathrm{d}y - x^2 y\,\mathrm{d}x$,则 $I = ($).

    A. πR^2 B. $\dfrac{2}{3}\pi R^3$ C. $\dfrac{1}{2}\pi R^4$ D. πR^4

(6) 设 $S: x^2 + y^2 + z^2 = a^2(a \geqslant 0)$,$S_1$ 为 S 在第一卦限中的部分,则有( ).

    A. $\iint_S x\,\mathrm{d}S = 4\iint_{S_1} x\,\mathrm{d}S$ B. $\iint_S y\,\mathrm{d}S = 4\iint_{S_1} x\,\mathrm{d}S$

    C. $\iint_S z\,\mathrm{d}S = 4\iint_{S_1} x\,\mathrm{d}S$ D. $\iint_S xyz\,\mathrm{d}S = 4\iint_{S_1} xyz\,\mathrm{d}S$

3. 计算下列曲线积分.

(1) $\displaystyle\int_L xy\,\mathrm{d}s$,其中,$L$ 是曲线 $x = t, y = \dfrac{t^2}{2}(0 \leqslant t \leqslant 1)$;

(2) $\displaystyle\int_L (x+y)\,\mathrm{d}s$,其中,$L$ 是以 a 为半径,圆心在原点的右半圆周;

(3) $\displaystyle\int_L \sqrt{x^2 + y^2}\,\mathrm{d}s$,其中,$L$ 为圆周 $x^2 + y^2 = ax$;

(4) $\displaystyle\int_L |y|\,\mathrm{d}s$,其中,$L$ 为右半圆周,$x^2 + y^2 = a^2(x \geqslant 0, a > 0)$.

4. 计算曲线积分 $\displaystyle\int_\rho x^2\,\mathrm{d}s$,其中,$\rho$ 是球面 $x^2 + y^2 + z^2 = a^2$ 与平面 $x + y + z = 0$

的交线.

5. 计算下列第二类曲线积分.

(1) $\int_{\overset{\frown}{AB}} y\mathrm{d}x - x\mathrm{d}y$，其中，点 A 坐标为$(1,1)$，点 B 坐标为$(2,4)$.

(a) $\overset{\frown}{AB}$ 为直线段$\overline{AB}$；

(b) $\overset{\frown}{AB}$ 为抛物线 $y = x^2$　$(1 \leqslant x \leqslant 2)$；

(c) $\overset{\frown}{AB}$ 为折线段$\overline{AC} + \overline{CB}$，其中，$C(2,1)$.

(2) $\int_L (x^2 - 2xy)\mathrm{d}x + (y^2 - 2xy)\mathrm{d}y$，其中，$L$ 是抛物线 $y^2 = x$ 上从$(1,-1)$ 到 $(1,1)$ 的弧段.

(3) $\oint_L y\mathrm{d}x$，其中，L 是由直线 $x = 0, y = 0, x = 2, y = 4$ 所围成矩形的正向边界曲线.

(4) $\oint_L \dfrac{(x+y)\mathrm{d}x - (x-y)\mathrm{d}y}{x^2 + y^2}$，其中，$L$ 是圆周 $x^2 + y^2 = a^2$ 依逆时针方向通过的有向闭曲线.

(5) $\int_\Gamma y^2\mathrm{d}x + z^2\mathrm{d}y + x^2\mathrm{d}z$，其中，$\Gamma$ 为空间曲线 $\begin{cases} x = a\cos t, \\ y = b\sin t, \\ z = ct, \end{cases}$ 从 $A(a,0,0)$ 到 $B(a,0,2\pi)$ 的弧段.

6. 利用曲线积分求下列曲线所围图形的面积.

(1) 星形线 $x = a\cos^3 t, y = a\sin^3 t$　$(0 \leqslant t \leqslant 2\pi)$；

(2) 抛物线$(x+y)^2 = ax$　$(a > 0)$ 和 x 轴.

7. 计算下列曲线积分.

(1) $\oint_L \mathrm{e}^x[(1-\cos y)\mathrm{d}x - (y-\sin y)\mathrm{d}y]$，其中，$L$ 为区域 $0 \leqslant x \leqslant \pi, 0 \leqslant y \leqslant \sin x$ 的边界，L 是分时针方向.

(2) $\int_{\overset{\frown}{AB}} (y+2x)^2\mathrm{d}x + (3x^2 - y^2\sin\sqrt{y})\mathrm{d}y$，其中，$\overset{\frown}{AB}$ 为抛物线 $y = x^2$ 上从 $A(-1,1)$ 到 $B(1,1)$ 的一段弧.

(3) $\int_L (2xy+y)\mathrm{d}x + (x^2 - y^2)\mathrm{d}y$，其中，$L$ 为曲线 $y = 1 - |1-x|$ $(0 \leqslant x \leqslant 2)$ 上从 $O(0,0)$ 经过$(1,1)$ 到 $(2,0)$ 的折线段.

8. 计算$\int_L (x^2y + 3x\mathrm{e}^x)\mathrm{d}x + \left(\dfrac{x^3}{3} - y\sin y\right)\mathrm{d}y$，其中，$L$ 为摆线 $\begin{cases} x = t - \sin t, \\ y = 1 - \cos t, \end{cases}$ 从 $O(0,0)$ 到 $A(\pi,2)$ 的弧段.

9. 试求指数 λ，使曲线积分 $\int_{(1,2)}^{(3,4)} \frac{x}{y} \gamma^\lambda \mathrm{d}x - \frac{x^2}{y^2} \gamma^\lambda \mathrm{d}y$ $(\gamma = \sqrt{x^2+y^2}$，在 $y > 0$ 的区域内与路径无关，并求出此曲线积分.

10. 计算曲线积分 $I = \oint_L \frac{x\mathrm{d}y - y\mathrm{d}x}{x^2+y^2}$，其中，$L$ 是以点 $(1,0)$ 为中心，R 为半径的圆周 $(R > 1)$，取逆时针方向.

11. 在过 $O(0,0)$ 和 $A(\pi,0)$ 的曲线族 $y = a\sin x(a > 0)$ 中，求一条曲线 L 使该曲线从 O 到 A 的积分 $\int_L (1+y^3)\mathrm{d}x + (2x+y)\mathrm{d}y$ 的值最小.

12. 计算曲线积分 $\oint_\Gamma (z-y)\mathrm{d}x + (x-z)\mathrm{d}y + (x-y)\mathrm{d}z$，其中，$\Gamma$ 是曲线 $\begin{cases} x^2+y^2=1, \\ x-y+z=2, \end{cases}$ 从 z 轴正向往 z 轴负向看 Γ 的方向是顺时针的.

13. 计算 $\iint_S (xy+yz+zx)\mathrm{d}S$，其中，$S$ 是锥面 $z = \sqrt{x^2+y^2}$ 被柱面 $x^2+y^2=2x$ 所截下的部分.

14. 计算 $\iint_S \frac{1}{z}\mathrm{d}S$，其中，$S$ 为半球面 $z = \sqrt{a^2-x^2-y^2}$ 与平面 $z=h$ $(0 < h < a)$ 所围空间区域的边界曲面.

15. 设抛物面 $z = \frac{1}{2}(x^2+y^2)$ $(0 \leqslant z \leqslant 1)$ 的面密度为 $\rho = z$，求所截部分曲面的质量.

16. $\oiint_S (x^2+y^2+z^2)\mathrm{d}S$，其中，$S$ 是由平面 $x=0$，$y=0$ 及球面 $x^2+y^2+z^2=a^2$ $(x \geqslant 0, y \geqslant 0)$ 所围成的封闭曲面.

17. $\iint_S (y-z)\mathrm{d}y\mathrm{d}z + (z-x)\mathrm{d}z\mathrm{d}x + (x-y)\mathrm{d}x\mathrm{d}y$，其中，$S$ 是锥面 $z = \sqrt{x^2+y^2}$ $(0 \leqslant z \leqslant h)$ 的上侧部分.

18. $\iint_S \frac{e^z}{\sqrt{x^2+y^2}}\mathrm{d}x\mathrm{d}y$，其中，$S$ 是锥面 $z = \sqrt{x^2+y^2}$ 和平面 $z=1$ 及 $z=2$ 所围立体的外表面.

19. $\oiint_S x^2\mathrm{d}y\mathrm{d}z + y^2\mathrm{d}z\mathrm{d}x + z^2\mathrm{d}x\mathrm{d}y$，其中，$S$ 是平面 $x=a$，$y=a$，$z=a$ $(a > 0)$ 与三坐标面所围立体的外表面侧.

20. $\iint_S y^2z\mathrm{d}x\mathrm{d}y + xz\mathrm{d}y\mathrm{d}z + x^2y\mathrm{d}z\mathrm{d}x$，其中，$S$ 是旋转抛物面 $z = x^2+y^2$ $(0 \leqslant z \leqslant 1)$ 的下侧.

21. 计算 $\iint\limits_{S}(1-x^2)\mathrm{d}y\mathrm{d}z+4xy\mathrm{d}z\mathrm{d}x-2xz\mathrm{d}x\mathrm{d}y$，其中,$S$ 为曲线
$\begin{cases} x=\mathrm{e}^y, \\ z=0 \end{cases}(0\leqslant y\leqslant a)$，绕 x 轴旋转一周所成旋转曲面,其法矢量与 x 轴正向夹角为钝角.

22. 计算 $I=\iint\limits_{S}-y\mathrm{d}z\mathrm{d}x+(z+1)\mathrm{d}x\mathrm{d}y$,其中,$S$ 是圆柱面 $x^2+y^2=4$ 被平面 $x+z=2$ 和 $z=0$ 所截出部分的外侧.

23. 计算曲面积分 $I=\iint\limits_{S}2x^3\mathrm{d}y\mathrm{d}z+2y^3\mathrm{d}z\mathrm{d}x+3(z^2-1)\mathrm{d}x\mathrm{d}y$,其中,$S$ 是曲面 $z=1-x^2-y^2(z\geqslant 0)$ 的部分的上侧.

10.4　答案与提示

1. 填空题.

(1) $2(\mathrm{e}^a-1)+\dfrac{\pi}{4}a\mathrm{e}^a$,(2) $\dfrac{1}{2}+\sqrt{2}$,(3) $\dfrac{\pi}{4}-1$.

(4) $-2\sin 2$,(5) $\dfrac{4}{3}$,(6) $\dfrac{26\sqrt{3}+1}{30}$ （提示:化为二重积分后再用极坐标）,

(7) $\dfrac{4\pi}{15}$,(8) $(2-\sqrt{2})\pi R^3$.

2. 单项选择.

(1) B　(2)C　(3)D　(4)C　(5)C　(6)C

3. (1) $\dfrac{1}{15}(1+\sqrt{2})$,(2)$2a^2$,(3)$2a^2$(提示:将圆化为参数方程

$$\begin{cases} x=\dfrac{a}{2}+\dfrac{a}{2}\cos t, \\ y=\dfrac{a}{2}\sin t, \qquad 0\leqslant t\leqslant 2\pi. \\ \mathrm{d}s=\dfrac{a}{2}\mathrm{d}t, \end{cases}$$

(4) $2a^2$　（提示:将 L 化为参数方程 $\begin{cases} x=a\cos t, \\ y=a\sin t, \end{cases}$ $\dfrac{\pi}{2}\leqslant t\leqslant\dfrac{\pi}{2}$,$\mathrm{d}s=a\mathrm{d}t$).

4. $\dfrac{2}{3}\pi a^3$　（提示:由轮换对称性知: $\displaystyle\int_{\Gamma}x^2\mathrm{d}s=\int_{\Gamma}y^2\mathrm{d}s=\int_{\Gamma}z^2\mathrm{d}s$, $\displaystyle\int_{\Gamma}x^2\mathrm{d}s=\dfrac{1}{3}\int_{\Gamma}(x^2+y^2+z^2)\mathrm{d}s=\dfrac{a^2}{3}\int_{\Gamma}\mathrm{d}s=\dfrac{2}{3}\pi a^3$).

5. (1)(a) -2,(b) $-\dfrac{7}{3}$,(c) -5,(2) $-\dfrac{14}{15}$,(3) -8,

(4) -2π (提示:将 L 化为参数方程 $\begin{cases} x = a\cos t, \\ y = a\sin t, \end{cases}$ $0 \leqslant t \leqslant 2\pi$).

(5) $4\pi bc^2 + \pi a^2 c$ (提示: t 从 0 到 2π).

6. (1) $\dfrac{3}{8}\pi a^2$ (提示: $A = \dfrac{1}{2}\oint_L x\,\mathrm{d}y - y\,\mathrm{d}x$).

(2) $\dfrac{1}{6}a^2$ (提示: $\begin{cases} (x+y)^2 = ax, \\ y = 0 \end{cases} \Rightarrow \begin{cases} x_1 = 0, \\ y_1 = 0, \end{cases}$ 及 $\begin{cases} x_2 = a, \\ y_2 = 0, \end{cases}$ 图形边界 $C_1 : y = \sqrt{ax} - x$,从 $x = a$ 到 $x = 0$,$C_2 : y = 0$,从 $x = 0$ 到 $x = a$).

7. (1) $-\dfrac{1}{5}(e^\pi - 1)$. (2) $\dfrac{46}{15}$. (3) -1(提示:用格林公式).

8. $3(\pi e^\pi - e^\pi + 1) + \dfrac{2\pi^3}{3} + 2\cos 2 - \sin 2$ (提示:判定积分与路径无关).

9. $\lambda = -1, \dfrac{1}{4}(5 - 2\sqrt{5})$.

10. π.

11. $a = 1$ (提示: $I(a) = \displaystyle\int_L (1 + y^3)\,\mathrm{d}x + (2x + y)\,\mathrm{d}y$,对函数 $I(a)$ 求最小值).

12. -2π (提示:将 Γ 化为参数方程 $x = \cos\theta, y = \sin\theta, z = 2 - \cos\theta + \sin\theta$,曲线方向为逆时针方向,$\theta$ 从 2π 到 0).

13. $\dfrac{64\sqrt{2}}{15}$. **14.** $2\pi a\ln\dfrac{a}{h} + \dfrac{\pi}{h}(a^2 - h^2)$.

15. $\dfrac{2\pi}{15}(6\sqrt{3} - 1)$ (提示: $m = \displaystyle\iint_S z\,\mathrm{d}S, z = \dfrac{1}{2}(x^2 + y^2)$).

16. $\dfrac{3\pi a^4}{2}$ (提示: $S = S_1 + S_2 + S_3, S_1 : x = 0, S_2 : y = 0, S_3 : x^2 + y^2 + z^2 = a^2 (x \geqslant 0, y \geqslant 0)$.

$$\iint_{S_1} (x^2 + y^2 + z^2)\,\mathrm{d}S = \iint_{\substack{y^2 + z^2 \leqslant a^2 \\ y \geqslant 0}} (y^2 + z^2)\,\mathrm{d}y\,\mathrm{d}z,$$

$$\iint_{S_2} (x^2 + y^2 + z^2)\,\mathrm{d}S = \iint_{\substack{x^2 + z^2 \leqslant a^2 \\ x \geqslant 0}} (x^2 + z^2)\,\mathrm{d}x\,\mathrm{d}z,$$

$$\iint_{S_3} (x^2 + y^2 + z^2)\,\mathrm{d}S = a^2 \iint_{S_3}\mathrm{d}S = \pi a^4.$$

17. 0. **18.** $2\pi(e^2 - e)$. **19.** $3a^4$. **20.** $\dfrac{\pi}{4}$.

21. $(e^{2a}-1)a^2\pi$　（提示：补平面 $x=e^a$ 与旋转曲面形成闭合曲面，取 $x=e^a$，法矢量与 x 轴的夹角，用高斯公式计算）.

22. -8π　（提示：补 $S_1:x+z=2$ 被圆柱面截下部分上侧，$S_2:x^2+y^2=4$ 与平面 $z=0$ 所截部分的下侧，$S+S_1+S_2$ 为闭合曲面的外侧，$\displaystyle\iint_S=\iint_{S+S_1+S_2}-\iint_{S_1}-\iint_{S_2}$）.

23. $-\pi$　（提示：补 S_1 为 xOy 面内被圆柱 $x^2+y^2=1$ 所围部分的下侧，$I=\displaystyle\iint_{S+S_1}-\iint_{S_1}$，而 $\displaystyle\iint_{S+S_1}$ 用高斯公式计算）.

第十一章 无穷级数

11.1 主要公式和结论

11.1.1 数项级数的敛散性

对于数项级数

$$\sum_{n=1}^{\infty} a_n = a_1 + a_2 + \cdots + a_n + \cdots$$

$S_n = \sum_{k=1}^{n} a_k$ 称为该级数的部分和;$R_n = \sum_{k=n+1}^{\infty} a_k$ 称为余项;若 $\lim\limits_{n \to \infty} S_n$ 存在,则称

$\sum\limits_{n=1}^{\infty} a_n$ 收敛,称此极限值 S 为该级数的和,记作 $S = \sum\limits_{n=1}^{\infty} a_n$;若 $\lim\limits_{n \to \infty} S_n$ 不存在,则称

$\sum\limits_{n=1}^{\infty} a_n$ 发散.

11.1.2 级数的基本性质

(1) 若 $\sum\limits_{n=1}^{\infty} a_n$ 收敛,则 $\lim\limits_{n \to \infty} a_n = 0$.

(2) 若 $\sum\limits_{n=1}^{\infty} a_n = A$,$\sum\limits_{n=1}^{\infty} b_n = B$,则 $\sum\limits_{n=1}^{\infty} (a_n \pm b_n) = \sum\limits_{n=1}^{\infty} a_n \pm \sum\limits_{n=1}^{\infty} b_n = A \pm B$.

(3) 用非零常数乘以任一级数,其敛散性不变.

(4) 任意改变级数中有限项的值,其敛散性不变.

(5) 对收敛级数中各项任意加括号所产生的新的级数仍收敛且和不变.

11.1.3 数项级数敛散性判别法

用(A)表示级数 $\sum\limits_{n=1}^{\infty} a_n$,则有

$\lim\limits_{n\to\infty}a_n\neq 0\Rightarrow(A)$ 发散

$\lim\limits_{n\to\infty}a_n=0$
- 正项级数 $(a_n\geqslant 0)$
  - 收敛准则：$S_n\leqslant M\Leftrightarrow\sum\limits_{n=1}^{\infty}a_n$ 收敛
  - 比较判别法：$a_n\leqslant b_n$，(1) $\sum\limits_{n=1}^{\infty}b_n$ 收敛 $\Rightarrow\sum\limits_{n=1}^{\infty}a_n$ 收敛
    - (2) $\sum\limits_{n=1}^{\infty}a_n$ 发散 $\Rightarrow\sum\limits_{n=1}^{\infty}b_n$ 发散
  - 比值判别法：若 $\lim\limits_{n\to\infty}\dfrac{a_{n+1}}{a_n}=l\begin{cases}<1,(A)\ 收敛\\>1,(A)\ 发散\\=1,法则失效\end{cases}$
  - S 根值判别法：若 $\lim\limits_{n\to\infty}\sqrt[n]{a_n}=l\begin{cases}<1,(A)\ 收敛\\>1,(A)\ 发散\\=1,法则失效\end{cases}$
- (A) 为交错级数：$\sum\limits_{n=1}^{\infty}(-1)^{n-1}a_n(a_n>0,n=1,2,\cdots)$
  满足：(1) $\lim\limits_{n\to\infty}a_n=0$，(2) $a_n\geqslant a_{n+1}$，
  $n=1,2,\cdots$
  则 $\sum\limits_{n=1}^{\infty}(-1)^{n-1}a_n$ 收敛
- (A) 为任意项级数
  - 绝对收敛：若 $\sum\limits_{n=1}^{\infty}|a_n|$ 收敛 $\Rightarrow\sum\limits_{n=1}^{\infty}a_n$ 收敛
  - 条件收敛：若 $\sum\limits_{n=1}^{\infty}|a_n|$ 发散，但 $\sum\limits_{n=1}^{\infty}a_n$ 收敛
  - 用定义判别：若 $\lim\limits_{n\to\infty}S_n$ 存在，则 (A) 收敛，否则发散

11.1.4　几个常用级数的敛散性

(1) 调和级数 $\sum\limits_{n=1}^{\infty}\dfrac{1}{n}$ 是发散的.

(2) 等比级数 $\sum\limits_{n=0}^{\infty}r^n$，当 $|r|<1$ 时收敛，当 $|r|\geqslant 1$ 时发散.

(3) p - 级数 $\sum\limits_{n=1}^{\infty}\dfrac{1}{n^p}$，当 $p>1$ 时收敛，当 $p\leqslant 1$ 时，发散.

(4) 级数 $\displaystyle\sum_{n=2}^{\infty} \frac{1}{n(\ln n)^p}$,当 $p>1$ 时收敛,当 $p \leqslant 1$ 时,发散.

11.1.5　幂级数的收敛半径与收敛区间

对于幂级数,

$$\sum_{n=0}^{\infty} a_n(x-x_0)^n = a_0 + a_1(x-x_0) + a_2(x-x_0)^2$$
$$+ \cdots + a_n(x-x_0)^n + \cdots$$

$R = \lim\limits_{n\to\infty}\left|\dfrac{a_n}{a_{n+1}}\right|$（或 $R=\dfrac{1}{l}, l=\lim\limits_{n\to\infty}\left|\dfrac{a_{n+1}}{a_n}\right|$）称为该级数的收敛半径,$N(x_0,R)$ 称为收敛区间,即 $N(x_0,R)=(x_0-R, x_0+R)$.

11.1.6　幂级数的分析性质

(1) 连续性:幂级数的和函数 $S(x)$ 在收敛域上连续.

(2) 可微性:幂级数在收敛区间内可逐项微分,所得新的幂级数的收敛半径不变.

(3) 可积性:幂级数在收敛区间内可逐项积分,所得新的幂级数的收敛半径不变.

11.1.7　泰勒(Taylor)级数

若

$$f(x) = \sum_{n=0}^{\infty} a_n(x-x_0)^n \quad (x \in N(x_0,R))$$

成立,称 $f(x)$ 在 (x_0-R, x_0+R) 内能展开成幂级数;

若 $f(x)$ 在点 x_0 处有任意阶可微,则称

$$a_n = \frac{f^{(n)}(x_0)}{n!}, \quad n=0,1,2\cdots$$

为泰勒系数,由泰勒系数所构成的幂级数称为由 $f(x)$ 所导出的泰勒级数,记作

$$f(x) \sim \sum_{n=0}^{\infty} \frac{f^{(n)}(x_0)}{n!}(x-x_0)^n.$$

特别地,当 $x_0=0$ 时,称 $\displaystyle\sum_{n=0}^{\infty}\frac{f^{(n)}(0)}{n!}x^n$ 为 $f(x)$ 的麦克劳林(Maclaurin)级数.

定理(泰勒定理)　$f(x) = \displaystyle\sum_{n=0}^{\infty}\frac{f^{(n)}(x_0)}{n!}(x-x_0)$　$(x \in N(x_0,R))$ 成立的充分必要条件是,在 $f(x)$ 的泰勒公式中,余项 $R_n(x)$ 满足 $\lim\limits_{n\to\infty}R_n(x)=0$　$(x \in N(x_0,R))$.

11.1.8　常用初等函数的麦克劳林级数展开式

(1) $e^x = \sum_{n=0}^{\infty} \frac{1}{n!} x^n = 1 + x + \frac{1}{2!} x^2 + \cdots + \frac{1}{n!} x^n + \cdots$ 　　$(-\infty < x < +\infty)$.

(2) $\sin x = \sum_{n=0}^{\infty} (-1)^n \frac{1}{(2n+1)!} x^{2n+1}$

$$= x - \frac{1}{3!} x^3 + \cdots + (-1)^n \frac{1}{(2n+1)!} x^{2n+1} + \cdots \quad (-\infty < x < +\infty).$$

(3) $\cos x = \sum_{n=0}^{\infty} (-1)^n \frac{1}{(2n)!} x^{2n}$

$$= 1 - \frac{1}{2!} x^2 + \cdots + (-1)^n \frac{1}{(2n)!} x^{2n} + \cdots \quad (-\infty < x < +\infty).$$

(4) $\ln(1+x) = \sum_{n=1}^{\infty} (-1)^{n-1} \frac{1}{n} x^n$

$$= x - \frac{1}{2} x^2 + \frac{1}{3} x^3 - \cdots + (-1)^{n-1} \frac{1}{n} x^n + \cdots \quad (-1 < x \leqslant 1).$$

(5) $(1+x)^a = \sum_{n=0}^{\infty} \frac{\alpha(\alpha-1)\cdots(\alpha-n+1)}{n!} x^n$

$$= 1 + \alpha x + \frac{\alpha(\alpha-1)}{2!} x^2$$

$$+ \cdots + \frac{\alpha(\alpha-1)\cdots(\alpha-n+1)}{n!} x^n + \cdots \quad (-1 < x < 1).$$

(6) $\frac{1}{1-x} = \sum_{n=0}^{\infty} x^n = 1 + x + x^2 + \cdots + x^n + \cdots$ 　　$(-1 < x < 1)$.

11.1.9　傅里叶 (Fourier) 级数及收敛定理

设 $f(x)$ 是以 2π 为周期的周期函数,且在 $[-\pi, \pi]$ 上可积,称

$$a_n = \frac{1}{\pi} \int_{-\pi}^{\pi} f(x) \cos nx \, dx,$$
$$n = 0, 1, 2, \cdots$$
$$b_n = \frac{1}{\pi} \int_{-\pi}^{\pi} f(x) \sin nx \, dx,$$

为 $f(x)$ 的傅里叶系数,称由 a_n, b_n 为系数所构成的三角级数

$$\frac{a_0}{2} + \sum_{n=1}^{\infty} (a_n \cos nx + b_n \sin nx)$$

为 $f(x)$ 所导出的傅里叶级数,记作

$$f(x) \sim \frac{a_0}{2} + \sum_{n=1}^{\infty} (a_n \cos nx + b_n \sin nx).$$

收敛定理(狄里克莱(Dirichlet)充分条件)　设 $f(x)$ 是以 2π 为周期的周期函数,且满足:

(1) 在同一周期内连续或至多有有限个第一类间断点;

(2) 在同一周期内至多有有限个极值点,

则 $f(x)$ 的傅里叶级数在 $\mathbf{R}$ 上处处收敛,且

$$\frac{a_0}{2} + \sum_{n=1}^{\infty}(a_n\cos nx + b_n\sin nx) = \frac{f(x^+) + f(x^-)}{2} \qquad (x \in \mathbf{R}).$$

11.1.10　正弦级数与余弦级数

当 $f(x)$ 为奇函数时,$a_n = 0$　$(n = 0,1,2,\cdots)$,则称

$$\sum_{n=1}^{\infty} b_n\sin nx \quad \left(b_n = \frac{2}{\pi}\int_0^{\pi} f(x)\sin nx\,\mathrm{d}x \quad (n = 1,2,\cdots)\right)$$

为 $f(x)$ 的正弦级数;

当 $f(x)$ 为偶函数时,$b_n = 0$　$(n = 1,2,\cdots)$,则称

$$\frac{a_0}{2} + \sum_{n=1}^{\infty} a_n\cos nx \quad \left(a_n = \frac{2}{\pi}\int_0^{\pi} f(x)\cos nx\,\mathrm{d}x \quad (n = 0,1,2,\cdots)\right)$$

为 $f(x)$ 的余弦级数.

若给出 $f(x)$ 在 $[0,\pi]$ 上的表达式,并指定将 $f(x)$ 展开为正弦(余弦)级数,则先在 $[-\pi,\pi]$ 上作奇延拓(偶延拓),再作周期延拓,然后计算 $f(x)$ 的傅里叶系数,即可得 $f(x)$ 的正弦(余弦)级数.

11.2　解　题　指　导

11.2.1　用定义和性质讨论级数的敛散性

例1　判别下列级数的敛散性,若收敛,则求其和.

(1) $\displaystyle\sum_{n=1}^{\infty} \frac{\sqrt{n+1} - \sqrt{n}}{\sqrt{n^2 + n}}$;　　(2) $\displaystyle\sum_{n=1}^{\infty} \frac{1}{(5n-4)(5n+1)}$.

分析　依定义,用部分和的极限判定.

解　(1) 因为　$a_n = \dfrac{\sqrt{n+1} - \sqrt{n}}{\sqrt{n^2 + n}} = \dfrac{\sqrt{n+1} - \sqrt{n}}{\sqrt{n}\sqrt{n+1}} = \dfrac{1}{\sqrt{n}} - \dfrac{1}{\sqrt{n+1}}$,

所以　$S_n = \left(1 - \dfrac{1}{\sqrt{2}}\right) + \left(\dfrac{1}{\sqrt{2}} - \dfrac{1}{\sqrt{3}}\right) + \cdots + \left(\dfrac{1}{\sqrt{n}} - \dfrac{1}{\sqrt{n+1}}\right) = 1 - \dfrac{1}{\sqrt{n+1}}$,

从而　$S = \lim\limits_{n\to\infty} S_n = \lim\limits_{n\to\infty}\left(1 - \dfrac{1}{\sqrt{n+1}}\right) = 1$,

故该级数收敛,其和为 1.

(2) 因为　$S_n = \sum\limits_{k=1}^{n} \dfrac{1}{(5k-4)(5k+1)} = \dfrac{1}{5} \sum\limits_{k=1}^{n} \left(\dfrac{1}{5k-4} - \dfrac{1}{5k+1} \right)$

$$= \dfrac{1}{5} \left[\left(1 - \dfrac{1}{6} \right) + \left(\dfrac{1}{6} - \dfrac{1}{11} \right) + \cdots + \left(\dfrac{1}{5n-4} - \dfrac{1}{5n+1} \right) \right]$$

$$= \dfrac{1}{5} \left(1 - \dfrac{1}{5n+1} \right),$$

所以　　　　　　　$S = \lim\limits_{n \to \infty} S_n = \lim\limits_{n \to \infty} \dfrac{1}{5} \left(1 - \dfrac{1}{5n+1} \right) = \dfrac{1}{5},$

故该级数收敛,其和为 1/5.

例 2　讨论下列级数的敛散性.

(1) $\sum\limits_{n=1}^{\infty} \sqrt{\dfrac{n+1}{n}}$;　　　(2) $\sum\limits_{n=1}^{\infty} \left(\dfrac{1}{2+n^2} \right)^{\frac{1}{n}}$;

(3) $\dfrac{1}{2} + \dfrac{1}{7} + \dfrac{1}{2^2} + \dfrac{1}{2 \times 7} + \cdots + \dfrac{1}{2^n} + \dfrac{1}{7n} + \cdots$

分析　利用级数收敛的必要条件 $\lim\limits_{n \to \infty} a_n = 0$ 进行讨论.

解　(1) 因为 $\lim\limits_{n \to \infty} a_n = \lim\limits_{n \to \infty} \sqrt{\dfrac{n+1}{n}} = \lim\limits_{n \to \infty} \sqrt{1 + \dfrac{1}{n}} = 1 \neq 0,$

所以原级数发散.

(2) 方法与上题相同. 为了求极限 $\lim\limits_{n \to \infty} a_n$,令 $f(x) = \left(\dfrac{1}{2+x^2} \right)^{\frac{1}{x}}$,取对数后,有

$$\lim\limits_{x \to \infty} \ln f(x) = \lim\limits_{x \to \infty} - \dfrac{\ln(2+x^2)}{x} = \lim\limits_{n \to \infty} - \dfrac{\dfrac{2x}{2+x^2}}{1} = 0,$$

所以　　　　　　　$\lim\limits_{x \to \infty} f(x) = \mathrm{e}^0 = 1,$

从而　　　　　　　$\lim\limits_{n \to \infty} a_n = \lim\limits_{n \to \infty} \left(\dfrac{1}{2+n^2} \right)^{\frac{1}{n}} = 1 \neq 0,$

故原级数发散.

(3) 利用发散级数去掉括号后仍发散的性质来讨论.

考虑级数

$$\left(\dfrac{1}{2} + \dfrac{1}{7} \right) + \left(\dfrac{1}{2^2} + \dfrac{1}{2 \times 7} \right) + \cdots + \left(\dfrac{1}{2^n} + \dfrac{1}{7n} \right) + \cdots$$

因为调和级数 $\sum\limits_{n=1}^{\infty} \dfrac{1}{n}$ 发散,所以 $\sum\limits_{n=1}^{\infty} \dfrac{1}{7} \cdot \dfrac{1}{n}$ 也发散,故级数

$$\left(\dfrac{1}{2} + \dfrac{1}{7} \right) + \left(\dfrac{1}{2^2} + \dfrac{1}{2 \times 7} \right) + \cdots + \left(\dfrac{1}{2^n} + \dfrac{1}{7n} \right) + \cdots$$

发散,去掉括号后知原级数发散.

例 3 设 $\lim\limits_{n\to\infty}a_n=+\infty$，证明：$\sum\limits_{n=1}^{\infty}(a_{n+1}-a_n)$ 发散，而 $\sum\limits_{n=1}^{\infty}\left(\dfrac{1}{a_n}-\dfrac{1}{a_{n+1}}\right)=\dfrac{1}{a_1}$.

证 因为 $\sum\limits_{n=1}^{\infty}(a_{n+1}-a_n)$ 的部分和为

$$S_n=\sum_{k=1}^{n}(a_{k+1}-a_k)=a_{n+1}-a_1,$$

又因为 $\lim\limits_{n\to\infty}a_n=+\infty$，所以 $\lim\limits_{n\to\infty}S_n=+\infty$，故级数 $\sum\limits_{n=1}^{\infty}(a_{n+1}-a_n)$ 发散.

而级数 $\sum\limits_{n=1}^{\infty}\left(\dfrac{1}{a_n}-\dfrac{1}{a_{n+1}}\right)$ 的部分和

$$S_n=\sum_{k=1}^{\infty}\left(\frac{1}{a_k}-\frac{1}{a_{k+1}}\right)=\frac{1}{a_1}-\frac{1}{a_{n+1}}\to\frac{1}{a_1}\quad(n\to\infty),$$

所以
$$\sum_{n=1}^{\infty}\left(\frac{1}{a_n}-\frac{1}{a_{n+1}}\right)=\frac{1}{a_1}.$$

11.2.2 　正项级数的判别法

例 4 判定下列级数的敛散性：

(1) $\displaystyle\sum_{n=1}^{\infty}\frac{1}{a^2+\sqrt{n^3}}$;　　(2) $\displaystyle\sum_{n=1}^{\infty}\frac{1}{\sqrt{1+n^2}}$;

(3) $\displaystyle\sum_{n=2}^{\infty}\frac{1}{(\ln n)^n}$;　　　(4) $\displaystyle\sum_{n=1}^{\infty}\frac{1}{n^{\ln n}}$　（习题 11.1,4(5)）;

(5) $\displaystyle\sum_{n=1}^{\infty}\left(1-\cos\frac{\pi}{n}\right)$;(6) $\displaystyle\sum_{n=1}^{\infty}\frac{\sqrt{a_n}}{n}$　$\left(\sum\limits_{n=1}^{\infty}a_n\right.$ 收敛,且 $a_n\geqslant0\big)$. （习题 11.1,9）

解 (1) 用比较判别法.

因为 $\dfrac{1}{a^2+\sqrt{n^3}}<\dfrac{1}{n^{\frac{3}{2}}}$，而正项级数 $\sum\limits_{n=1}^{\infty}\dfrac{1}{n^{\frac{3}{2}}}\left(p=\dfrac{3}{2}>1\right)$ 收敛，所以，由比较判别法知原级数收敛.

(2) 用比较判别法.

因为 $\dfrac{1}{\sqrt{1+n^2}}>\dfrac{1}{1+n}$，而正项级数 $\sum\limits_{n=1}^{\infty}\dfrac{1}{1+n}$ （调和级数）发散，所以，由比较判别法知原级数发散.

(3) 用比较判别法.

因为 $n>\mathrm{e}^2$ 时，$\ln n>2$，$(\ln n)^n>2^n$，即 $\dfrac{1}{(\ln n)^n}<\dfrac{1}{2^n}$，而正项级数 $\sum\limits_{n=2}^{\infty}\dfrac{1}{2^n}$（几何级数）收敛，所以，由比较判别法知原级数收敛.

或用根值判别法.

因为 $\lim\limits_{n\to\infty}\sqrt[n]{\dfrac{1}{(\ln n)^n}}=\lim\limits_{n\to\infty}\dfrac{1}{\ln n}=0<1$,所以,由根值判别法知原级数收敛.

（4）用比较判别法.

因为当 $n>\mathrm{e}^2$ 时,$\ln n>2$,$n^{\ln n}>n^2$,即 $\dfrac{1}{n^{\ln n}}<\dfrac{1}{n^2}$,而正项级数 $\sum\limits_{n=1}^{\infty}\dfrac{1}{n^2}(p=2>1)$ 收敛,所以,由比较判别法知原级数收敛.

（5）用比较判别法.

因为 $0\leqslant 1-\cos\dfrac{\pi}{n}=2\sin^2\dfrac{\pi}{2n}\leqslant 2\left(\dfrac{\pi}{2n}\right)^2=\dfrac{\pi^2}{2}\cdot\dfrac{1}{n^2}$,而 $\sum\limits_{n=1}^{\infty}\dfrac{1}{n^2}$ 收敛,所以,由比较判别法知原级数收敛.

或用极限判别法.

因为 当 $x\to 0$ 时,$1-\cos x\sim\dfrac{1}{2}x^2$,所以,当 $n\to\infty$ 时,$1-\cos\dfrac{\pi}{n}\sim\dfrac{1}{2}\left(\dfrac{\pi}{n}\right)^2$. 若记 $b_n=\dfrac{\pi^2}{2}\cdot\dfrac{1}{n^2}$,则

$$\lim_{n\to\infty}\frac{a_n}{b_n}=\lim_{n\to\infty}\frac{1-\cos\dfrac{\pi}{n}}{\dfrac{\pi^2}{2}\dfrac{1}{n^2}}=1.$$

由于 $\sum\limits_{n=1}^{\infty}b_n$ 收敛,故由极限判别法知原级数收敛.

（6）用比较判别法.

因为 $0<\dfrac{\sqrt{a_n}}{n}=\dfrac{1}{n}\cdot\sqrt{a_n}\leqslant\dfrac{1}{2}\left(a_n+\dfrac{1}{n^2}\right)<a_n+\dfrac{1}{n^2}$（此处用到不等式:$2\,ab\,|\leqslant$ (a^2+b^2),而 $\sum\limits_{n=1}^{\infty}a_n$,$\sum\limits_{n=1}^{\infty}\dfrac{1}{n^2}$ 均收敛,所以 $\sum\limits_{n=1}^{\infty}\left(a_n+\dfrac{1}{n^2}\right)$ 收敛,故由比较判别法知原级数收敛.

例5 判定下列级数的敛散性.

（1）$\sum\limits_{n=1}^{\infty}n^2\sin\dfrac{\pi}{2^n}$;　　　　（2）$\sum\limits_{n=1}^{\infty}\left(\dfrac{n}{3n-1}\right)^{2n-1}$;

（3）$\sum\limits_{n=1}^{\infty}\dfrac{2^n+1}{n!}$;　　　　（4）$\sum\limits_{n=1}^{\infty}\dfrac{(n!)^2}{(2n)!}$;

（5）$r+r^2+3r^3+r^4+5r^5+r^6+7r^7+r^8+\cdots$　　（$r>0$）;

（6）$\sum\limits_{n=1}^{\infty}\left(\dfrac{b}{a_n}\right)^n$,其中$\lim\limits_{n\to\infty}a_n=a$;$a_n,b,a>0$,且 $a\neq b$.

解 （1）用比值判别法.因为

$$\lim_{n \to \infty} \frac{a_{n+1}}{a_n} = \lim_{n \to \infty} \frac{(n+1)^2 \sin \frac{\pi}{2^{n+1}}}{n^2 \sin \frac{\pi}{2^n}}$$

$$= \lim_{n \to \infty} \frac{(n+1)^2}{n^2} \cdot \lim_{n \to \infty} \frac{\sin \frac{\pi}{2^{n+1}}}{\frac{\pi}{2^{n+1}}} \cdot \lim_{n \to \infty} \frac{\frac{\pi}{2^n}}{\sin \frac{\pi}{2^n}} \cdot \lim_{n \to \infty} \frac{\frac{\pi}{2^{n+1}}}{\frac{\pi}{2^n}} = \frac{1}{2} < 1,$$

所以,由比值判别法知原级数收敛.

（2）用根值判别法. 因为

$$\lim_{n \to \infty} \sqrt[n]{a_n} = \lim_{n \to \infty} \sqrt[n]{\left(\frac{n}{3n-1}\right)^{2n-1}} = \lim_{n \to \infty} \left(\frac{n}{3n-1}\right)^{\frac{2n-1}{n}} = \left(\frac{1}{3}\right)^2 = \frac{1}{9} < 1,$$

所以,由根值判别法知原级数收敛.

（3）用比值判别法. 因为

$$\lim_{n \to \infty} \frac{a_{n+1}}{a_n} = \lim_{n \to \infty} \frac{2^{n+1}+1}{(n+1)!} \cdot \frac{n!}{2^n+1} = \lim_{n \to \infty} \frac{1}{n+1} \cdot \frac{2+2^{-n}}{1+2^{-n}} = 0 < 1,$$

所以,由比值判别法知原级数收敛.

（4）用比值判别法. 因为

$$\lim_{n \to \infty} \frac{a_{n+1}}{a_n} = \lim_{n \to \infty} \frac{[(n+1)!]^2}{(2n+2)!} \cdot \frac{(2n)!}{(n!)^2} = \lim_{n \to \infty} \frac{n+1}{2(2n+1)} = \frac{1}{4} < 1,$$

所以,由比值判别法知原级数收敛.

（5）用根值判别法. 因为

$$\sqrt[n]{a_n} = \begin{cases} r & (n \text{ 为偶数}), \\ r\sqrt[n]{n} & (n \text{ 为奇数}), \end{cases}$$

所以

$$\lim_{n \to \infty} \sqrt[n]{a_n} = r.$$

由根值判别法知,当 $0 < r < 1$ 时,原级数收敛,当 $r \geqslant 1$ 时,原级数发散.

（6）用根值判别法. 因为

$$\lim_{n \to \infty} \sqrt[n]{\left(\frac{b}{a_n}\right)^n} = \lim_{n \to \infty} \frac{b}{a_n} = \frac{b}{a},$$

所以,由根值判别法知,当 $a > b$ 时,$\frac{b}{a} < 1$,原级数收敛,当 $a < b$ 时,$\frac{b}{a} > 1$,原级数发散.

例6 证明:若正项级数 $\sum_{n=1}^{\infty} a_n$ 收敛,则级数 $\sum_{n=1}^{\infty} a_n^2$ 也收敛.

证 用正项级数收敛准则证之.

因为 $\sum_{n=1}^{\infty} a_n$ 收敛,所以 $\lim_{n \to \infty} a_n = 0$,则 $\exists$ 自然数 N,当 $n > N$ 时,有 $a_n < 1$,从而

$a_n^2 < a_n < 1$,因此

$$S_n = \sum_{k=1}^{n} a_k^2 < \sum_{k=1}^{n} a_k < S \quad \left(S = \sum_{n=1}^{\infty} a_n \right),$$

这表明,$\sum_{n=1}^{\infty} a_n^2$ 的部分和数列 $\{S_n\}$ 有上界,故由级数收敛准则知级数 $\sum_{n=1}^{\infty} a_n^2$ 收敛.

例 7　研究级数 $\sum_{n=1}^{\infty} n^\alpha \beta^n$ 的敛散性,其中,α 为任意实数,β 为非负实数.

解　用比值判别法讨论. 因为

$$\lim_{n \to \infty} \frac{a_{n+1}}{a_n} = \lim_{n \to \infty} \frac{(n+1)^\alpha \beta^{n+1}}{n^\alpha \beta^n} = \lim_{n \to \infty} \left(1 + \frac{1}{n} \right)^\alpha \cdot \beta = \beta,$$

所以,由比值判别法知,对于任意实数 α,当 $0 \leqslant \beta < 1$ 时,$\sum_{n=1}^{\infty} n^\alpha \beta^n$ 收敛;当 $\beta > 1$ 时,

$\sum_{n=1}^{\infty} n^\alpha \beta^n$ 发散.

注意:当 $\beta = 1$ 时,比值判别法失效. 这时,$a_n = n^\alpha = \dfrac{1}{n^{-\alpha}}$,则 $\sum_{n=1}^{\infty} a_n = \sum_{n=1}^{\infty} \dfrac{1}{n^{-\alpha}}$ 为 p- 级数,故由 p- 级数的敛散性知,当 $\alpha < -1$ 时,原级数收敛;当 $\alpha \geqslant -1$ 时,原级数发散.

综合上述,当 $0 \leqslant \beta < 1$,α 为任意实数时,原级数收敛;当 $\beta > 1$,α 为任意实数时,原级数发散;当 $\beta = 1$,$\alpha < -1$ 时,原级数收敛;当 $\beta = 1$,$\alpha \geqslant -1$ 时,原级数发散.

11.2.3　任意项级数的判别法

例 8　讨论下列级数的敛散性.

(1) $\sum_{n=1}^{\infty} \dfrac{(-1)^{n-1}}{2n-1}$;　　　　(2) $\sum_{n=1}^{\infty} (-1)^n \dfrac{\sqrt{n}}{n+100}$;

(3) $\sum_{n=2}^{\infty} \sin \left(n\pi + \dfrac{1}{\ln n} \right)$.

解　(1) 用莱布尼兹判别法.

因为 $(-1)^{n-1} a_n = \dfrac{(-1)^{n-1}}{2n-1}$,所以级数 $\sum_{n=1}^{\infty} \dfrac{(-1)^{n-1}}{2n-1}$ 为交错级数.

易知(i)　$a_n = \dfrac{1}{2n-1} > a_{n+1} = \dfrac{1}{2(n+1)-1}$,

（ ii ）　$\lim_{n \to \infty} a_n = \lim_{n \to \infty} \dfrac{1}{2n-1} = 0$,

故由莱布尼兹判别法知原级数收敛.

(2) 用莱布尼兹判别法.

显然级数 $\sum\limits_{n=1}^{\infty}(-1)^n\dfrac{\sqrt{n}}{n+100}$ 为交错级数,且

(ⅰ) $\lim\limits_{n\to\infty}a_n=\lim\limits_{n\to\infty}\dfrac{\sqrt{n}}{n+100}=0$;

(ⅱ) 下证 $\{a_n\}$ 为单调递减,即 $a_n\geqslant a_{n+1}$.

为了验证 $\{a_n\}$ 的单调递减性,通常是将 a_n 转化为相应的函数 $f(x)$ 去讨论,即令 $f(n)=a_n$,利用 $f'(x)<0$ 判定 $f(x)$ 单调递减,从而得到 $\{a_n\}$ 单调递减性.

令 $f(x)=\dfrac{\sqrt{x}}{x+100}$ $(x>0)$,因为

$$f'(x)=\dfrac{100-x}{2\sqrt{x}(x+100)^2},$$

所以,当 $x>100$ 时,$f'(x)<0$,即当 $n>100$ 时,$a_n\geqslant a_{n+1}$,故由莱布尼兹判别法知原级数收敛.

(3) 用莱布尼兹判别法. 因为

$$\sin\left(n\pi+\dfrac{1}{\ln n}\right)=(-1)^n\sin\dfrac{1}{\ln n},$$

当 $n>2$ 时,$0<\dfrac{1}{\ln n}<1<\dfrac{\pi}{2}$,$\sin\dfrac{1}{\ln n}>0$,所以可将该级数视为交错级数.

显然(ⅰ) $\lim\limits_{n\to\infty}a_n=\lim\limits_{n\to\infty}\sin\dfrac{1}{\ln n}=0$,

(ⅱ) 下证 $a_n\geqslant a_{n+1}$,为此,令

$$f(x)=\sin\dfrac{1}{\ln x} \qquad (x\geqslant 3),$$

因为 $$f'(x)=\left(\cos\dfrac{1}{\ln x}\right)\left(-\dfrac{1}{\ln^2 x}\right)\dfrac{1}{x}<0,$$

所以 $f(x)$ 为单调递减,从而 $a_n\geqslant a_{n+1}(n>3)$,故由莱布尼兹判别法知原级数收敛.

例 9 判定下列级数的收敛性,如果收敛,判断是绝对收敛还是条件收敛.

(1) $\sum\limits_{n=1}^{\infty}(-1)^{n-1}\dfrac{1}{\sqrt{2n-1}}$; (2) $\sum\limits_{n=1}^{\infty}(-1)^{\frac{n(n-1)}{2}}\left(\dfrac{n}{2n-1}\right)^n$;

(3) $\sum\limits_{n=1}^{\infty}(-1)^{n-1}(\sqrt{n+1}-\sqrt{n})$; (4) $\sum\limits_{n=1}^{\infty}\dfrac{n!\,2^n\sin\dfrac{n\pi}{5}}{n^n}$.

解 (1) 因为 $\sum\limits_{n=1}^{\infty}|a_n|=\sum\limits_{n=1}^{\infty}\dfrac{1}{\sqrt{2n-1}}$,而

$$\lim_{n\to\infty}\dfrac{\dfrac{1}{\sqrt{2n-1}}}{\dfrac{1}{\sqrt{n}}}=\lim_{n\to\infty}\dfrac{\sqrt{n}}{\sqrt{2n-1}}=\dfrac{1}{\sqrt{2}},$$

由于级数 $\sum\limits_{n=1}^{\infty} b_n = \sum\limits_{n=1}^{\infty} \dfrac{1}{n^{\frac{1}{2}}}\left(p=\dfrac{1}{2}<1\right)$ 发散,所以,由比较判别法的极限形式知,

$\sum\limits_{n=1}^{\infty} |a_n|$ 发散,故原级数非绝对收敛.

但是,由于 $\lim\limits_{n\to\infty} \dfrac{1}{\sqrt{2n-1}}=0,\dfrac{1}{\sqrt{2n-1}}>\dfrac{1}{\sqrt{2(n+1)-1}}$,所以,根据莱布尼兹判

别法知,交错级数 $\sum\limits_{n=1}^{\infty} (-1)^{n-1}\dfrac{1}{\sqrt{2n-1}}$ 收敛,故原级数为条件收敛.

(2) 因为 $\sum\limits_{n=1}^{\infty} |a_n| = \sum\limits_{n=1}^{\infty} \left(\dfrac{n}{2n-1}\right)^n$,而 $\lim\limits_{n\to\infty} \sqrt[n]{|a_n|} = \lim\limits_{n\to\infty}\dfrac{n}{2n-1}=\dfrac{1}{2}<1$,

所以,由根值判别法知,$\sum\limits_{n=1}^{\infty} |a_n|$ 收敛,故原级数绝对收敛.

(3) 因为 $\sum\limits_{n=1}^{\infty} |a_n| = \sum\limits_{n=1}^{\infty} (\sqrt{n+1}-\sqrt{n})$,而

$$\lim_{n\to\infty}\dfrac{\sqrt{n+1}-\sqrt{n}}{\dfrac{1}{n}} = \lim_{n\to\infty}\dfrac{n}{\sqrt{n+1}+\sqrt{n}}=\infty,$$

由于调和级数 $\sum\limits_{n=1}^{\infty} \dfrac{1}{n}$ 发散,所以,由比较判别法的极限形式知,$\sum\limits_{n=1}^{\infty} |a_n|$ 发散,故原级数非绝对收敛.

但是,对于交错级数 $\sum\limits_{n=1}^{\infty} (-1)^{n-1}(\sqrt{n+1}-\sqrt{n})$,由于(i) $\lim\limits_{n\to\infty}(\sqrt{n+1}-\sqrt{n})=$

$\lim\limits_{n\to\infty}\dfrac{1}{\sqrt{n+1}+\sqrt{n}}=0,$(ii)为了验证 a_n 单调递减,令 $f(x)=\sqrt{x+1}-\sqrt{x}\ (x>0)$,

由于 $f'(x)=\dfrac{1}{2}\left(\dfrac{1}{\sqrt{x+1}}-\dfrac{1}{\sqrt{x}}\right)<0$,所以 $f(x)$ 单调递减,即有 $a_n\geqslant a_{n+1}$,故由莱布尼兹判别法知,$\sum\limits_{n=1}^{\infty} (-1)^{n-1}(\sqrt{n+1}-\sqrt{n})$ 收敛,从而原级数为条件收敛.

(4) 因为 $|a_n| = \left|\dfrac{n!\,2^n\sin\dfrac{n\pi}{5}}{n^n}\right| \leqslant \dfrac{n!\,2^n}{n^n}=b_n$,而

$$\lim_{n\to\infty}\dfrac{b_{n+1}}{b_n} = \lim_{n\to\infty}\dfrac{(n+1)!\,2^{n+1}}{(n+1)^{n+1}}\cdot\dfrac{n^n}{n!\,2^n} = \lim_{n\to\infty}\dfrac{2}{\left(1+\dfrac{1}{n}\right)^n}=\dfrac{2}{e}<1,$$

故由比值判别法知,$\sum\limits_{n=1}^{\infty} b_n$ 收敛,从而由比较判别法知,$\sum\limits_{n=1}^{\infty} |a_n|$ 收敛,所以原级数绝对收敛.

11.2.4　求幂级数的收敛半径和收敛域

例 10　求下列幂级数的收敛半径与收敛区间.

(1) $\displaystyle\sum_{n=1}^{\infty} \frac{1}{n!}\left(\frac{n}{e}\right)^n x^n$;　　　　(2) $\displaystyle\sum_{n=1}^{\infty} \frac{1}{(2n-1)}\left(\frac{x-2}{2}\right)^n$;

(3) $\displaystyle\sum_{n=0}^{\infty} \frac{2n-1}{2^n} x^{2n-2}$;　　　　(4) $\displaystyle\sum_{n=1}^{\infty} \frac{1}{3^n+n^2} x^{2n+1}$.

解　(1) 因为　　$l = \lim\limits_{n\to\infty}\left|\dfrac{a_{n+1}}{a_n}\right| = \lim\limits_{n\to\infty} \dfrac{(n+1)^{n+1}}{e^{n+1}(n+1)!} \dfrac{e^n n!}{n^n}$

$$= \lim\limits_{n\to\infty} \frac{1}{e}\left(1+\frac{1}{n}\right)^n = 1,$$

所以,该幂级数的收敛半径 $R=1$,收敛区间为 $(-1,1)$.

注　幂级数的收敛区间不考虑区间端点的敛散性,而幂级数的收敛域要考虑区间端点的敛散性,即收敛区间与收敛域是两个概念.

(2) 因为　　$l = \lim\limits_{n\to\infty}\left|\dfrac{a_{n+1}}{a_n}\right| = \lim\limits_{n\to\infty} \dfrac{(2n-1)2^n}{(2n+1)2^{n+1}} = \dfrac{1}{2}$,

所以,该幂级数的收敛半径 $R=2$,因 $|x-2|<2$,即 $0<x<4$,故收敛区间为 $(0,4)$.

(3) 本题缺少 x 的奇数次幂,故不能直接用收敛半径的计算公式来求收敛半径. 由比值判别法.

$$\lim\limits_{n\to\infty}\left|\frac{u_{n+1}(x)}{u_n(x)}\right| = \lim\limits_{n\to\infty} \frac{(2n+1)|x|^{2n}}{2^{n+1}} \cdot \frac{2^n}{(2n-1)|x|^{2n-2}} = \frac{1}{2}|x|^2,$$

所以,当 $|x|<\sqrt{2}$ 时,幂级数绝对收敛,该幂级数的收敛半径 $R=\sqrt{2}$,收敛区间为 $(-\sqrt{2},\sqrt{2})$.

(4) 本题与(3)类似缺少 x 的偶数次幂.

解一　用比值判别法. 因为

$$\lim\limits_{n\to\infty}\left|\frac{u_{n+1}(x)}{u_n(x)}\right| = \lim\limits_{n\to\infty} \frac{|x|^{2n+3}}{3^{n+1}+(n+1)^2} \cdot \frac{3^n+n^2}{|x|^{2n+1}}$$

$$= \lim\limits_{n\to\infty} |x|^2 \frac{1+\dfrac{n^2}{3^n}}{3+\dfrac{(n+1)^2}{3^n}} = \frac{1}{3}|x|^2,$$

所以,当 $|x|<\sqrt{3}$ 时,幂级数绝对收敛,该幂级数的收敛半径 $R=\sqrt{3}$,收敛区间为 $(-\sqrt{3},\sqrt{3})$.

解二　作变量代换 $y=x^2$,则原级数化为 $\displaystyle\sum_{n=1}^{\infty} \frac{x}{3^n+n^2} \cdot y^n$,因为

$$l = \lim_{n \to \infty} \left| \frac{a_{n+1}}{a_n} \right| = \lim_{n \to \infty} \frac{|x|}{3^{n+1} + (n+1)^2} \cdot \frac{3^n + n^2}{|x|} = \frac{1}{3},$$

所以 $\sum_{n=1}^{\infty} \frac{x}{3^n + n^2} \cdot y^n$ 的收敛半径 $R_1 = 3$，则原幂级数的收敛半径 $R = \sqrt{3}$，收敛区间为 $(-\sqrt{3}, \sqrt{3})$.

例 11 求下列幂级数的收敛域.

(1) $\sum_{n=1}^{\infty} \frac{1}{\sqrt{n}} (x-5)^n$; 　　　　(2) $\sum_{n=1}^{\infty} (-1)^n \frac{x^{2n+1}}{2n+1}$;

(3) $\sum_{n=1}^{\infty} 2^n (x+1)^{2n}$.

解 (1) 因为 $l = \lim_{n \to \infty} \left| \frac{a_{n+1}}{a_n} \right| = \lim_{n \to \infty} \frac{\sqrt{n}}{\sqrt{n+1}} = 1$,

所以, $\sum_{n=1}^{\infty} \frac{1}{\sqrt{n}} (x-5)^n$ 的收敛半径 $R = 1$, 收敛区间为 $|x-5| < 1$, 即 $4 < x < 6$.

又当 $x = 4$ 时, 原级数化为 $\sum_{n=1}^{\infty} (-1)^n \frac{1}{\sqrt{n}}$, 由莱布尼兹判别法易知, 它是收敛的;

当 $x = 6$ 时, 原级数化为 $\sum_{n=1}^{\infty} \frac{1}{\sqrt{n}}$, 显然发散, 故原幂级数的收敛域为 $[4, 6)$.

(2) 本题缺 x 的偶数次幂, 用比值判别法求收敛半径. 因为

$$\lim_{n \to \infty} \left| \frac{u_{n+1}(x)}{u_n(x)} \right| = \lim_{n \to \infty} \frac{|x|^{2n+3}}{2n+3} \cdot \frac{2n+1}{|x|^{2n+1}} = |x|^2,$$

由比值判别法知, 当 $|x| < 1$ 时, 原幂级数绝对收敛, 当 $|x| > 1$ 时, 原幂级数发散, 所以, 幂级数的收敛半径 $R = 1$, 收敛区间为 $(-1, 1)$.

当 $x = 1$ 时, 级数 $\sum_{n=1}^{\infty} \frac{(-1)^n}{2n+1}$ 显然收敛 (交错级数); 当 $x = -1$ 时, 级数 $\sum_{n=1}^{\infty} (-1)^n \cdot \frac{(-1)^{2n+1}}{2n+1} = \sum_{n=1}^{\infty} \frac{(-1)^{n+1}}{2n+1}$ 也收敛, 故原幂级数的收敛域为 $[-1, 1]$.

(3) 本题缺 $x+1$ 的奇数次幂, 用比值判别法求收敛半径. 因为

$$\lim_{n \to \infty} \left| \frac{u_{n+1}(x)}{u_n(x)} \right| = \lim_{n \to \infty} \frac{2^{n+1} |x+1|^{2n+2}}{2^n |x+1|^{2n}} = 2 |x+1|^2,$$

由比值判别法知, 当 $2 |x+1|^2 < 1$ 时, 幂级数绝对收敛, 当 $2 |x+1|^2 > 1$ 时, 幂级数发散, 故幂级数的收敛半径 $R = \frac{\sqrt{2}}{2}$, 收敛区间为 $\left(-1 - \frac{\sqrt{2}}{2}, -1 + \frac{\sqrt{2}}{2} \right)$.

当 $x = -1 \pm \frac{\sqrt{2}}{2}$ 时, 级数 $\sum_{n=1}^{\infty} 2^n \left(-1 \pm \frac{\sqrt{2}}{2} + 1 \right)^{2n} = \sum_{n=1}^{\infty} 1$, 显然发散, 所以

$\sum\limits_{n=1}^{\infty} 2^n (x+1)^{2n}$ 的收敛域为 $\left(-1-\dfrac{\sqrt{2}}{2}, -1+\dfrac{\sqrt{2}}{2}\right)$.

11.2.5 函数展开成幂级数

例12 求下列函数的麦克劳林级数.

(1) e^{x^2};　　(2) $\sin^2 x$;　　(3) $\ln(a+x)$ $(a>0)$;　　(4) $\dfrac{x}{1+x-2x^2}$.

解 本例中的函数可直接或变形后利用基本初等函数的展开式展开成幂级数.

(1) 因为 $e^t = \sum\limits_{n=0}^{\infty} \dfrac{t^n}{n!}$ $(t \in (-\infty, +\infty))$,令 $t = x^2$,则有

$$e^{x^2} = \sum_{n=0}^{\infty} \frac{1}{n!} x^{2n} \quad (x \in (-\infty, +\infty)).$$

(2) 因为 $\sin^2 x = \dfrac{1}{2}(1-\cos 2x)$,而

$$\cos x = \sum_{n=0}^{\infty} (-1)^n \frac{x^{2n}}{(2n)!} \quad (x \in (-\infty, +\infty)),$$

所以

$$\sin^2 x = \frac{1}{2}(1-\cos 2x) = \frac{1}{2} - \frac{1}{2} \sum_{n=0}^{\infty} (-1)^n \frac{1}{(2n)!} (2x)^{2n}$$

$$= \frac{1}{2} + \sum_{n=0}^{\infty} (-1)^{n+1} \frac{2^{2n-1}}{(2n)!} x^{2n} \quad (x \in (-\infty, +\infty)).$$

(3) $\ln(a+x) = \ln a \left(1+\dfrac{x}{a}\right) = \ln a + \ln\left(1+\dfrac{x}{a}\right)$

$$= \ln a + \sum_{n=1}^{\infty} (-1)^{n-1} \frac{1}{n} \left(\frac{x}{a}\right)^n$$

$$= \ln a + \sum_{n=1}^{\infty} (-1)^{n-1} \frac{1}{na^n} x^n \quad (-a < x \leqslant a).$$

(4) 因为 $\dfrac{1}{1-x} = \sum\limits_{n=0}^{\infty} x^n$ $(-1 < x < 1)$,

$$\frac{1}{1+x} = \sum_{n=0}^{\infty} (-1)^n x^n \quad (-1 < x < 1),$$

所以 $\dfrac{x}{1+x-2x^2} = \dfrac{1}{3}\left(\dfrac{1}{1-x} - \dfrac{1}{1+2x}\right) = \dfrac{1}{3}\left[\sum\limits_{n=0}^{\infty} x^n - \sum\limits_{n=0}^{\infty} (-1)^n (2x)^n\right]$

$$= \frac{1}{3} \sum_{n=0}^{\infty} [1-(-1)^n 2^n] x^n \quad \left(-\frac{1}{2} < x < \frac{1}{2}\right).$$

注 因 $\sum\limits_{n=0}^{\infty} x^n$ 的收敛域为 $(-1, 1)$, $\sum\limits_{n=0}^{\infty} (-1)^n 2^n x^n$ 的收敛域为 $\left(-\dfrac{1}{2}, \dfrac{1}{2}\right)$,所以

$\sum\limits_{n=0}^{\infty} \dfrac{1}{3}\left[1-(-1)^n 2^n\right]x^n$ 的收敛域应取它们的公共部分.

例 13　将下列函数展开成幂级数.

(1) $\arctan x$;　　　　(2) $(x^2+1)\ln(1+x^2)-(x^2+1)$.

解　本例中的函数可利用对已知函数的幂级数逐项积分或逐项求导的方法来展开.

(1) 因为
$$\frac{1}{1+x}=\sum_{n=0}^{\infty}(-1)^n x^n \quad (-1<x<1),$$
$$\frac{1}{1+x^2}=\sum_{n=0}^{\infty}(-1)^n x^{2n} \quad (-1<x<1),$$

所以
$$\arctan x=\int_0^x \frac{1}{1+t^2}\mathrm{d}t=\sum_{n=0}^{\infty}(-1)^n\int_0^x t^{2n}\mathrm{d}t$$
$$=\sum_{n=0}^{\infty}(-1)^n \frac{1}{2n+1}x^{2n+1} \quad (-1<x<1).$$

(2) 记　$f(x)=(x^2+1)\ln(1+x^2)-(x^2+1)$,

因为
$$f'(x)=2x\ln(1+x^2)=2x\sum_{n=1}^{\infty}(-1)^{n-1}\frac{1}{n}x^{2n}$$
$$=\sum_{n=1}^{\infty}(-1)^{n-1}\frac{2}{n}x^{2n+1} \quad (-1<x\leqslant 1),$$

又因为　$f(0)=-1$,所以,有
$$(x^2+1)\ln(1+x^2)-(x^2+1)=f(x)=\int_0^x f'(t)\mathrm{d}t+(-1)$$
$$=-1+\int_0^x\left[\sum_{n=1}^{\infty}(-1)^{n-1}\frac{2}{n}t^{2n+1}\right]\mathrm{d}t$$
$$=-1+\sum_{n=1}^{\infty}(-1)^{n-1}\frac{2}{n}\int_0^x t^{2n+1}\mathrm{d}t$$
$$=-1+\sum_{n=1}^{\infty}(-1)^{n-1}\frac{1}{n(n+1)}x^{2(n+1)} \quad (-1<x\leqslant 1).$$

例 14　将 $\dfrac{\mathrm{d}}{\mathrm{d}x}\left(\dfrac{e^x-1}{x}\right)$ 展开成 x 的幂级数,并证明
$$\sum_{n=1}^{\infty}\frac{n}{(n+1)!}=1.$$

解　因为 $e^x=\sum\limits_{n=0}^{\infty}\dfrac{1}{n!}x^n(-\infty<x<+\infty)$,所以
$$\frac{e^x-1}{x}=1+\frac{x}{2!}+\frac{x^2}{3!}+\cdots+\frac{x^{n-1}}{n!}+\cdots=\sum_{n=1}^{\infty}\frac{x^{n-1}}{n!} \quad (x\neq 0).(*)$$

由于级数 $\sum\limits_{n=1}^{\infty} \dfrac{1}{n!} x^{n-1}$ 的收敛半径

$$R = \lim_{n \to \infty} \left| \frac{a_n}{a_{n+1}} \right| = \lim_{n \to \infty} \frac{(n+1)!}{n!} = \lim_{n \to \infty}(n+1) = +\infty,$$

故 $\sum\limits_{n=1}^{\infty} \dfrac{1}{n!} x^{n-1}$ 的收敛域为 $(-\infty, +\infty)$；又因为 $\lim\limits_{x \to 0} f(x) = \lim\limits_{x \to 0} \dfrac{e^x - 1}{x} = 1$，即 $x = 0$ 为 $f(x)$ 的可去间断点，所以 $\forall x \in (-\infty, +\infty)$（ $*$ ）式成立，从而有

$$\frac{\mathrm{d}}{\mathrm{d}x}\left(\frac{e^x - 1}{x}\right) = \frac{(x-1)e^x + 1}{x^2} = \frac{\mathrm{d}}{\mathrm{d}x}\left[\sum_{n=1}^{\infty} \frac{x^{n-1}}{n!}\right]$$

$$= \sum_{n=2}^{\infty} \frac{n-1}{n!} x^{n-2} \qquad (-\infty < x < +\infty).$$

令 $x = 1$，则

$$1 = \sum_{n=2}^{\infty} \frac{n-1}{n!} = \sum_{n=1}^{\infty} \frac{n}{(n+1)!}.$$

例 15　将下列函数展开成 $(x - x_0)$ 的幂级数.

(1) $f(x) = \dfrac{1}{x(x+3)}$，$x_0 = 1$；

(2) $f(x) = \ln(1+x)$，$x_0 = 2$；

(3) $f(x) = \cos x$，$x_0 = \dfrac{\pi}{4}$；

(4) $f(x) = e^x$，$x_0 = -2$.

解　展开 $f(x)$ 为 $(x - x_0)$ 的幂级数，首先将 $f(x)$ 变形，使之出现 $(x - x_0)$ 的因子，然后利用已知函数的展开式展开，并注意对收敛域的讨论.

(1) 因为
$$f(x) = \frac{1}{x(x+3)} = \frac{1}{3}\left(\frac{1}{x} - \frac{1}{x+3}\right)$$

$$= \frac{1}{3}\left[\frac{1}{1+(x-1)} - \frac{1}{4} \cdot \frac{1}{1 + \dfrac{x-1}{4}}\right],$$

利用　$\dfrac{1}{1-x} = \sum\limits_{n=0}^{\infty} x^n \quad (-1 < x < 1)$，有

$$\frac{1}{1+(x-1)} = \sum_{n=0}^{\infty} (-1)^n (x-1)^n \quad (\,|x-1| < 1),$$

$$\frac{1}{1 + \dfrac{x-1}{4}} = \sum_{n=0}^{\infty} (-1)^n \left(\frac{x-1}{4}\right)^n \quad \left(\left|\frac{x-1}{4}\right| < 1\right),$$

故　$\dfrac{1}{x(x+3)} = \dfrac{1}{3} \sum\limits_{n=0}^{\infty} (-1)^n \left[1 - \dfrac{1}{4^{n+1}}\right](x-1)^n \quad (0 < x < 2).$

(2) $\ln(1+x) = \ln(3+(x-2)) = \ln3 + \ln\left(1+\dfrac{x-2}{3}\right)$

$$= \ln3 + \sum_{n=1}^{\infty}(-1)^{n-1}\dfrac{1}{n3^n}(x-2)^n \quad (-1 < x \leqslant 5).$$

(3) 因为

$$\cos x = \cos\left[\dfrac{\pi}{4}+\left(x-\dfrac{\pi}{4}\right)\right]$$

$$= \cos\dfrac{\pi}{4}\cos\left(x-\dfrac{\pi}{4}\right)-\sin\dfrac{\pi}{4}\sin\left(x-\dfrac{\pi}{4}\right)$$

$$= \dfrac{\sqrt{2}}{2}\left[\cos\left(x-\dfrac{\pi}{4}\right)-\sin\left(x-\dfrac{\pi}{4}\right)\right],$$

利用

$$\cos x = \sum_{n=0}^{\infty}(-1)^n\dfrac{x^{2n}}{(2n)!}(-\infty < x < +\infty),$$

$$\sin x = \sum_{n=1}^{\infty}(-1)^{n-1}\dfrac{x^{2n-1}}{(2n-1)!} \quad (-\infty < x < +\infty),$$

有

$$\cos x = \dfrac{\sqrt{2}}{2}\left[\sum_{n=0}^{\infty}(-1)^n\dfrac{\left(x-\dfrac{\pi}{4}\right)^{2n}}{(2n)!}-\sum_{n=1}^{\infty}(-1)^{n-1}\dfrac{\left(x-\dfrac{\pi}{4}\right)^{2n-1}}{(2n-1)!}\right]$$

$$= \dfrac{\sqrt{2}}{2}\sum_{n=0}^{\infty}(-1)^{\frac{n(n+1)}{2}}\dfrac{1}{n!}\left(x-\dfrac{\pi}{4}\right)^n \quad (-\infty < x < +\infty).$$

(4) 因为

$$e^x = e^{(x+2)-2} = e^{-2} \cdot e^{x+2},$$

利用

$$e^x = \sum_{n=0}^{\infty}\dfrac{1}{n!}x^n \quad (-\infty < x < +\infty),$$

有

$$e^x = e^{-2}\sum_{n=0}^{\infty}\dfrac{1}{n!}(x+2)^n \quad (-\infty < x < +\infty).$$

11.2.6 求幂级数的和函数

例 16 求下列幂级数的和函数.

(1) $\displaystyle\sum_{n=1}^{\infty}n^2x^n\,(|x|<1)$; (2) $\displaystyle\sum_{n=0}^{\infty}\dfrac{x^{4n+1}}{4n+1}$;

(3) $\displaystyle\sum_{n=1}^{\infty}(-1)^{n-1}\dfrac{2n+1}{n}x^{2n}$; (4) $\displaystyle\sum_{n=1}^{\infty}nx^{2n}$;

(5) $\displaystyle\sum_{n=1}^{\infty}\dfrac{2n-1}{2^n}x^{2n-2}$; (6) $\displaystyle\sum_{n=1}^{\infty}\dfrac{x^{n+1}}{n(n+1)}\quad(|x|\leqslant 1)$.

解 求幂级数的和函数是比较困难的,没有一般规律,有些幂级数的和函数可能不是初等函数,因此不能写出和函数的有限形式.但对于某些简单的幂级数,可用已知函数的展开式或经过四则运算、变量代换、逐项求导、逐项积分等方法求出其和函数.

(1) 因为 $\displaystyle\sum_{n=0}^{\infty} x^n = \frac{1}{1-x}$ $(|x|<1)$,所以

$$\Big(\sum_{n=0}^{\infty} x^n\Big)' = \sum_{n=1}^{\infty} nx^{n-1} = \Big(\frac{1}{1-x}\Big)' = \frac{1}{(1-x)^2} \quad (|x|<1),$$

$$x \cdot \sum_{n=1}^{\infty} nx^{n-1} = \sum_{n=1}^{\infty} nx^n = \frac{x}{(1-x)^2} \quad (|x|<1).$$

$$\Big(\sum_{n=1}^{\infty} nx^n\Big)' = \sum_{n=1}^{\infty} n^2 x^{n-1} = \Big[\frac{x}{(1-x)^2}\Big]' = \frac{1+x}{(1-x)^3} \quad (|x|<1),$$

故 $$\sum_{n=1}^{\infty} n^2 x^n = x \cdot \sum_{n=1}^{\infty} n^2 x^{n-1} = \frac{x(1+x)}{(1-x)^3} \quad (|x|<1).$$

(2) 先求 $\displaystyle\sum_{n=0}^{\infty} \frac{x^{4n+1}}{4n+1}$ 的收敛域. 因为

$$\lim_{n\to\infty}\Big|\frac{u_{n+1}(x)}{u_n(x)}\Big| = \lim_{n\to\infty} \frac{|x|^{4n+5}}{4n+5} \cdot \frac{4n+1}{|x|^{4n+1}} = |x|^4,$$

所以,由比值判别法知,当 $|x|^4 < 1$,即 $|x|<1$ 时,级数绝对收敛;当 $|x|^4 > 1$,即 $|x|>1$ 时,级数发散,故收敛半径 $R=1$,又当 $x=\pm 1$ 时,级数显然发散,故该幂级数的收敛域为 $(-1,1)$.

设 $$S(x) = \sum_{n=0}^{\infty} \frac{x^{4n+1}}{4n+1} \quad (|x|<1),则$$

$$S'(x) = \sum_{n=0}^{\infty} x^{4n} = \sum_{n=0}^{\infty} (x^4)^n = \frac{1}{1-x^4} \quad (|x|<1),$$

所以 $$S(x) = \int_0^x S'(t)\mathrm{d}t = \int_0^x \frac{1}{1-t^4}\mathrm{d}t = \int_0^x \frac{1}{2}\Big(\frac{1}{1+t^2} + \frac{1}{1-t^2}\Big)\mathrm{d}t$$

$$= \frac{1}{2}\arctan x + \frac{1}{4}\ln\frac{1+x}{1-x} \quad (|x|<1).$$

(3) 易知 $\displaystyle\sum_{n=1}^{\infty} (-1)^{n-1}\frac{2n+1}{n} x^{2n}$ 的收敛域为 $(-1,1)$.

设 $S(x) = \displaystyle\sum_{n=1}^{\infty} (-1)^{n-1}\frac{2n+1}{n} x^{2n}$ $(|x|<1)$,则

$$\int_0^x S(t)\mathrm{d}t = \sum_{n=1}^{\infty} (-1)^{n-1}\frac{2n+1}{n}\int_0^x t^{2n}\mathrm{d}t = \sum_{n=1}^{\infty} (-1)^{n-1}\frac{1}{n} x^{2n+1}$$

$$= 2x\sum_{n=1}^{\infty} (-1)^{n-1}\frac{x^{2n}}{2n} \quad (|x|<1).$$

记 $$S_1(x) = \sum_{n=1}^{\infty} (-1)^{n-1}\frac{x^{2n}}{2n} \quad (|x|<1),则$$

$$S_1{}'(x) = \sum_{n=1}^{\infty} (-1)^{n-1} x^{2n-1} = x - x^3 + x^5 - x^7 + \cdots + (-1)^{n-1} x^{2n-1} + \cdots$$

$$= x(1 - x^2 + x^4 - x^6 + \cdots + (-1)^{n-1} x^{2n-2} + \cdots) \qquad (|x| < 1).$$

利用

$$\sum_{n=1}^{\infty} (-1)^{n-1} x^{n-1} = \frac{1}{1+x} (|x| < 1),$$

$$\sum_{n=1}^{\infty} (-1)^{n-1} x^{2n-2} = \frac{1}{1+x^2} \quad (|x| < 1),$$

有

$$S_1'(x) = \frac{x}{1+x^2},$$

$$S_1(x) = \int_0^x S_1'(t)\,\mathrm{d}t = \int_0^x \frac{t}{1+t^2}\,\mathrm{d}t = \frac{1}{2}\ln(1+x^2),$$

故

$$\int_0^x S(t)\,\mathrm{d}t = 2x S_1(x) = x \cdot \ln(1+x^2) \quad (|x| < 1).$$

因此

$$S(x) = \left(\int_0^x S(t)\,\mathrm{d}t\right)' = (x \cdot \ln(1+x^2))'$$

$$= \frac{2x^2}{1+x^2} + \ln(1+x^2) \quad (|x| < 1).$$

(4) 易知 $\sum_{n=1}^{\infty} nx^{2n}$ 的收敛域为 $|x| < 1$，因为

$$\frac{1}{1-x} = \sum_{n=0}^{\infty} x^n \quad (|x| < 1),$$

$$\frac{1}{1-x^2} = \sum_{n=0}^{\infty} x^{2n} \quad (|x| < 1),$$

所以

$$\left(\frac{1}{1-x^2}\right)' = \frac{2x}{(1-x^2)^2} = \left(\sum_{n=0}^{\infty} x^{2n}\right)' = \sum_{n=0}^{\infty} (x^{2n})' = \sum_{n=1}^{\infty} 2nx^{2n-1},$$

$$\sum_{n=1}^{\infty} nx^{2n-1} = \frac{x}{(1-x^2)^2} \quad (|x| < 1),$$

故

$$\sum_{n=1}^{\infty} nx^{2n} = \frac{x^2}{(1-x^2)^2} \quad (|x| < 1).$$

(5) 易知 $\sum_{n=1}^{\infty} \frac{2n-1}{2^n} x^{2n-2}$ 的收敛域为 $(-\sqrt{2}, \sqrt{2})$，记

$$S(x) = \sum_{n=1}^{\infty} \frac{2n-1}{2^n} x^{2n-2} \quad (|x| < \sqrt{2}),$$

因为

$$\int_0^x S(t)\,\mathrm{d}t = \int_0^x \left(\sum_{n=1}^{\infty} \frac{2n-1}{2^n} t^{2n-2}\right)\mathrm{d}t = \sum_{n=1}^{\infty} \frac{2n-1}{2^n} \int_0^x t^{2n-2}\,\mathrm{d}t$$

$$= \sum_{n=1}^{\infty} \frac{1}{2^n} x^{2n-1} = \frac{x}{2} \sum_{n=0}^{\infty} \left(\frac{x^2}{2}\right)^n$$

$$= \frac{x}{2} \frac{1}{1 - \frac{x^2}{2}} = \frac{x}{2 - x^2} \quad (|x| < \sqrt{2}),$$

所以 $$S(x) = \left(\frac{x}{2 - x^2}\right)' = \frac{2 + x^2}{(2 - x^2)^2} \quad (|x| < \sqrt{2}).$$

(6) 记 $S(x) = \sum_{n=1}^{\infty} \frac{1}{n(n+1)} x^{n+1} \quad (|x| < 1)$. 因为

$$S'(x) = \left(\sum_{n=1}^{\infty} \frac{1}{n(n+1)} x^{n+1}\right)' = \sum_{n=1}^{\infty} \frac{x^n}{n},$$

$$S''(x) = \left(\sum_{n=1}^{\infty} \frac{x^n}{n}\right)' = \sum_{n=1}^{\infty} x^{n-1} = \frac{1}{1-x} \quad (|x| < 1),$$

所以 $$S'(x) = \int_0^x S''(t)\mathrm{d}t = \int_0^x \frac{1}{1-t}\mathrm{d}t = -\ln|1-t|\Big|_0^x = -\ln(1-x),$$

$$S(x) = \int_0^x S'(t)\mathrm{d}t = -\int_0^x \ln(1-t)\mathrm{d}t = (1-x)\ln(1-x) + x \quad (|x| < 1).$$

由于,当 $x = 1$ 时,原级数为 $\sum_{n=1}^{\infty} \frac{1}{n(n+1)}$,其部分和为

$$S_n = \left(1 - \frac{1}{2}\right) + \left(\frac{1}{2} - \frac{1}{3}\right) + \cdots + \left(\frac{1}{n} - \frac{1}{n+1}\right) = 1 - \frac{1}{n+1},$$

因此, $$\sum_{n=1}^{\infty} \frac{1}{n(n+1)} = \lim_{n \to \infty} S_n = 1.$$

当 $x = -1$ 时,原级数 $\sum_{n=1}^{\infty} \frac{(-1)^{n+1}}{n(n+1)}$ 显然绝对收敛,故由和函数的连续性,有

$$S(x) = \begin{cases} (1-x)\ln(1-x) + x, & -1 \leqslant x < 1, \\ 1, & x = 1. \end{cases}$$

11.2.7 求以 2π 为周期的周期函数的傅里叶级数

求函数的傅里叶级数的题目应该说比较容易,主要类型题是在不同的区间上,利用公式求出函数的傅里叶系数,写出它的傅里叶级数,然后用狄里克莱收敛定理确定傅里叶级数的和函数,并指出收敛范围. 稍为麻烦的是计算傅里叶系数要计算定积分,不过一般所给的函数比较简单,定积分的计算不是很复杂.

例 17 设 $f(x)$ 是以 2π 为周期的周期函数,在 $[-\pi, \pi)$ 上的表达式为

$$f(x) = \begin{cases} 0, -\pi \leqslant x < 0, \\ 1, 0 \leqslant x < \pi, \end{cases} \qquad f(x) = \begin{cases} 0, -\pi \leqslant x < 0, \\ 1, 0 \leqslant x < \pi, \end{cases}$$

求 $f(x)$ 的傅里叶级数.

解 由傅里叶系数公式,有

$$a_0 = \frac{1}{\pi}\int_{-\pi}^{\pi} f(x)\,\mathrm{d}x = \frac{1}{\pi}\int_0^{\pi}\mathrm{d}x = 1,$$

$$a_n = \frac{1}{\pi}\int_{-\pi}^{\pi} f(x)\cos nx\,\mathrm{d}x = \frac{1}{\pi}\int_0^{\pi}\cos nx\,\mathrm{d}x = \frac{1}{n\pi}\sin nx\Big|_0^{\pi} = 0 \quad (n = 1,2,\cdots),$$

$$b_n = \frac{1}{\pi}\int_{-\pi}^{\pi} f(x)\sin nx\,\mathrm{d}x = \frac{1}{\pi}\int_0^{\pi}\sin nx\,\mathrm{d}x = -\frac{1}{n\pi}\cos nx\Big|_0^{\pi} = \frac{1}{n\pi}[1-(-1)^n]$$

$$= \begin{cases} 0, & n = 2m \\ \dfrac{2}{(2m+1)\pi}, & n = 2m+1, \end{cases} \quad (m = 0,1,2,\cdots).$$

所以
$$f(x) \sim \frac{1}{2} + \sum_{n=1}^{\infty} \frac{2}{(2n+1)\pi}\sin(2n+1)x.$$

由狄里克莱收敛定理，$f(x)$ 的傅里叶级数在 $(-\infty, +\infty)$ 上处处收敛，且

$$\frac{1}{2} + \sum_{n=1}^{\infty} \frac{2}{(2n+1)}\sin(2n+1)x = \begin{cases} f(x), & x \neq k\pi, k = 0, \pm 1, \pm 2, \cdots \\ \dfrac{1}{2}, & x = k\pi, k = 0, \pm 1, \pm 2, \cdots \end{cases}$$

和函数的图像如图 11.1 所示.

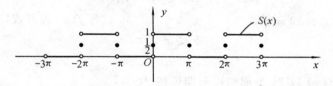

图 11.1

例 18 设 $f(x) = \dfrac{\pi - x}{2}(0 < x < 2\pi)$，把 $f(x)$ 展开成周期为 2π 的傅里叶级数，

并求 $\displaystyle\sum_{n=1}^{\infty}(-1)^{n+1}\frac{1}{2n-1}$ 之和.

解 要把仅定义在 $(0, 2\pi)$ 上的非周期函数 $f(x)$ 展开成周期为 2π 的傅里叶级数，则先把 $f(x)$ 作周期延拓，然后把周期延拓后的以 2π 为周期的周期函数 $F(x)$（不必写出表达式，可画出其图像）展开成傅里叶级数，最后限制 x 在 $(0, 2\pi)$，则可得 $f(x)$ 的傅里叶级数.

将 $f(x) = \dfrac{\pi - x}{2}$ $(0 < x < 2\pi)$ 作周期延拓，延拓后的周期函数设为 $F(x)$，$F(x)$ 的图像如图 11.2 所示，$F(x)$ 为奇函数. 因为

$$a_n = 0 \quad (n = 0,1,2,\cdots),$$

$$b_n = \frac{1}{\pi}\int_{-\pi}^{\pi} F(x)\sin nx\,\mathrm{d}x = \frac{2}{\pi}\int_0^{\pi} f(x)\sin nx\,\mathrm{d}x = \frac{2}{\pi}\int_0^{\pi}\frac{\pi - x}{2}\sin nx\,\mathrm{d}x$$

$$= \frac{1}{n} \quad (n = 1,2,\cdots),$$

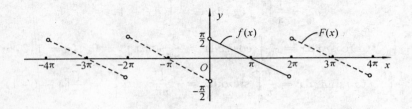

图 11.2

由于 $f(x)$ 在 $(0,2\pi)$ 上连续,所以,根据狄里克莱收敛定理,有

$$f(x) = \frac{\pi - x}{2} = \sum_{n=1}^{\infty} \frac{1}{n}\sin nx \quad (0 < x < 2\pi).$$

取 $x = \dfrac{\pi}{2}$,则

$$\frac{\pi}{4} = \sum_{n=1}^{\infty} \frac{1}{n}\sin\frac{n\pi}{2} = \sum_{n=1}^{\infty} \frac{(-1)^{n+1}}{2n-1}.$$

例 19 设 $f(x) = \begin{cases} x + 2\pi, & -\pi < x < 0, \\ \pi, & x = 0, \\ x, & 0 < x \leqslant \pi, \end{cases}$ 试将 $f(x)$ 展开成以 2π 为周期的

傅里叶级数.

解一 将 $f(x)$ 以 2π 为周期作周期延拓. 因为

$$a_0 = \frac{1}{\pi}\int_{-\pi}^{\pi} f(x)\mathrm{d}x = \frac{1}{\pi}\left[\int_{-\pi}^{0} (x + 2\pi)\mathrm{d}x + \int_{0}^{\pi} x\mathrm{d}x\right] = 2\pi,$$

$$a_n = \frac{1}{\pi}\int_{-\pi}^{\pi} f(x)\cos nx\,\mathrm{d}x = \frac{1}{\pi}\left[\int_{-\pi}^{0} (x + 2\pi)\cos nx\,\mathrm{d}x + \int_{0}^{\pi} x\cos nx\,\mathrm{d}x\right]$$

$$= 0 \quad (n = 1,2,\cdots),$$

$$b_n = \frac{1}{\pi}\int_{-\pi}^{\pi} f(x)\sin nx\,\mathrm{d}x = \frac{1}{\pi}\left[\int_{-\pi}^{0} (x + 2\pi)\sin nx\,\mathrm{d}x + \int_{0}^{\pi} x\sin nx\,\mathrm{d}x\right]$$

$$= -\frac{2}{n} \quad (n = 1,2,\cdots),$$

所以

$$f(x) = \pi - \sum_{n=1}^{\infty} \frac{2}{n}\sin nx \quad (-\pi < x \leqslant \pi).$$

解二 因为将 $f(x)$ 作周期延拓后得到的函数 $F(x)$ 在 $(0,2\pi)$ 内的图像如图 11.3 所示,故用 $F(x) = x$ 计算傅里叶系数较为简单. 因为

$$a_0 = \frac{1}{\pi}\int_{-\pi}^{\pi} F(x)\mathrm{d}x = \frac{1}{\pi}\int_{0}^{2\pi} F(x)\mathrm{d}x = \frac{1}{\pi}\int_{0}^{2\pi} x\mathrm{d}x = 2\pi,$$

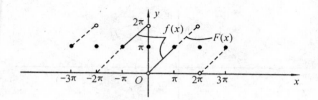

图 11.3

$$a_n = \frac{1}{\pi}\int_{-\pi}^{\pi} F(x)\cos nx\,\mathrm{d}x = \frac{1}{\pi}\int_0^{2\pi} x\cos nx\,\mathrm{d}x = 0 \quad (n = 1, 2, \cdots),$$

$$b_n = \frac{1}{\pi}\int_{-\pi}^{\pi} F(x)\sin nx\,\mathrm{d}x = \frac{1}{\pi}\int_0^{2\pi} x\sin nx\,\mathrm{d}x = -\frac{2}{n} \quad (n = 1, 2, \cdots),$$

所以
$$f(x) = \pi - \sum_{n=1}^{\infty} \frac{2}{n}\sin nx \quad (-\pi < x \leqslant \pi).$$

解三 因 $f(x)$ 为非奇非偶函数,但将 $f(x)$ 的图像向下平移 π 个单位后为奇函数,即 $\varphi(x) = f(x) - \pi$ 为奇函数,故将 $\varphi(x)$ 展开成傅里叶级数后,由 $f(x) = \pi + \varphi(x)$ 即得 $f(x)$ 的傅里叶级数. 因为

$$\varphi(x) = f(x) - \pi = \begin{cases} x + \pi, & -\pi < x < 0, \\ 0, & x = 0, \\ x - \pi, & 0 < x \leqslant \pi, \end{cases}$$

$$a_n = 0 \quad (n = 0, 1, 2, \cdots),$$

$$b_n = \frac{2}{\pi}\int_0^{\pi} \varphi(x)\sin nx\,\mathrm{d}x = \frac{2}{\pi}\int_0^{\pi} (x - \pi)\sin nx\,\mathrm{d}x = -\frac{2}{n} \quad (n = 1, 2, \cdots),$$

所以
$$\varphi(x) = -\sum_{n=1}^{\infty} \frac{2}{n}\sin nx \quad (-\pi < x \leqslant \pi),$$

故
$$f(x) = \pi - \sum_{n=1}^{\infty} \frac{2}{n}\sin nx \quad (-\pi < x \leqslant \pi).$$

可以看出,解一要计算六个定积分,解二利用周期函数的性质只要计算三个定积分,而解三利用函数的奇偶性只需计算一个定积分.

11.2.8 正弦级数和余弦级数

例 20 展开下列函数为指定的傅里叶级数.

(1) $f(x) = x^2 \quad (x \in [0, \pi])$,正弦级数;

(2) $f(x) = \pi + x \quad (x \in [-\pi, 0])$,余弦级数.

解 (1) 将 $f(x) = x^2 \quad (x \in [0, \pi])$ 作奇延拓,然后作周期延拓(图像如图 11.4 所示).

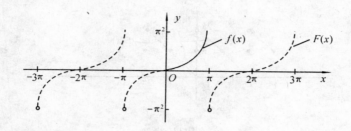

图 11.4

因为
$$a_n = \frac{1}{\pi}\int_{-\pi}^{\pi} F(x)\cos nx\, \mathrm{d}x = 0 \quad (n = 0,1,2,\cdots),$$

$$b_n = \frac{1}{\pi}\int_{-\pi}^{\pi} F(x)\sin nx\, \mathrm{d}x = \frac{2}{\pi}\int_0^{\pi} f(x)\sin nx\, \mathrm{d}x = \frac{2}{\pi}\int_0^{\pi} x^2 \sin nx\, \mathrm{d}x$$

$$= -\frac{2x^2}{n\pi}\cos nx\,\Big|_0^{\pi} + \frac{4}{n\pi}\int_0^{\pi} x\cos nx\, \mathrm{d}x$$

$$= (-1)^{n-1}\frac{2\pi}{n} + \frac{4}{n^2\pi}\Big[x\sin nx\,\Big|_0^{\pi} - \int_0^{\pi}\sin nx\, \mathrm{d}x\Big]$$

$$= (-1)^{n-1}\frac{2\pi}{n} + \frac{4}{n^3\pi}\big[(-1)^n - 1\big] \quad (n = 1,2,\cdots),$$

所以
$$2\pi\sum_{n=1}^{\infty}\frac{(-1)^{n-1}}{n}\sin nx - \frac{8}{\pi}\sum_{n=1}^{\infty}\frac{\sin(2n-1)x}{(2n-1)^3} = \begin{cases} x^2, & 0 \leqslant x < \pi, \\ 0, & x = \pi. \end{cases}$$

(2) 将 $f(x) = \pi + x$ ($x \in [-\pi, 0]$) 作偶延拓,然后作周期延拓(图像如图 11.5 所示).

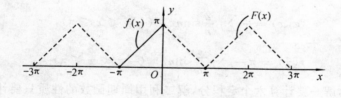

图 11.5

因为
$$b_n = 0 \quad (n = 1,2,\cdots),$$

$$a_0 = \frac{2}{\pi}\int_0^{\pi} f(x)\, \mathrm{d}x = \frac{2}{\pi}\int_0^{\pi}(\pi + x)\, \mathrm{d}x = \pi,$$

$$a_n = \frac{2}{\pi}\int_0^{\pi} f(x)\cos nx\, \mathrm{d}x = \frac{2}{\pi}\int_0^{\pi}(\pi + x)\cos nx\, \mathrm{d}x = \begin{cases} \dfrac{4}{n^2\pi} & (n\ \text{为奇数}), \\ 0 & (n\ \text{为偶数}). \end{cases}$$

所以
$$\frac{\pi}{2} + \frac{4}{\pi}\sum_{n=1}^{\infty}\frac{1}{(2n-1)^2}\cos(2n-1)x = \pi + x \quad (-\pi \leqslant x \leqslant 0).$$

11.2.9　以 $2l$ 为周期的周期函数的傅里叶级数

例21　将 $f(x)=1-x$ 在所给区间上展开成傅里叶级数.

(1) $(-1,1]$ 上展开成以 2 为周期的傅里叶级数；

(2) $(0,\pi]$ 上展开成以 π 为周期的傅里叶级数.

解　(1) 将 $f(x)=1-x\ (x\in(-1,1])$ 作周期延拓,则延拓后的以 2 为周期的周期函数 $F(x)$ 的图像如图 11.6 所示.

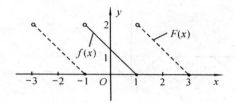

图 11.6

因为
$$a_0=\frac{1}{l}\int_{-l}^{l}f(x)\mathrm{d}x=\int_{-1}^{1}(1-x)\mathrm{d}x=2,$$

$$a_n=\frac{1}{l}\int_{-l}^{l}f(x)\cos\frac{n\pi x}{l}\mathrm{d}x=\int_{-1}^{1}(1-x)\cos n\pi x\mathrm{d}x=0\quad(n=1,2,\cdots),$$

$$b_n=\frac{1}{l}\int_{-l}^{l}f(x)\sin\frac{n\pi x}{l}\mathrm{d}x=\int_{-1}^{1}(1-x)\sin n\pi x\mathrm{d}x=(-1)^n\frac{2}{n\pi}\quad(n=1,2,\cdots),$$

所以
$$1+\frac{2}{\pi}\sum_{n=1}^{\infty}\frac{2}{n}\sin n\pi x=\begin{cases}1-x,&-1<x<1,\\1,&x=1.\end{cases}$$

(2) 将 $f(x)=1-x(x\in(0,\pi])$ 作周期延拓,则延拓后的以 π 为周期的周期函数 $F(x)$ 的图像如图 11.7 所示.

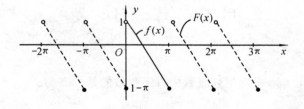

图 11.7

因为
$$a_0=\frac{1}{l}\int_{-l}^{l}F(x)\mathrm{d}x=\frac{1}{l}\int_{0}^{2l}F(x)\mathrm{d}x=\frac{2}{\pi}\int_{0}^{\pi}(1-x)\mathrm{d}x=2\left(1-\frac{\pi}{2}\right),$$

$$a_n=\frac{1}{l}\int_{-l}^{l}F(x)\cos\frac{n\pi x}{l}\mathrm{d}x=\frac{2}{\pi}\int_{0}^{\pi}(1-x)\cos 2nx\mathrm{d}x=0\quad(n=1,2,\cdots),$$

$$b_n = \frac{1}{l}\int_{-l}^{l} F(x)\sin\frac{n\pi x}{l}\,dx = \frac{2}{\pi}\int_0^{\pi}(1-x)\sin 2nx\,dx = \frac{1}{n} \quad (n=1,2,\cdots),$$

所以
$$1 - \frac{\pi}{2} + \sum_{n=1}^{\infty}\frac{1}{n}\sin 2nx = \begin{cases} 1-x, & 0 < x < \pi, \\ 1 - \frac{\pi}{2}, & x = \pi. \end{cases}$$

例 22　将 $f(x) = x - 1\ (0 \leqslant x \leqslant 2)$ 展开成余弦级数.

解　将 $f(x) = x - 1\ (0 \leqslant x \leqslant 2)$ 作偶延拓,然后作周期 $2l = 4$ 的周期延拓,则延拓后以 4 为周期的周期函数 $F(x)$ 的图像如图 11.8 所示.因为

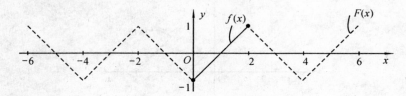

图 11.8

$$a_0 = \frac{1}{l}\int_{-l}^{l} F(x)\,dx = \frac{2}{l}\int_0^{l} F(x)\,dx = \frac{2}{2}\int_0^2 (x-1)\,dx = 0,$$

$$a_n = \frac{1}{l}\int_{-l}^{l} F(x)\cos\frac{n\pi x}{l}\,dx = \int_0^2 (x-1)\cos\frac{n\pi x}{2}\,dx = \frac{2}{n\pi}\int_0^2 (x-1)\,d\sin\frac{n\pi x}{2}$$

$$= -\frac{2}{n\pi}\int_0^2 \sin\frac{n\pi x}{2}\,dx = \frac{4}{n^2\pi^2}\left[(-1)^n - 1\right] \quad (n=1,2,\cdots),$$

$$b_n = 0 \quad (n=1,2,\cdots),$$

所以
$$\frac{4}{\pi^2}\sum_{n=1}^{\infty}\frac{(-1)^n - 1}{n^2}\cos\frac{n\pi x}{2} = -\frac{8}{\pi^2}\sum_{n=1}^{\infty}\frac{1}{(2n-1)^2}\cos\frac{2n-1}{2}\pi x$$

$$= x - 1 \quad (0 \leqslant x \leqslant 2).$$

11.3　练　习　题

1.选择题.

(1) 设 $0 \leqslant a_n \leqslant \dfrac{1}{n}$,则下列级数中肯定收敛的是(　　).

A. $\displaystyle\sum_{n=1}^{\infty}\sqrt{a_n}$　　　　　　　　B. $\displaystyle\sum_{n=1}^{\infty}(-1)^n a_n^2$

C. $\displaystyle\sum_{n=1}^{\infty}(-1)^n a_n$　　　　　　　　D. $\displaystyle\sum_{n=1}^{\infty}a_n$

(2) 若级数 $\displaystyle\sum_{n=1}^{\infty}a_n$ 发散,则(　　).

A. 必有 $\lim\limits_{n\to\infty} a_n \neq 0$　　　　　B. 可能 $\lim\limits_{n\to\infty} a_n = 0$，也可能 $\lim\limits_{n\to\infty} a_n \neq 0$

C. 必有 $\lim\limits_{n\to\infty} a_n = 0$　　　　　D. 必有 $\lim\limits_{n\to\infty} a_n = \infty$

(3) 若级数 $\sum\limits_{n=1}^{\infty} (a_{2n-1} + a_{2n})$ 收敛，则（　　）.

A. $\sum\limits_{n=1}^{\infty} a_n$ 必收敛　　　　　B. $\sum\limits_{n=1}^{\infty} a_n$ 可能收敛也可能发散

C. $\sum\limits_{n=1}^{\infty} a_n$ 发散　　　　　D. $\lim\limits_{n\to\infty} a_n = 0$

(4) 下列级数中，条件收敛的是（　　）.

A. $\sum\limits_{n=1}^{\infty} (-1)^n \dfrac{n}{n+1}$　　　　　B. $\sum\limits_{n=1}^{\infty} (-1)^{\frac{n(n+1)}{2}} \left(\dfrac{1}{\sqrt{n}} \right)^n$

C. $\sum\limits_{n=1}^{\infty} (-1)^n \dfrac{1}{n^2}$　　　　　D. $\sum\limits_{n=1}^{\infty} (-1)^n \dfrac{1}{\sqrt{n}}$

(5) 若 $a > 0$，则级数 $\sum\limits_{n=0}^{\infty} \dfrac{(-1)^n}{1+na}$（　　）.

A. 是发散的　　　　　B. $a \geqslant 1$ 时发散

C. 是收敛的　　　　　D. $a < 1$ 时发散

(6) 设幂级数 $\sum\limits_{n=1}^{\infty} a_n (x-2)^n$ 在 $x=-1$ 处收敛，则幂级数 $\sum\limits_{n=1}^{\infty} na_n (x-2)^{n-1}$ 在 $x=4$ 处（　　）.

A. 绝对收敛　　　　　B. 条件收敛

C. 发散　　　　　D. 可能收敛也可能发散

(7) 设 $f(x) = \dfrac{2x}{(1-x)^3} = \sum\limits_{n=1}^{\infty} n(n+1)x^n$　$(-1 < x < 1)$，则 $f^{(n)}(0) = ($　　$)$.

A. $n(n+1)$　　　　　B. $\dfrac{1}{n!}$

C. $n(n+1)!$　　　　　D. $n(n+1)(n!)$

(8) 设幂级数 $\sum\limits_{n=0}^{\infty} a_n x^n$ 的收敛半径为 2，则幂级数 $\sum\limits_{n=0}^{\infty} \dfrac{a_n}{n+1} x^{n+1}$ 的收敛半径是（　　）.

A. 2　　　　B. $\dfrac{1}{2}$　　　　C. $\dfrac{1}{3}$　　　　D. 3

(9) 设 $f(x)$ 是以 2π 为周期的周期函数，在 $[-\pi, \pi]$ 上，$f(x) = \begin{cases} x, & -\pi \leqslant x \leqslant 0, \\ 1+x, & 0 < x \leqslant \pi, \end{cases}$ 则 $f(x)$ 的傅里叶级数在点 $x=0$ 处收敛于（　　）.

A. 0　　　　B. $\dfrac{1}{2}$　　　　C. 1　　　　D. π

(10) 设 $f(x) = x(0 \leqslant x \leqslant \pi)$,而 $S(x) = \dfrac{a_0}{2} + \displaystyle\sum_{n=1}^{\infty} a_n \cos nx (-\infty < x < +\infty)$,

其中,$a_n = \dfrac{2}{\pi} \displaystyle\int_0^{\pi} f(x) \cos nx \, dx$ $(n = 0,1,2,\cdots)$,则 $S\left(-\dfrac{1}{2}\right) = ($ $)$.

A. $\dfrac{1}{2}$ B. $-\dfrac{1}{2}$ C. 1   D. -1

2.填空题.

(1) 若正项级数 $\displaystyle\sum_{n=1}^{\infty} a_n$ 收敛,则级数 $\displaystyle\sum_{n=1}^{\infty} \dfrac{a_n}{n}$ 是_____.

(2) 设 k 为一常数,若级数 $\displaystyle\sum_{n=1}^{\infty} (a_n - k)$ 收敛,则 $\lim\limits_{n \to \infty} a_n = $_____.

(3) 已知 $\lim\limits_{n \to \infty} n^2 a_n = k(\neq 0)$,则级数 $\displaystyle\sum_{n=1}^{\infty} a_n$ 是_____.

(4) 级数 $\displaystyle\sum_{n=0}^{\infty} \dfrac{(\ln 2)^n}{3^n} = $_____.

(5) 当 p 满足_____时,级数 $\displaystyle\sum_{n=1}^{\infty} \dfrac{(-1)^{n+1}}{n^p}(p > 0)$ 是绝对收敛的.

(6) 幂级数 $\displaystyle\sum_{n=1}^{\infty} \dfrac{(x-1)^n}{n 3^n}$ 的收敛半径 $R = $_____.

(7) 设幂级数 $\displaystyle\sum_{n=0}^{\infty} a_n (x+1)^n$ 的收敛半径 $R = 1$,则该幂级数在 $x_0 = -1$ 处是_____.

(8) 设 $f(x) = \displaystyle\sum_{n=0}^{\infty} \dfrac{1}{n+1} x^{2n}$,则 $f(0) = $_____,$f^{(2n)}(0) = $_____,$f^{(2n+1)}(0) = $_____.

(9) 设 $f(x) = x + 1(0 \leqslant x \leqslant \pi)$,则 $f(x)$ 的以 2π 为周期的余弦级数在 $x = \pi$ 处收敛于_____.

(10) 设 $f(x)$ 以 2π 为周期,在 $[-\pi,\pi]$ 上,$f(x) = \begin{cases} x^2 + 1, & 0 < x \leqslant \pi, \\ x, & -\pi < x \leqslant 0, \end{cases}$ 则 $f(x)$ 的以 2π 为周期的傅里叶级数的和函数在 $(-\pi,\pi)$ 上的表达式为_____.

3.判定下列级数的敛散性.

(1) $\displaystyle\sum_{n=1}^{\infty} \dfrac{n - \sqrt{n}}{3n+1}$;

(2) $\displaystyle\sum_{n=1}^{\infty} \dfrac{9^{5n}}{n^n}$;

(3) $\displaystyle\sum_{n=1}^{\infty} \dfrac{2}{\sqrt{n}} \ln \dfrac{n+1}{n}$;

(4) $\displaystyle\sum_{n=1}^{\infty} \dfrac{(n+a)^n}{n^{n+a}}$;

(5) $\displaystyle\sum_{n=1}^{\infty} \dfrac{a^n}{1+a^{2n}}(a > 0)$;

(6) $\displaystyle\sum_{n=1}^{\infty} \dfrac{1 \cdot 3 \cdot 5 \cdot \cdots \cdot (2n-1)}{n! \cdot 3^n}$;

(7) $\sum_{n=1}^{\infty} \frac{6^n}{7^n - 5^n}$;

(8) $\sum_{n=1}^{\infty} \frac{n!}{(n+1)^n}\left(\frac{19}{9}\right)^n$;

(9) $\sum_{n=1}^{\infty} \int_0^{\frac{1}{n}} \frac{\sqrt{x}}{1+x^2}\mathrm{d}x$.

4. 判定下列级数的敛散性，如果收敛，是绝对收敛还是条件收敛.

(1) $\sum_{n=1}^{\infty}(-1)^n \frac{\ln n}{n^{5/4}}$;

(2) $\sum_{n=1}^{\infty}(-1)^{n-1}(\sqrt[3]{n+1}-\sqrt[3]{n})$.

5. 求级数 $\sum_{n=1}^{\infty} \frac{1}{4n^2-1}$ 的和.

6. 求下列幂级数的收敛域.

(1) $\sum_{n=1}^{\infty} \frac{\ln(1+n)}{n}x^{n-1}$;

(2) $\sum_{n=1}^{\infty} \frac{3^n}{n}(x+1)^n$;

(3) $\sum_{n=1}^{\infty} \frac{2n-1}{3^n}x^{2n-2}$.

7. 将 $f(x) = \frac{1}{(1-x)^2}$ 展开成 x 的幂级数.

8. 将下列函数展开成 $(x-x_0)$ 的幂级数.

(1) $f(x) = \frac{1}{3-x}, x_0 = -1$;　(2) $f(x) = \frac{1}{x^2}, x_0 = 2$;

(3) $f(x) = \int_0^x \sin t^2 \mathrm{d}t, x_0 = 0$.

9. 求下列幂级数的和函数.

(1) $\sum_{n=1}^{\infty}(2n-1)x^n$;

(2) $\sum_{n=1}^{\infty} \frac{2n-1}{3^n}x^{2n-2} \quad (|x|<\sqrt{3})$;

(3) $\sum_{n=1}^{\infty} \frac{(-1)^n}{2n-1}x^{2n} \quad (|x|<1)$.

10. 设 $f(x)$ 是以 2π 为周期的周期函数，在 $[-\pi,\pi]$ 上的表达式为

$$f(x) = \begin{cases} -\dfrac{\pi}{2}, & -\pi \leqslant x \leqslant -\dfrac{\pi}{2}, \\ x, & -\dfrac{\pi}{2} < x \leqslant \dfrac{\pi}{2}, \\ \dfrac{\pi}{2}, & \dfrac{\pi}{2} < x < \pi, \end{cases}$$

求 $f(x)$ 的傅里叶级数.

11. 将 $f(x) = \cos\dfrac{x}{2}$ 在 $[0,\pi]$ 上展开成正弦级数.

12. 设级数 $\sum_{n=1}^{\infty} a_n^2 (a_n > 0)$ 收敛，证明级数 $\sum_{n=1}^{\infty} \frac{a_n}{n}$ 收敛.

13. 证明：若级数 $\sum_{n=1}^{\infty} a_n$ 绝对收敛，则级数

$$\sum_{n=1}^{\infty} (a_1 + a_2 + \cdots + a_n)a_n$$

也绝对收敛.

11.4   答案与提示

1.(1) B.　　(2) B.　　(3) B.　　(4) D.　　(5) C.

(6) A.　　(7) D.　　(8) A.　　(9) B.　　(10) A.

2.(1) 收敛.　(2) k.　(3) 绝对收敛.　(4) $\dfrac{3}{3-\ln 2}$.

(5) $p > 1$.　(6) 3.　(7) 绝对收敛.　(8) $0, \dfrac{(2n)!}{n+1}, 0$.

(9) $1 + \pi$.　(10) $S(x) = \begin{cases} x^2 + 1, & 0 < x < \pi, \\ \dfrac{1}{2}, & x = 0, \\ x, & -\pi < x < 0. \end{cases}$

3.(1) 发散,因 $\dfrac{n - \sqrt{n}}{3n + 1} \to \dfrac{1}{3} \neq 0$.

(2) 收敛,因 $\lim\limits_{n \to \infty} \dfrac{a_{n+1}}{a_n} = 0 < 1$.

(3) 收敛,与级数 $\sum\limits_{n=1}^{\infty} \dfrac{1}{n^{3/2}}$ 进行比较.

(4) $\alpha > 1$ 时收敛,$\alpha \leqslant 1$ 时发散.

(5) $a > 0, a \neq 1$ 时收敛,$a = 1$ 时发散.

(6) 收敛,因 $\lim\limits_{n \to \infty} \dfrac{a_{n+1}}{a_n} = \dfrac{2}{3} < 1$.

(7) 收敛,因 $\lim\limits_{n \to \infty} \dfrac{a_{n+1}}{a_n} = \dfrac{6}{7} < 1$.

(8) 收敛,因 $\lim\limits_{n \to \infty} \dfrac{a_{n+1}}{a_n} = \dfrac{19}{9} \dfrac{1}{e} < 1$.

(9) 收敛,因 $a_n \leqslant \dfrac{2}{3} \dfrac{1}{n^{3/2}}$.

4.(1) 绝对收敛,(2) 条件收敛.

5. 利用部分和的极限,和 $S = \dfrac{1}{2}$.

6.(1) $[-1, 1)$.　　(2) $\left[-\dfrac{4}{3}, -\dfrac{2}{3}\right)$.　　(3) $(-\sqrt{3}, \sqrt{3})$.

7. $\dfrac{1}{(1-x)^2} = \left(\dfrac{1}{1-x}\right)' = \sum\limits_{n=1}^{\infty} nx^{n-1} \quad (|x| < 1).$

8. (1) $\dfrac{1}{3-x} = \sum\limits_{n=0}^{\infty} \dfrac{1}{4^{n+1}}(x+1)^n \quad (-5 < x < 3).$

    (2) $\dfrac{1}{x^2} = \left(-\dfrac{1}{x}\right)' = \sum\limits_{n=1}^{\infty} \dfrac{(-1)^{n-1}n}{2^{n+1}}(x-2)^{n-1} \quad (0 < x < 4).$

    (3) $\displaystyle\int_0^x \sin t^2 \,\mathrm{d}t = \int_0^x \sum\limits_{n=0}^{\infty} \dfrac{(-1)^n}{(2n+1)!}(t^2)^{2n+1}\,\mathrm{d}t = \sum\limits_{n=0}^{\infty} (-1)^n \dfrac{x^{4n+3}}{(2n+1)!(4n+3)}$

$$(-\infty < x < +\infty).$$

9. (1) $\dfrac{x(1+x)}{(1-x)^2} \quad (|x| < 1).$

    (2) $\dfrac{3+x^2}{(3-x^2)^2} \quad (|x| < \sqrt{3}).$

    (3) $-x\arctan x \quad (|x| \leqslant 1).$

10. $f(x) = \dfrac{2}{\pi} \sum\limits_{n=1}^{\infty} \left[\dfrac{1}{n^2}\sin\dfrac{n\pi}{2} + (-1)^{n+1}\dfrac{\pi}{2n}\right]\sin nx$

    $(x \neq (2n+1)\pi, n = 0, \pm 1, \pm 2, \cdots).$

11. $\dfrac{8}{\pi} \sum\limits_{n=1}^{\infty} \dfrac{n}{4n^2-1}\sin nx = \begin{cases} \cos\dfrac{x}{2}, & 0 < x \leqslant \pi, \\ 0, & x = 0. \end{cases}$

12. 提示：因 $\left(a_n - \dfrac{1}{2n}\right)^2 \geqslant 0$，即 $\dfrac{a_n}{n} \leqslant a_n^2 + \dfrac{1}{4n^2}$，利用此不等式即可证明.

13. 提示：因 $\sum\limits_{n=1}^{\infty} |a_n| \leqslant M\,(M > 0)$，所以 $|(a_1 + a_2 + \cdots + a_n)a_n| \leqslant M|a_n|$，由此，即可推出结论成立.

第十二章 矢量代数与空间解析几何

12.1 主要公式和结论

12.1.1 矢量间的运算

设 $\boldsymbol{a} = \{a_x, a_y, a_z\}, \boldsymbol{b} = \{b_x, b_y, b_z\}, \boldsymbol{c} = \{c_x, c_y, c_z\}$.

(1) $\boldsymbol{a} \pm \boldsymbol{b} = \{a_x \pm b_x, a_y \pm b_y, a_z \pm b_z\}$.

(2) $\lambda \boldsymbol{a} = \{\lambda a_x, \lambda a_y, \lambda a_z\}, \lambda$ 为常数.

(3) $\boldsymbol{a} \cdot \boldsymbol{b} = a_x b_x + a_y b_y + a_z b_z = |\boldsymbol{a}||\boldsymbol{b}|\cos(\widehat{\boldsymbol{a}, \boldsymbol{b}})$.

(4) $\boldsymbol{a} \times \boldsymbol{b} = \{a_y b_z - a_z b_y, a_z b_x - a_x b_z, a_x b_y - a_y b_x\} = \begin{vmatrix} \boldsymbol{i} & \boldsymbol{j} & \boldsymbol{k} \\ a_x & a_y & a_z \\ b_x & b_y & b_z \end{vmatrix}$.

(5) $\boldsymbol{a} \cdot (\boldsymbol{b} \times \boldsymbol{c}) = \begin{vmatrix} a_x & a_y & a_z \\ b_x & b_y & b_z \\ c_x & c_y & c_z \end{vmatrix} \overset{\text{def}}{=\!=} [\boldsymbol{abc}]$.

12.1.2 平面方程

(1) 点法式：$A(x - x_0) + B(y - y_0) + C(z - z_0) = 0$.

(2) 一般式：$Ax + By + Cz + D = 0$.

(3) 三点式：$\begin{vmatrix} x - x_1 & y - y_1 & z - z_1 \\ x_2 - x_1 & y_2 - y_1 & z_2 - z_1 \\ x_3 - x_1 & y_3 - y_1 & z_3 - z_1 \end{vmatrix} = 0$.

(4) 截距式：$\dfrac{x}{a} + \dfrac{y}{b} + \dfrac{z}{c} = 1 \quad (abc \neq 0)$.

12.1.3 直线方程

(1) 点向式：$\dfrac{x - x_0}{m} = \dfrac{y - y_0}{n} = \dfrac{z - z_0}{p}$.

(2) 两点式：$\dfrac{x - x_1}{x_2 - x_1} = \dfrac{y - y_1}{y_2 - y_1} = \dfrac{z - z_1}{z_2 - z_1}$.

(3) 参数式:$\begin{cases} x = x_0 + mt, \\ y = y_0 + nt, \\ z = z_0 + pt \quad (t \in (-\infty, +\infty)). \end{cases}$

(4) 一般式:$\begin{cases} A_1 x + B_1 y + C_1 z + D_1 = 0, \\ A_2 x + B_2 y + C_2 z + D_2 = 0. \end{cases}$

12.1.4　空间曲面方程

1. 一般式

(1) 隐式:$F(x, y, z) = 0 \quad ((x, y, z) \in \Omega \subset \mathbf{R}^3)$.

(2) 显式:$z = z(x, y) \quad ((x, y) \in D_{xy} \subset \mathbf{R}^2)$.

$\qquad y = y(z, x) \quad ((z, x) \in D_{zx} \subset \mathbf{R}^2)$.

$\qquad x = x(y, z) \quad ((y, z) \in D_{yz} \subset \mathbf{R}^2)$.

2. 柱面

(1) 一般式:

$f(x, y) = 0$,母线平行于 z 轴,准线位于 xOy 平面.

$g(y, z) = 0$,母线平行于 x 轴,准线位于 yOz 平面.

$h(z, x) = 0$,母线平行于 y 轴,准线位于 zOx 平面.

(2) 投影式:

$F(x, y) = 0$,从方程组 $\begin{cases} F_1(x, y, z) = 0, \\ F_2(x, y, z) = 0 \end{cases}$ 中消去 z 解得.

$G(y, z) = 0$,从方程组 $\begin{cases} F_1(x, y, z) = 0, \\ F_2(x, y, z) = 0 \end{cases}$ 中消去 x 解得.

$H(z, x) = 0$,从方程组 $\begin{cases} F_1(x, y, z) = 0, \\ F_2(x, y, z) = 0 \end{cases}$ 中消去 y 解得.

3. 旋转曲面

$f(\pm\sqrt{x^2 + y^2}, z) = 0$,由 yOz 平面曲线 $f(y, z) = 0$ 绕 z 轴旋转所得.

$f(y, \pm\sqrt{x^2 + z^2}) = 0$,由 yOz 平面曲线 $f(y, z) = 0$ 绕 y 轴旋转所得.

注　类似可得另外两坐标面上的曲线分别绕两坐标轴旋转的旋转曲面方程的形式.

12.1.5　空间曲线方程

(1) 一般式:$\begin{cases} F_1(x, y, z) = 0, \\ F_2(x, y, z) = 0. \end{cases}$

(2) 参数式:$\begin{cases} x = x(t), \\ y = y(t), \quad (t \in I \subset \mathbf{R}^1) \\ z = z(t). \end{cases}$

(3) 矢量式:$\boldsymbol{r}(t) = \{x(t), y(t), z(t)\} \quad (t \in I \subset \mathbf{R}^1)$.

12.1.6 距离公式

(1) 两点 $M_1(x_1, y_1, z_1)$ 和 $M_2(x_2, y_2, z_2)$ 的距离为

$$d = \sqrt{(x_2 - x_1)^2 + (y_2 - y_1)^2 + (z_2 - z_1)^2}.$$

(2) 点 $M_0(x_0, y_0, z_0)$ 到平面 $Ax + By + Cz + D = 0$ 的距离为

$$d = \frac{|Ax_0 + By_0 + Cz_0 + D|}{\sqrt{A^2 + B^2 + C^2}}.$$

(3) 点 $M_0(x_0, y_0, z_0)$ 到直线 $\dfrac{x - x_1}{m} = \dfrac{y - y_1}{n} = \dfrac{z - z_1}{p}$ 的距离为

$$d = \frac{\sqrt{\left|\begin{matrix} y_1 - y_0 & z_1 - z_0 \\ n & p \end{matrix}\right|^2 + \left|\begin{matrix} z_1 - z_0 & x_1 - x_0 \\ p & m \end{matrix}\right|^2 + \left|\begin{matrix} x_1 - x_0 & y_1 - y_0 \\ m & n \end{matrix}\right|^2}}{\sqrt{m^2 + n^2 + p^2}}.$$

12.1.7 夹角公式

(1) 两矢量 $\boldsymbol{a} = \{a_x, a_y, a_z\}$ 和 $\boldsymbol{b} = \{b_x, b_y, b_z\}$ 间的夹角为

$$(\widehat{\boldsymbol{a}, \boldsymbol{b}}) = \arccos \frac{\boldsymbol{a} \cdot \boldsymbol{b}}{|\boldsymbol{a}||\boldsymbol{b}|} = \arccos \frac{a_x b_x + a_y b_y + a_z b_z}{\sqrt{a_x^2 + a_y^2 + a_z^2}\sqrt{b_x^2 + b_y^2 + b_z^2}}.$$

(2) 两平面 $A_1 x + B_1 y + C_1 z + D_1 = 0, A_2 x + B_2 y + C_2 z + D_2 = 0$ 间的夹角为

$$\theta = \arccos \frac{|\boldsymbol{n}_1 \cdot \boldsymbol{n}_2|}{|\boldsymbol{n}_1||\boldsymbol{n}_2|} = \arccos \frac{|A_1 A_2 + B_1 B_2 + C_1 C_2|}{\sqrt{A_1^2 + B_1^2 + C_1^2}\sqrt{A_2^2 + B_2^2 + C_2^2}}.$$

(3) 两直线 $\dfrac{x - x_1}{m_1} = \dfrac{y - y_1}{n_1} = \dfrac{z - z_1}{p_1}$ 和 $\dfrac{x - x_2}{m_2} = \dfrac{y - y_2}{n_2} = \dfrac{z - z_2}{p_2}$ 间的夹角为

$$\varphi = \arccos \frac{|\boldsymbol{s}_1 \cdot \boldsymbol{s}_2|}{|\boldsymbol{s}_1||\boldsymbol{s}_2|} = \arccos \frac{|m_1 m_2 + n_1 n_2 + p_1 p_2|}{\sqrt{m_1^2 + n_1^2 + p_1^2}\sqrt{m_2^2 + n_2^2 + p_2^2}}.$$

(4) 直线 $\dfrac{x - x_0}{m} = \dfrac{y - y_0}{n} = \dfrac{z - z_0}{p}$ 与平面 $Ax + By + Cz + D = 0$ 之间的夹角为

$$\varphi = \arcsin \frac{|\boldsymbol{s} \cdot \boldsymbol{n}|}{|\boldsymbol{s}||\boldsymbol{n}|} = \arcsin \frac{|Am + Bn + Cp|}{\sqrt{m^2 + n^2 + p^2}\sqrt{A^2 + B^2 + C^2}}.$$

12.1.8 几何位置关系

1. 垂直关系

(1) $\boldsymbol{a} \perp \boldsymbol{b} \Leftrightarrow \boldsymbol{a} \cdot \boldsymbol{b} = 0 \Leftrightarrow a_x b_x + a_y b_y + a_z b_z = 0.$

(2) 两平面垂直 ⇔ 对应的两法矢量垂直.

(3) 两直线垂直 ⇔ 对应的两方向矢量垂直.

(4) 直线与平面垂直 ⇔ 各自对应的方向矢量与法矢量相互平行.

2. 平行关系

(1) $a \parallel b \Leftrightarrow a \times b = 0 \Leftrightarrow \dfrac{a_x}{b_x} = \dfrac{a_y}{b_y} = \dfrac{a_z}{b_z}$.

(2) 两平面平行 ⇔ 对应的两法矢量平行.

(3) 两直线平行 ⇔ 对应的两方向矢量平行.

(4) 直线与平面平行 ⇔ 各自对应的方向矢量与法矢量相互垂直.

3. 共面关系

(1) 三矢量 a, b, c 共面 $\Leftrightarrow [abc] = 0$.

(2) 两直线 l_1, l_2 共面 $\Leftrightarrow [\overrightarrow{M_1 M_2} s_1 s_2] = 0$,其中,$s_1, s_2$ 分别为 l_1 与 l_2 的方向矢量;$M_1(x_1, y_1, z_1)$ 与 $M_2(x_2, y_2, z_2)$ 分别是 l_1 与 l_2 上的点.

12.1.9 几何应用

(1) 投影.

矢量 a 在非零矢量 b 上的投影为

$$\mathrm{Prj}_b a = |a| \cos(\widehat{a, b})$$

(2) 方向角与方向余弦.

非零矢量 a 与 i, j, k 的夹角分别记作 α, β, γ,它们被称为 a 的方向角. 若 $a = \{a_x, a_y, a_z\}$,则

$$a_x = \mathrm{Prj}_i a, \quad a_y = \mathrm{Prj}_j a, \quad a_z = \mathrm{Prj}_k a.$$

$\cos\alpha = \dfrac{a_x}{|a|}, \cos\beta = \dfrac{a_y}{|a|}, \cos\gamma = \dfrac{a_z}{|a|}$,称为 a 的方向余弦,且有

$$\cos^2\alpha + \cos^2\beta + \cos^2\gamma = 1.$$

(3) 以 a, b 为邻边所构成平行四边形的面积为

$$S = |a \times b| = |a| |b| \sin(\widehat{a, b}).$$

(4) 以 a, b, c 为棱所构成平行六面体的体积为

$$V = |[abc]| = \left| \begin{vmatrix} a_x & a_y & a_z \\ b_x & b_y & b_z \\ c_x & c_y & c_z \end{vmatrix} \right|.$$

12.1.10 平面束方程

称 $A_1 x + B_1 y + C_1 z + D_1 + \lambda(A_2 x + B_2 y + C_2 z + D_2) = 0$ $(\lambda \in \mathbf{R}^1)$ 为平面束方程.

注 除平面 $A_2x + B_2y + C_2z + D_2 = 0$ 外,一切过直线 $\begin{cases} A_1x + B_1y + C_1z + D_1 = 0, \\ A_2x + B_2y + C_2z + D_2 = 0 \end{cases}$ 的平面都含在平面束方程中,它们由 λ 的取值而确定.

12.2 解题指导

12.2.1 基本概念

例1 写出点 $P(1, -2, -1)$ 的下列对称点的坐标.

(1) 关于三个坐标面分别对称;

(2) 关于三个坐标轴分别对称;

(3) 对于原点对称.

解 此类题只要搞清楚各个坐标的含义就不难了.

(1) 点 P 关于 xOy, yOz, zOx 对称点的坐标分别为 $(1, -2, 1)$,$(-1, -2, -1)$,$(1, 2, -1)$.

(2) 点 P 关于 x, y, z 轴对称点的坐标分别为 $(1, 2, 1)$,$(-1, -2, 1)$,$(-1, 2, -1)$.

(3) 点 P 关于原点对称点的坐标为 $(-1, 2, 1)$.

例2 在 yOz 平面上,求与三个已知点 $A(3, 1, 2)$,$B(4, -2, -2)$ 和 $C(0, 5, 1)$ 等距离的点的坐标.

解 设所求点的坐标为 $P(0, y, z)$,则有:$|PA| = |PB| = |PC|$,也就是

$$\sqrt{(0-3)^2 + (y-1)^2 + (z-2)^2} = \sqrt{(0-4)^2 + (y+2)^2 + (z+2)^2}$$
$$= \sqrt{(0-0)^2 + (y-5)^2 + (z-1)^2}.$$

解上述方程组,可得 $y = 1, z = -2$.

所求点的坐标为 $(0, 1, -2)$.

12.2.2 矢量及其运算

例3 作一三角形使它的各边等于且平行于给定的三角形 ABC 的三条中线.

解 如图 12.1 所示,此题的含义为三角形 ABC 的三条中线也能构成某个三角形的三条边.

记 $\overrightarrow{AB} = \boldsymbol{c}, \overrightarrow{CA} = \boldsymbol{b}, \overrightarrow{BC} = \boldsymbol{a}$,

且 D, E, F 分别为 BC, CA, AB 的中点.

利用矢量的加和数乘即线性运算性质. 因为

$$\overrightarrow{AD} = \overrightarrow{AB} + \overrightarrow{BD} = \boldsymbol{c} + \frac{1}{2}\boldsymbol{a},$$

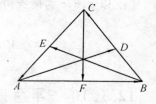

图 12.1

$$\overrightarrow{BE} = \overrightarrow{BC} + \overrightarrow{CE} = a + \frac{1}{2}b,$$

$$\overrightarrow{CF} = \overrightarrow{CA} + \overrightarrow{AF} = b + \frac{1}{2}c,$$

所以
$$\overrightarrow{AD} + \overrightarrow{BE} + \overrightarrow{CF} = \frac{3}{2}(a + b + c).$$

而 $a + b + c = 0$（这是由于 a, b, c 构成了三角形的三条边.依据矢量加法的平行四边形原理而得）.所以,$\overrightarrow{AD}, \overrightarrow{BE}, \overrightarrow{CF}$ 也构成了一个三角形.

例 4 一船欲从河的南岸驶向北岸.已知水从东向西流动,速度为每分钟 6m,问船应以多大的速度并与河岸成多大的角度航行,才能使船的实际航行方向垂直于河岸且每分钟前进 8m?

解 如图 12.2 所示,v 是自东向西的水流速度.$|v| = $ 6m/min.s 是船的实际航行方向.

根据题意,$|s| = 8$m/min 方向垂直于 x 轴.而由矢量加法的平行四边形法则,船应有的航行矢量为 a,它与 x 轴的正向夹角为 θ.

显然,$|PQ| = |v|$,$|OP| = |s|$.而三角形 OPQ 为直角三角形,所以

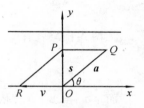

图 12.2

$$|OQ| = \sqrt{|v|^2 + |s|^2} = \sqrt{8^2 + 6^2} = 10.$$

而
$$\sin\theta = \frac{|OP|}{|OQ|} = \frac{8}{10} = 0.8,$$

得
$$\theta = \arcsin 0.8 = 53°7'38''.$$

船应以每分钟 10m 的速度,以与 x 正向夹角为 $53°7'38''$ 的航行才能使船的实际航行方向垂直于河岸且每分钟前进 8m.

例 5 设矢量 n 的三个方向角为 α, β, γ,它们满足 $\alpha = \beta, \gamma = 2\alpha$,求 n^0.

解 此题要求对方向余弦的定义和性质有一定了解,其实 $n^0 = \{\cos\alpha, \cos\beta, \cos\gamma\}$.

由于方向余弦有一个很重要的性质:

$$\cos^2\alpha + \cos^2\beta + \cos^2\gamma = 1$$

在此题中 $\alpha = \beta, \gamma = 2\alpha$,故得 $2\cos^2\alpha + \cos^2 2\alpha = 1$,即

$$\cos 2\alpha \cdot (1 + \cos 2\alpha) = 0.$$

由此可得两种情况.

(1) 当 $\cos 2\alpha = 0$ 时,$\alpha = \pi/4$,则

$$n^0 = \left\{\frac{\sqrt{2}}{2}, \frac{\sqrt{2}}{2}, 0\right\}.$$

(2) 当 $\cos 2\alpha = -1$ 时,$\alpha = \pi/2$,则

$$n^0 = \{0,0,-1\}.$$

例6 设矢量 $(2a+5b)$ 与 $(a-b)$ 垂直,$(2a+3b)$ 与 $(a-5b)$ 垂直,试求 $(\widehat{a,b})$.

解 此题的解法要用到矢量的数量积的定义和运算性质.由题意,

$$(2a+5b) \perp (a-b),\quad \text{即}\quad (2a+5b) \cdot (a-b) = 0.$$

又

$$(2a+3b) \perp (a-5b),\quad \text{即}\quad (2a+3b) \cdot (a-5b) = 0.$$

展开上述两式,可得

$$\begin{cases} 2\,|\,a\,|^2 + 3a \cdot b - 5\,|\,b\,|^2 = 0, \\ 2\,|\,a\,| - 7a \cdot b - 15\,|\,b\,|^2 = 0. \end{cases}$$

进一步将 $|\,b\,|^2$ 移到右边,将 $a \cdot b$,$|\,a\,|$ 用 $|\,b\,|$ 表示出来,得

$$\begin{cases} 2\,|\,a\,|^2 + 3a \cdot b = 5\,|\,b\,|^2, \\ 2\,|\,a\,|^2 - 7a \cdot b = 15\,|\,b\,|^2. \end{cases}$$

上两式相减就有

$$10a \cdot b = -10\,|\,b\,|^2.$$

得

$$a \cdot b = -|\,b\,|^2.$$

而 $|\,a\,| = 2\,|\,b\,|$.依据数量积的定义,有

$$\cos(\widehat{a,b}) = \frac{a \cdot b}{|\,a\,|\,|\,b\,|} = -\frac{1}{2},$$

即

$$(\widehat{a,b}) = \frac{2}{3}\pi.$$

例7 试用矢量的方法证明直径所对的圆周角是直角.

证一 如图 12.3 所示,设 AB 是圆 O 的直径,点 C 在圆

周上.显然要证 $\overrightarrow{AC} \perp \overrightarrow{BC}$,只需证明 $\overrightarrow{AC} \cdot \overrightarrow{BC} = 0$.由矢量的加法的平行四边形法则,有

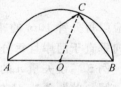

图 12.3

$$\overrightarrow{AC} \cdot \overrightarrow{BC} = (\overrightarrow{AO} + \overrightarrow{OC}) \cdot (\overrightarrow{BO} + \overrightarrow{OC})$$

$$= (\overrightarrow{AO} + \overrightarrow{OC}) \cdot (\overrightarrow{OC} - \overrightarrow{OB})$$

$$= (\overrightarrow{AO} + \overrightarrow{OC}) \cdot (\overrightarrow{OC} - \overrightarrow{AO})(因 \overrightarrow{OA} = -\overrightarrow{OB})$$

$$= -|\,\overrightarrow{AO}\,|^2 + |\,\overrightarrow{OC}\,|^2$$

$$= |\,\overrightarrow{OC}\,|^2 - |\,\overrightarrow{AO}\,|^2 = 0$$

$$(因 \,|\,\overrightarrow{OC}\,| = |\,\overrightarrow{AO}\,|,都是圆的半径)$$

所以 $\overrightarrow{AC} \perp \overrightarrow{BC}$,即 $\angle C$ 是直角.

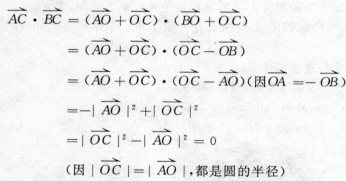

证二　如图 12.4 所示,设圆的方程为 $x^2 + y^2 = R^2$,则 A,B,C 三点坐标对应为 $A(-R,0)$,$B(R,0)$,$C(x,y)$,其中,$C(x,y)$ 是圆上任一点.

由此可构造矢量 $\overrightarrow{AC} = \{x+R,y\}$,$\overrightarrow{BC} = \{x-R,y\}$.要

证明 $\overrightarrow{AC} \perp \overrightarrow{BC}$.仍然用矢量的数量积.

$$\overrightarrow{AC} \cdot \overrightarrow{BC} = (x+R)(x-R) + y^2$$
$$= x^2 + y^2 - R^2 = 0.$$

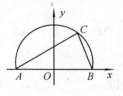

图 12.4

所以 $\overrightarrow{AC}$ 的确垂直于 $\overrightarrow{BC}$,$\angle C$ 为直角.

例 8　设矢量 $a = \{4,5,-3\}$,$b = \{2,3,6\}$,求与 a 同向的单位矢量 a^0 及 b 的方向余弦,并求实数 λ,μ,满足什么条件才能使 $\lambda a + \mu b$ 与 z 轴垂直.

解　$a^0 = \dfrac{a}{|a|} = \dfrac{1}{\sqrt{4^2 + 5^2 + (-3)^2}}\{4,5,-3\} = \left\{\dfrac{4}{\sqrt{50}}, \dfrac{5}{\sqrt{50}}, -\dfrac{3}{\sqrt{50}}\right\}.$

因 b^0 的三个分量就是 b 的三个方向余弦:

$$\cos\alpha, \cos\beta, \cos\gamma.$$

所以　　　　　$b^0 = \dfrac{b}{|b|} = \dfrac{1}{\sqrt{2^2 + 3^2 + 6^2}}\{2,3,6\} = \left\{\dfrac{2}{7}, \dfrac{3}{7}, \dfrac{6}{7}\right\},$

则 b 的三个方向余弦分别为

$$\cos\alpha = \dfrac{2}{7}, \cos\beta = \dfrac{3}{7}, \cos\gamma = \dfrac{6}{7}.$$

依题意　　$\lambda a + \mu b$ 与 z 轴垂直 $\Leftrightarrow (\lambda a + \mu b) \cdot k = 0$(其中,$k$ 为 z 轴上的基本单位矢量),即有

$$(\lambda a + \mu b) \cdot k = \{4\lambda + 2\mu, 5\lambda + 3\mu, -3\lambda + 6\mu\} \cdot \{0,0,1\}$$
$$= -3\lambda + 6\mu = 0.$$

由此得　　　　　　　　　　　$\lambda = 2\mu.$

只要 λ,μ 满足 $\lambda = 2\mu$ 的条件,就一定能保证 $\lambda a + \mu b$ 与 z 轴是垂直的.

例 9　已知矢量 $\overrightarrow{AB} = a$,$\overrightarrow{AC} = b$,$\angle ADB = \pi/2$,如图 12.5 所示.试证明:$\triangle BAD$ 的面积 $S = \dfrac{|a \times b| \, |a \cdot b|}{2|b|^2}$.

图 12.5

证　依据矢量积的几何意义:

$$S_{\triangle BAD} = \dfrac{1}{2} |\overrightarrow{AB} \times \overrightarrow{AD}| = \dfrac{1}{2} |a \times \overrightarrow{AD}|.$$

此题的关键就是用已知的量来表示矢量 $\overrightarrow{AD}$.由于 $\overrightarrow{AD} /\!/ \overrightarrow{AC}$,所以 $\overrightarrow{AD} = \lambda \overrightarrow{AC}$.

这里的 λ 是未知待求的实数.由图 7.5 得 $\overrightarrow{AB}$ 在 $\overrightarrow{AC}$ 上的投影就是 $\overrightarrow{AD}$,即

$$| \overrightarrow{AD} | = \mathrm{P_{rj\overrightarrow{AC}}} \overrightarrow{AB}.$$

由投影与数量积的关系,可得

$$| \overrightarrow{AD} | = \mathrm{P_{rj\overrightarrow{AC}}} \overrightarrow{AB} = | \overrightarrow{AB} \cdot \overrightarrow{AC}^0 | = \left| \overrightarrow{AB} \cdot \frac{\overrightarrow{AC}}{| \overrightarrow{AC} |} \right| = \frac{1}{| \overrightarrow{AC} |} | \overrightarrow{AB} \cdot \overrightarrow{AC} |.$$

所以 $\qquad \lambda = \dfrac{| \overrightarrow{AB} \cdot \overrightarrow{AC} |}{| \overrightarrow{AC} |^2},$ 即 $\qquad \overrightarrow{AD} = \dfrac{| \overrightarrow{AB} \cdot \overrightarrow{AC} |}{| \overrightarrow{AC} |^2} \overrightarrow{AC}.$

代回面积公式得

$$S_{\triangle BAD} = \frac{1}{2} | a \times \overrightarrow{AD} | = \frac{1}{2} | a \times \overrightarrow{AC} | \cdot \frac{| \overrightarrow{AB} \cdot \overrightarrow{AC} |}{| \overrightarrow{AC} |^2}$$

$$= \frac{| a \times b | | a \cdot b |}{2 | b |^2}.$$

12.2.3　平面与直线

例 10　求两个平面 $\pi_1 : 3x - z + 12 = 0$ 和 $\pi_2 : 2x + 6y + 17 = 0$ 所构成的二面角的平分面方程.

解一　设所求平面上任一点 $M(x, y, z)$. 由于二面角的平分角上任一点到两个已知平面的距离相等,即

$$\frac{| 3x - z + 12 |}{\sqrt{10}} = \frac{| 2x + 6y + 17 |}{\sqrt{40}},$$

得 $\qquad 2 | 3x - z + 12 | = | 2x + 6y + 17 |.$

去掉绝对值符号,得

$$2(3x - z + 12) = \pm (2x + 6y + 17).$$

由此可以得到两个平面方程:

$$4x - 6y - 2z + 7 = 0 \quad 和 \quad 8x + 6y - 2z + 41 = 0.$$

解二　由平面束求方程,得

$$(3x - z + 12) + \lambda(2x + 6y + 17) = 0.$$

合并得 $\qquad (3 + 2\lambda)x + 6\lambda y - z + (12 + 17\lambda) = 0.$

此处有 $\qquad n = \{3 + 2\lambda, 6\lambda, -1\}.$

而 n 与 π_1 的法矢量 $n_1 = \{3, 0, -1\}$ 和 n_2 的法矢量 $n_2 = \{2, 6, 0\}$ 的夹角都相等,即

$$(\widehat{n, n_1}) = (\widehat{n, n_2}),$$

也就是 $\qquad \cos(\widehat{n, n_1}) = \cos(\widehat{n, n_2}).$

得
$$\frac{|\,n\cdot n_1\,|}{|\,n_1\,|}=\frac{|\,n\cdot n_2\,|}{|\,n_2\,|}.$$

代入具体的表达式,得
$$\frac{|\,3(3+2\lambda)+1\,|}{\sqrt{10}}=\frac{|\,2(3+2\lambda)+36\lambda\,|}{\sqrt{40}},$$

解得 $\lambda=\pm\dfrac{1}{2}$. 代回方程就得
$$8x+6y-2z+41=0 \text{ 和 } 4x-6y-2z+7=0.$$

例 11　求点 $P(1,-2,3)$ 关于平面 $\pi:x+4y+z-14=0$ 的对称点.

解　设 $Q(a,b,c)$ 为所求点,显然过点 P 且与平面 π 垂直的直线方程为
$$\begin{cases} x=1+\lambda, \\ y=-2+4\lambda, \\ z=3+\lambda, \end{cases}$$

其中 λ 为参数. 由于 Q 一定在此直线上,得
$$a=1+\lambda,\quad b=4\lambda-2,\quad c=\lambda+3.$$

又由于 P,Q 到 π 的距离是相等的,所以有
$$\frac{|\,(1+\lambda)+4(4\lambda-2)+(\lambda+3)-14\,|}{\sqrt{1^2+4^2+1^2}}=\frac{|\,1+4\times(-2)+3-14\,|}{\sqrt{1^2+4^2+1^2}},$$

解得
$$\lambda_1=0(\text{舍去}) \text{ 和 } \lambda_2=2.$$

所以点 P 关于平面 π 的对称点为 $Q(3,6,5)$.

例 12　求过点 $M(2,-5,3)$ 且和平面 $\pi_1:2x-y+z-1=0$ 以及 $\pi_2:x+y-z-2=0$ 平行的直线方程.

解一　使用直线的点向式方程,方向矢量 s 既垂直 π_1 的法矢量 $n_1=\{2,-1,1\}$,同时垂直 π_2 的法矢量 $n_2=\{1,1,-1\}$,则
$$s=n_1\times n_2=\begin{vmatrix} i & j & k \\ 2 & -1 & 1 \\ 1 & 1 & -1 \end{vmatrix}=3j+3k.$$

所求直线方程为
$$\frac{x-2}{0}=\frac{y+5}{1}=\frac{z-3}{1}.$$

解二　分别作过点 M 且平行于平面 π_1 和 π_2 的平面 π_1',π_2'. 联立 π_1' 和 π_2' 即得结果.

过 M 且平行于平面 π_1 的平面方程为
$$\pi_1':2(x-2)-(y+5)+(z-3)=0,$$
$$2x-y+z-12=0.$$

过 M 且平行于平面 π_2 的平面方程为
$$\pi_2':(x-2)+(y+5)-(z-3)=0,$$
$$x+y-z+6=0,$$

则所求直线为
$$\begin{cases} 2x-y+z-12=0, \\ x+y-z+6=0. \end{cases}$$

例 13 已知直线 $L:\begin{cases} x-y=3, \\ 3x-y+z=1 \end{cases}$ 及点 $P_0(1,0,-1)$. 求点 P_0 到直线 L 的距离.

解一 用求投影点的方法来求得.

先写出上述直线 L 的参数方程.

令 $x=t$,则 $y=t-3,z=-2t-2$. 这样就得到了已知直线的参数方程
$$\begin{cases} x=t, \\ y=t-3, \\ z=-2t-2. \end{cases}$$

其方向矢量为
$$\boldsymbol{s}=\{1,1,-2\}.$$

作过点 P_0 以 $\boldsymbol{s}$ 为法矢量的平面,方程为 $x+y-2z-3=0$.

联立此平面和已知直线:
$$\begin{cases} x-y=3, \\ 3x-y+z=1, \\ x+y-2z-3=0. \end{cases}$$

得交点(也是 P_0 在 π 上的投影点)
$$P_1\left(\frac{1}{3},-\frac{8}{3},-\frac{8}{3}\right),$$

故
$$d=|P_0P_1|=\frac{1}{3}\sqrt{93}.$$

解二 使用矢量方程的几何意义来求得.

由上解知 L 的方向矢量

$\boldsymbol{s}=\{1,1,-2\}$. 在 L 上任取一点 $P_2(0,-3,-2)$,则有矢量
$$\overrightarrow{P_2P_0}=\{-7,3,-2\},$$

有
$$d=\frac{|\overrightarrow{P_2P_0}\times\boldsymbol{s}|}{|\boldsymbol{s}|}=\frac{\sqrt{49+9+4}}{\sqrt{1+1+4}}=\frac{\sqrt{93}}{3}.$$

例 14 设平面 π 通过点 $P(1,1,2)$ 且与平面 $\pi_1:x+2y-3z=0$ 垂直,又与直线 $L:\dfrac{x-2}{1}=\dfrac{y-3}{1}=\dfrac{z+1}{1}$ 平行,求平面 π 的方程.

解一 显然待求平面 π 的法矢量 n 既垂直于平面 π_1 的法矢量 $n_1 = \{1, 2, -3\}$，又垂直于直线 L 的方向矢量 $s = \{1, 1, 1\}$，

$$n = n_1 \times s = \begin{vmatrix} i & j & k \\ 1 & 2 & -3 \\ 1 & 1 & 1 \end{vmatrix} = 5i - 4j - k.$$

这样立刻就可以嵌上平面的点法式：

$$5(x-1) - 4(y-1) - (z-2) = 0,$$

即

$$5x - 4y - z + 1 = 0.$$

解二 假设待求平面 π 的方程为

$$Ax + By + Cz + D = 0,$$

则可根据条件：点 P 在平面 π 上，π 平行于 π_1 和 π 平行于直线 L，列出三个方程

$$\begin{cases} A + B + 2C + D = 0, \\ A + 2B - 3C = 0, \\ A + B + C = 0. \end{cases}$$

由此可以解出

$$A = -5C, \quad B = 4C, \quad D = -C.$$

令 $C = -1$，得 $A = 5, B = -4, D = 1$，即

$$5x - 4y - z + 1 = 0.$$

例 15 求过直线 $L: \begin{cases} 4x - y + 3z - 1 = 0, \\ x + 5y - z + 2 = 0, \end{cases}$

且分别满足 ① 过原点；② 与 x 轴平行的平面方程.

解 ① 此题可以使用平面束的方法加以求解.

$$(4x - y + 3z - 1) + \lambda(x + 5y - z + 2) = 0,$$

整理得

$$(4+\lambda)x + (5\lambda - 1)y + (3 - \lambda)z + (2\lambda - 1) = 0.$$

将原点 $(0, 0, 0)$ 代入此方程，可以解得

$$\lambda = \frac{1}{2}.$$

由此可得平面方程为

$$9x + 3y + 5z = 0.$$

② 仍然使用上述的平面束方程，由条件所求的平面与 x 轴平行，所以平面束的法矢量

$$n = \{4 + \lambda, 5\lambda - 1, 3 - \lambda\}$$

与 i 是垂直的，即

$$n \cdot i = 0 \Rightarrow \lambda = -4.$$

代入就得到所求平面方程为

$$21y - 7z + 9 = 0.$$

注意：由于题目的条件不同，得到了不同的 λ 值，即过同一条直线的不同平面.

例 16 求过点 $M(-4,-5,3)$ 且与两直线 $L_1: \dfrac{x+1}{3} = \dfrac{y+3}{-2} = \dfrac{z-2}{-1}$ 和

$L_2: \dfrac{x-2}{2} = \dfrac{y+1}{3} = \dfrac{z-1}{-5}$ 都相交的直线方程.

解 过点 M 分别作过直线 L_1 与 L_2 的平面，此两平面的交线就是所求的直线.

由已知 L_1 的方向矢量为 $s_1 = \{3,-2,-1\}$，点 $A(-1,-3,2)$ 在直线 L_1 上. 设 $B(x,y,z)$ 是平面上的动点，则有 $(\overrightarrow{MB} \times s) \cdot \overrightarrow{MA} = 0$，即

$$\begin{vmatrix} x+4 & y+5 & z-3 \\ 3 & -2 & -1 \\ 3 & 2 & -1 \end{vmatrix} = 0,$$

解得

$$x + 3z - 5 = 0.$$

同理过点 M 和直线 L_2 的平面方程为

$$\begin{vmatrix} x+4 & y+5 & z-3 \\ 2 & 3 & -5 \\ 6 & 4 & 2 \end{vmatrix} = 0,$$

即

$$7x - 13y - 5z - 22 = 0.$$

所求直线方程为

$$\begin{cases} x + 3z - 5 = 0, \\ 7x - 13y - 5z - 22 = 0. \end{cases}$$

12.2.4　空间的曲面与曲线

例 17 求与 xOy 平面成 $\pi/4$ 角，且过点 $(1,0,0)$ 的一切直线所成的轨迹(曲面).

解 记点 $A(1,0,0)$，设点 $P(x,y,z)$ 是轨迹上的任一动点. 由题意可以构成一个动矢量 $\overrightarrow{AP} = \{x-1,y,z\}$，而此矢量 $\overrightarrow{AP}$ 与 xOy 平面的夹角始终是 $\pi/4$. xOy 平面的法矢量为

$$k = \{0,0,1\}.$$

由直线与平面夹角的公式，有

$$\sin\varphi = \frac{|\overrightarrow{AP} \cdot k|}{|\overrightarrow{AP}||k|} = \frac{|z|}{\sqrt{(x-1)^2+y^2+z^2}} = \frac{\sqrt{2}}{2}, \quad |k| = 1.$$

由此可得

$$z^2 = (x-1)^2 + y^2.$$

这是顶点在 $(1,0,0)$ 以 z 轴为旋转轴的正圆锥面.

例 18　求过点 $A(0,3,3)$ 和点 $B(-1,3,4)$ 且球心在直线 $\begin{cases} 2x+4y-z-7=0, \\ 4x+5y+z-14=0 \end{cases}$ 上的球面方程.

解　此题解答的关键是球面的球心是 A,B 两点的垂直平分面 π 与已知直线的交点. 首先求 A,B 两点连线的中心点坐标 $P\left(-\dfrac{1}{2},3,\dfrac{7}{2}\right)$, 而且 $\overrightarrow{AB}=\{-1,0,1\}$ 就是所求垂直平分面的法矢量, 则方程为

$$-\left(x+\frac{1}{2}\right)+\left(z-\frac{7}{2}\right)=0,$$

即

$$x-z+4=0.$$

联立垂直平分面与已知的直线求球心的坐标:

$$\begin{cases} x-z+4=0, \\ 2x+4y-z-7=0, \\ 4x+5y+z-14=0. \end{cases}$$

得球心 $M_0(-1,3,3)$, 而 $|\overrightarrow{AM_0}|=1$ 就是所求球的半径, 故球面方程为

$$(x+1)^2+(y-3)^2+(z-3)^2=1.$$

例 19　求直线 $\dfrac{x}{3}=\dfrac{y}{2}=\dfrac{z}{6}$ 绕 z 轴旋转而成的旋转曲面方程.

解　由于这是空间直线绕 z 轴旋转而成的曲面, 故不能用课本上的常用方法.
首先将直线的参数方程写出来:

$$\begin{cases} x=3t, \\ y=2t, \\ z=6t, \quad t\in(-\infty,+\infty). \end{cases}$$

其中, 点 $P(0,0,6t)$ 是 t 在某一时刻形成的圆的中心点, 点 $Q(3t,2t,6t)$ 为此圆上的任一点.

半径　　　　　　　　　　$|PQ|=\sqrt{13t^2}$,

则此圆的参数方程为

$$\begin{cases} x=\sqrt{13t^2}\cos\theta, \\ y=\sqrt{13t^2}\sin\theta, 0\leqslant\theta\leqslant 2\pi, \\ z=6t. \end{cases}$$

而上述的 t 任意变动就形成要求的旋转曲面, 即消去 t,θ 得到直角坐标的方程为

$$x^2+y^2=\frac{13}{36}z^2.$$

12.3 练 习 题

1. 选择题.

(1) 矢量 $a = \{2,0,3\}$ 的起点坐标为 $(1,-1,1)$,则终点坐标为(　　).

A. $(0,0,1)$ 　　　　　　　　B. $(1,0,0)$

C. $(3,-1,4)$ 　　　　　　　D. $(2,3,1)$

(2) 矢量 $a = \{3,\lambda,1\}$ 与 $b = \{\lambda,\lambda,2\}$ 垂直的条件是(　　).

A. $\lambda = 0$ 　　　　　　　　B. $\lambda = -1$ 或 $\lambda = -2$

C. $\lambda = \pm 2$ 　　　　　　　D. $\lambda = \pm 1$

(3) 已知矢量 $\overrightarrow{AB}$ 的始点 $A(4,0,5)$,$|\overrightarrow{AB}| = 2\sqrt{14}$,$\overrightarrow{AB}$ 的方向余弦 $\cos\alpha = \dfrac{3}{\sqrt{14}}$,

$\cos\beta = \dfrac{1}{\sqrt{14}}$,$\cos\gamma = -\dfrac{2}{\sqrt{14}}$,则点 B 的坐标为(　　).

A. $(10,-2,1)$ 　　　　　　B. $(-10,-2,1)$

C. $(10,2,1)$ 　　　　　　　D. $(10,-2,-1)$

(4) 已知 $|a| = 1$,$|b| = \sqrt{2}$,且 $(a\overset{\wedge}{,}b) = \pi/4$,则 $|a+b| = $(　　).

A. 1 　　　　　　　　　　　B. $1+\sqrt{2}$

C. 2 　　　　　　　　　　　D. $\sqrt{5}$

(5) 双曲线 $\begin{cases} \dfrac{x^2}{4} - \dfrac{z^2}{5} = 1, \\ y = 0 \end{cases}$ 绕 z 轴旋转而成的旋转曲面的方程为(　　).

A. $\dfrac{x^2+y^2}{4} - \dfrac{z^2}{5} = 1$ 　　　　B. $\dfrac{x^2}{4} - \dfrac{y^2+z^2}{5} = 1$

C. $\dfrac{(x+y)^2}{4} - \dfrac{z^2}{5} = 1$ 　　　　D. $\dfrac{x^2}{4} - \dfrac{(y+z)^2}{5} = 1$

(6) 两平面 $x+2y+z-3 = 0$ 和 $x-y+z+6 = 0$ 的位置关系是(　　).

A. 平行 　　　　　　　　　B. 垂直

C. 重合 　　　　　　　　　D. 相交但不垂直

(7) 直线 $\begin{cases} 3x-y+2z-6 = 0, \\ x+4y-z+D = 0 \end{cases}$ 和 x 轴相交,则 D 的值为(　　).

A. -2 　　　　　　　　　B. 0

C. -27 　　　　　　　　　D. -1

(8) 曲面 $x^2+y^2+z^2 = a^2$ 与 $x^2+y^2 = 2az$ $(a>0)$ 的交线是(　　).

A. 抛物线　　　B. 双曲线　　　C. 圆　　　D. 椭圆

2. 填空题.

(1) 设 $a = \{3, -5, 8\}, b = \{-1, 1, z\}$. $|a+b| = |a-b|$,则 $z = $ _____.

(2) 点 $(-1, 2, 0)$ 在平面 $x + 2y - z + 1 = 0$ 上的投影点的坐标为 _____.

(3) 设 a, b 是非零矢量,则 $|a+b| > |a-b|$ 成立的充分必要条件是 _____.

(4) 设矢量 $a = \{3, 5, -4\}, b = \{2, 1, 8\}, c = \{3, -4, 12\}$,则矢量 $a+b$ 在 c 上的投影为 _____.

(5) $x^2 - y^2 + 2z^2 = 0$ 的图形是 _____.

(6) 三平面 $x + 3y + z = 1, 2x - y - z = 0, -x + 2y + 2z = 3$ 的交点是 _____.

(7) 已知 $\triangle ABC$ 的顶点坐标为 $A(1,2,1), B(1,0,1), C(0,1,1)$,则 $\triangle ABC$ 的面积为 _____.

(8) 两平行平面 $\pi_1 : Ax + By + Cz + D_1 = 0$ 与 $\pi_2 : Ax + By + Cz + D_2 = 0$ 之间的距离为 _____.

3. 已知 $a = 2m + 4n, b = m - n$,且 m 与 n 都是单位矢量,它们之间的夹角为 $120°$,求 a 与 b 之间的夹角.

4. 设 $a = \{1, 0, 0\}, b = \{0, 1, -2\}, c = \{2, -2, 1\}$. 试在 a 与 b 确定的平面内,求一个模长为 3 的矢量 q,使 $q \perp c$.

5. 已知点 M 是三角形 ABC 的重心,证明 $\overrightarrow{MA} + \overrightarrow{MB} + \overrightarrow{MC} = \mathbf{0}$.

6. 设矢量 $(2a + 5b)$ 与 $(a - b)$ 垂直,$(2a + 3b)$ 与 $(a - 5b)$ 垂直,试求 $(\widehat{a, b})$.

7. 若矢量 x 垂直于 $a = \{2, 3, -1\}$ 与 $b = \{1, -2, 3\}$ 且与 $c = \{2, -1, 1\}$ 的数量积为 -6,求矢量 x.

8. 点 $M(x, y, z)$ 的矢径与 y 轴成 $60°$ 角,与 z 轴成 $45°$ 角且其模长为 8,如果点 M 的 x 坐标为负值,求点 M 的坐标值.

注:点 $M(x, y, z)$ 的矢径起点为 $(0, 0, 0)$,终点为 $M(x, y, z)$ 的矢量,即 $\overrightarrow{OM} = \{x, y, z\}$.

9. 证明:A, B, C 为任意的三个点,有 $|\overrightarrow{AB} \times \overrightarrow{AC}|^2 + (\overrightarrow{AB} \cdot \overrightarrow{AC})^2 = |\overrightarrow{AB}|^2 \cdot |\overrightarrow{AC}|^2$.

10. 已知 $A(1, 1, 1), B(2, 0, 3), C(3, -1, 5)$,问 A, B, C 是否共线?

11. 设有一空间区域,由上半球面 $z = \sqrt{4 - x^2 - y^2}$ 和锥面 $z = \sqrt{3(x^2 + y^2)}$ 所围成,求它在 xOy 坐标面上的投影.

12. 求球心为 $(3, 7, 2)$ 且与平面 $2x - y + 3z + 9 = 0$ 相切的球面方程.

13. 验证直线 $L : \begin{cases} x + \dfrac{z}{3} = 0, \\ y = 0 \end{cases}$ 在曲面 $\Sigma : x^2 + \dfrac{y^2}{4} - \dfrac{z^2}{9} = 1$ 上.

14. 求旋转抛物面 $z = x^2 + y^2$ 与平面 $y + z = 1$ 的交线在 xOy 面上的投影方程.

15. 过球面 $(x-3)^2 + (y+1)^2 + (z+4)^2 = 9$ 上一点 $P(1, 0, -2)$，求球面的切平面方程.

16. 求通过点 $M(1, 0, -2)$ 且与两直线 $L_1: \dfrac{x-1}{1} = \dfrac{y}{1} = \dfrac{z+1}{-1}$ 和 $L_2: \dfrac{x}{1} = \dfrac{y-1}{-1} = \dfrac{z+1}{0}$ 垂直的直线.

17. 求通过直线 $L_1: \dfrac{x-2}{1} = \dfrac{y+3}{-5} = \dfrac{z+1}{-1}$ 且与直线 $L_2: \begin{cases} 2x - y + z - 3 = 0, \\ x + 2y - z - 5 = 0 \end{cases}$ 平行的平面.

18. 求通过 x 轴且与平面 $\sqrt{5}x - 2y + z = 0$ 所成的角为 $60°$ 的平面方程.

19. 说明直线 $L: \begin{cases} 2x + y - 1 = 0, \\ 3x + z - 2 = 0 \end{cases}$ 与平面 $\pi: x + 2y - z = 1$ 的空间位置关系.

20. 通过平面 $x + y + z = 1$ 和直线 $\begin{cases} y = 1, \\ z = -1 \end{cases}$ 的交点，求在已知平面上且垂直于已知直线的直线方程.

21. 求过点 $A(3, -1, 2)$ 且与 z 轴相交，又与直线 $L: x = 2y = 3z$ 垂直的直线方程.

22. 求椭球面方程，使它的对称轴与坐标轴重合，并且通过曲线 $\begin{cases} \dfrac{x^2}{9} + \dfrac{y^2}{16} = 1, \\ z = 0 \end{cases}$ 和点 $M_0(1, 2, \sqrt{23})$.

23. 经过直线 $\begin{cases} x + 28y - 2z + 17 = 0, \\ 5x + 8y - z + 1 = 0, \end{cases}$ 作切于球面 $x^2 + y^2 + z^2 = 1$ 的平面.

12.4   答案与提示

1. 选择题.

(1)C.　(2)B.　(3)C.　(4)D.　(5)A.　(6)B.　(7)A.　(8)C.

2. 填空题.

(1)1. 提示：当 $|\boldsymbol{a} + \boldsymbol{b}| = |\boldsymbol{a} - \boldsymbol{b}|$ 时，有 $\boldsymbol{a} \perp \boldsymbol{b}$.

(2)$\left(-\dfrac{5}{3}, \dfrac{2}{3}, \dfrac{2}{3}\right)$. 提示：过点 $(-1, 2, 0)$，作与给定平面垂直的直线，此直线与给定的平面的交点即是.

(3)$(\widehat{\boldsymbol{a}, \boldsymbol{b}}) < \pi/2$.　(4)$-4$.

(5)顶点在原点的椭圆锥面.

(6)$(1,-1,3)$. 提示:只需联立三个平面方程.

(7)1. 提示:$S_{\triangle ABC} = \frac{1}{2} \mid \overrightarrow{AB} \times \overrightarrow{AC} \mid$.

(8)$d = \frac{\mid D_1 - D_2 \mid}{\sqrt{A^2 + B^2 + C^2}}$. 提示:可在 π_1 上任取一点 P,求 P 到 π_2 的距离.

3. $(\widehat{a,b}) = 120°$. 提示:$a \cdot b = (2m+4n) \cdot (m-n)$,展开以后利用 m,n 为单位矢量的性质就可得出结果.

4. $q = \pm \{2,1,-2\}$. 提示:此题的思路有多种,如使用三个矢量共面的条件,或者使用矢量积的结论等.

5. 提示:反向延长 $\overrightarrow{AM}$ 到点 E,使 $\overrightarrow{MA} = -\overrightarrow{ME}$,再利用平行四边形 $BECM$ 的性质.

6. $(\widehat{a,b}) = \frac{2}{3}\pi$. 提示:利用矢量的数量积与垂直的关系.

7. $x = \{-3,3,3\}$. 提示:可设 $x = \lambda(a \times b)$.

8. $M(-4,4,4\sqrt{2})$. 提示:利用方向余弦的重要性质,$\cos^2\alpha + \cos^2\beta + \cos^2\gamma = 1$.

9. 直接利用矢量积和数量积的定义.

10. A,B,C 共线. 提示:判定 $\overrightarrow{AB}$ 是与 $\overrightarrow{AC}$ 平行即可.

11. $x^2 + y^2 \leqslant 1$.

12. $(x-3)^2 + (y-7)^2 + (z-2)^2 = 14$. 提示:利用点到平面距离公式求出未知球的半径.

13. 提示:只要验证 L 上的点都在 Σ 上即可.这里 Σ 是单叶双曲面,是直纹面的一种.

14. $\begin{cases} x^2 + \left(y + \frac{1}{2}\right)^2 = \frac{5}{4}, \\ z = 0. \end{cases}$

15. $2x - y - 2z - 6 = 0$. 提示:球心与给定的点 P 就构成切平面的法矢量.

16. $\frac{x-1}{-1} = \frac{y}{-1} = \frac{z+2}{-2}$. 提示:所求的直线的方向矢量与给定两直线的方向矢量都垂直.

17. $11x + 2y + z - 15 = 0$. 提示:L_1 上的点 $(2,-3,-1)$ 在所求平面上,而所求平面的法矢量 n 既垂直于 L_1 的方向矢量又垂直于 L_2 的方向矢量.

18. $3y - z = 0$ 和 $y + 3z = 0$. 提示:由于过 x 轴,所求方程可设为 $By + Cz = 0$.

19. 直线 L 与平面 π 平行,直线 L 到平面 π 的距离为 $\sqrt{6}/6$.

20. $\begin{cases} x - 1 = 0, \\ x + y + z = 0. \end{cases}$ 提示:可用过直线 $\begin{cases} y = 1, \\ z = -1 \end{cases}$ 的平面方程 $y - 1 + \lambda(z+1) = 0$

与已知平面联立而求得. 即所求直线为

$$\begin{cases} x + y + z = 1, \\ y + \lambda z + \lambda - 1 = 0. \end{cases}$$

它的方向矢量应和已知直线的方向矢量垂直,即可得出 $\lambda = 1$.

此题亦可用已知平面的法矢量与已知直线的方向矢量作矢量积产生待求直线的方向矢量.

21. 所求直线 L_1 的方向矢量与 $\overrightarrow{OA} \times \boldsymbol{k}$ 平行(与轴相交)且与 L 的方向矢量垂直(可用数量积为零). 联立上述两个条件就能得出 L_1 的方向矢量.

22. $\dfrac{x^2}{9} + \dfrac{y^2}{16} + \dfrac{z^2}{36} = 1.$

23. $387x - 164y - 24z - 421 = 0$ 和 $3x - 4y - 5 = 0$. 提示:用平面束方程求解此题.

$$(x + 18y - 2z + 17) + \mu(5x + 8y - z + 1) = 0.$$

由于该平面与球面 $x^2 + y^2 + z^2 = 1$ 相切,应用点(球心 $(0,0,0)$)到上述平面的距离为 1,解出 $\mu = -\dfrac{250}{89}$ 和 $\mu = -2$.